myBook+

Ihr Portal für alle Online-Materialien zum Buch!

Arbeitshilfen, die über ein normales Buch hinaus eine digitale Dimension eröffnen. Je nach Thema Vorlagen, Informationsgrafiken, Tutorials, Videos oder speziell entwickelte Rechner – all das bietet Ihnen die Plattform myBook+.

Ein neues Leseerlebnis

Lesen Sie Ihr Buch online im Browser – geräteunabhängig und ohne Download!

Und so einfach geht's:

– Gehen Sie auf **https://mybookplus.de**, registrieren Sie sich und geben Sie Ihren Buchcode ein, um auf die Online-Materialien Ihres Buches zu gelangen
– **Ihren individuellen Buchcode finden Sie am Buchende**

Wir wünschen Ihnen viel Spaß mit myBook+!

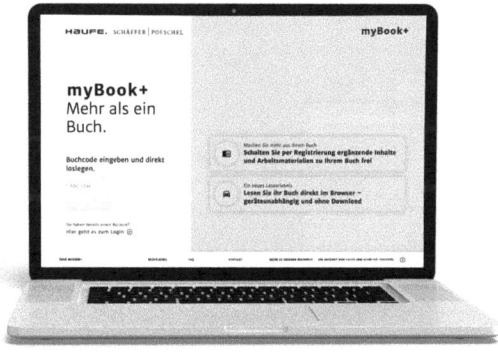

Gamechanger Künstliche Intelligenz

Wir verbringen viel Zeit damit, Geschichte zu studieren, die, seien wir mal ehrlich, größtenteils die Geschichte der Dummheit ist. Daher ist es eine willkommene Abwechslung, dass sich die Menschen stattdessen mit der Zukunft der Intelligenz befassen.
Stephen Hawking

Nicolai Schümann

Gamechanger Künstliche Intelligenz

Wie künstliche Intelligenz inspiriert und kreatives Potenzial entfesselt

1. Auflage

Haufe Group
Freiburg · München · Stuttgart

Bibliografische Information der Deutschen Nationalbibliothek

Die Deutsche Nationalbibliothek verzeichnet diese Publikation in der Deutschen Nationalbibliografie; detaillierte bibliografische Daten sind im Internet über http://dnb.dnb.de/ abrufbar.

Print:	ISBN 978-3-648-17561-3	Bestell-Nr. 10996-0001
ePub:	ISBN 978-3-648-17562-0	Bestell-Nr. 10996-0100
ePDF:	ISBN 978-3-648-17563-7	Bestell-Nr. 10996-0150

Nicolai Schümann
Gamechanger Künstliche Intelligenz
1. Auflage, Februar 2024

© 2024 Haufe-Lexware GmbH & Co. KG, Freiburg
www.haufe.de
info@haufe.de

Bildnachweis (Cover): © gremlin, iStock

Produktmanagement: Mirjam Gabler
Lektorat: Juliane Sowah

Inhaltsverzeichnis

Einführung

Die KI-Revolution kommt. Und sie kommt schnell. Eigentlich ist sie schon da.

Seit der Mainstream-Einführung von künstlicher Intelligenz (KI) in unserer Gesellschaft, insbesondere getrieben durch benutzerfreundliche Large Language Models (LLMs) wie ChatGPT, die es nun ermöglichen, mit einfacher Sprache mit Maschinen zu kommunizieren, überschlagen sich die Meldungen mit einer Mischung aus sensationsgetriebenen Zukunftsszenarien und dem pragmatischen Hinweis, dass KI die Welt komplett verändern wird. Medien und Geschäftswelt scheinen von der schieren Stärke, dem rapiden Einfluss der KI nicht nur verblüfft, sondern teils eingeschüchtert.

Dabei spaltet sich das Lager in ehrfürchtige Zweifler:innen und glühende Anhänger:innen. Letztere argumentieren, dass KI der bedeutendste Fortschritt für die Menschheit seit der Agrarrevolution sei und glauben, dass die KI ebenso allgegenwärtig sein wird wie Elektrizität. Viele Unternehmen verfolgen daher eine »KI-First-Strategie«. Googles CEO Sundar Pichai sagte gar in einem Interview mit dem Fernsehsender CBS, dass KI »die tiefgreifendste Technologie ist, an der die Menschheit je gearbeitet hat. Tiefergreifend als Feuer, Elektrizität oder alles, was wir in der Vergangenheit getan haben« (Nolan, 2023).

Und natürlich gibt es die Zweifler:innen, die Fraktion, die KI mit Misstrauen beäugt und befürchtet, dass KI nicht nur Arbeitsplätze wegnimmt, sondern auch graduell die Verantwortung von Mensch auf Technik verlagert und ethische Prinzipien mindestens ins Wanken bringt – um in absehbarer Zukunft womöglich gar das Ende der menschlichen Zivilisation einzuläuten.

In einem Punkt sind sich jedoch die Befürworter:innen und die Zweifler:innen einig: KI ist eine Schlüsseltechnologie, die nicht ignoriert werden darf.

Das unermüdliche Streben nach immer leistungsstärkeren KIs, deren Entwicklung aktuell vor allem von den großen US-amerikanischen Technologieunternehmen mit schier unerschöpflichen monetären und fachlichen Ressourcen vorangetrieben wird, lässt auch die Stimmen lauter werden, die nach Regulierung rufen. Und so arbeiten auf beiden Seiten des Ozeans die Regierungen bereits mit Hochdruck an potenziellen KI-Regularien. Einige der renommiertesten KI-Expert:innen haben einen Brief verfasst, in dem sie zu einer sechsmonatigen Pause in der KI-Entwicklung drängen in der Hoffnung, der Menschheit genügend Zeit zu geben, dieses aufkeimende Phänomen zu justieren.

Sind die Sorgen berechtigt? Ich nehme es vorweg: Eine eindeutige Antwort gibt es nicht. Was wir jedoch wissen, ist, dass die Geister, die wir riefen, nun da sind und sich rasant in unser tägliches Leben integrieren. »Ich bin seit 50 Jahren in diesem Bereich tätig«, sagte etwa Eric Schmidt, ehemaliger Google-CEO, Anfang April 2023 in »This Week with George Stephanopoulos«, »aber ich habe noch nie gesehen, dass sich eine Technologie so schnell entwickelt.«

In der Tat ist KI in zweierlei Hinsicht eine einzigartige Technologie: Sie ist die erste in der Menschheitsgeschichte, die a) Entscheidungen treffen und b) eigene Ideen entwickeln kann. Während frühere Erfindungen wie Messer, Dosenöffner oder Automobile und das Internet Werkzeuge waren, die auf menschliche Führung und Anweisungen warteten, kann KI eigenständig handeln. Die scheinbare Autarkie dieser Technologie ist bahnbrechend.

Die durch KI ausgelösten Veränderungen sind rasant. Entscheidungen, die früher langwieriger menschlicher Überlegung bedurften, wie etwa Kreditgenehmigungen oder HR-Selektionsprozesse, werden zunehmend von KI getroffen. Ebenso sind viele Ideen und Erzählungen, die unser Weltbild prägen, nun KI-generiert. Deshalb müssen wir uns mit künstlicher Intelligenz auseinandersetzen. Und zwar jetzt.

Im Idealfall werden wir dabei KI als treue Verbündete und als Muse für Kreativität nutzen – und ebenso unsere Autarkie als Menschen behalten und nicht Sklav:innen einer Technologie werden.

Der Silberstreif am Horizont ist das schier unendliche Potenzial von KI. Während die KI-Bemühungen vieler Start-ups manchmal oberflächlich erscheinen mögen und sich auf die Optimierung automatisierter Lieferketten oder die Verbesserung personalisierter Sales-Aktivitäten konzentrieren, gibt es zahlreiche vielversprechende Einsatzmöglichkeiten, die einen echten Unterschied machen können, beispielsweise in der Medizin und im Umweltschutz. Wie wir später sehen, verspricht künstliche Intelligenz Lösungen für Herausforderungen und Probleme, die wir bisher für unüberwindbar hielten: von der Heilung scheinbar unheilbarer Krankheiten bis zur Bekämpfung des Klimawandels.

Ein weiterer beruhigender Gedanke sollte für uns alle sein, dass künstliche Intelligenz keine unvermeidliche, außerirdische Kraft ist. Es ist nicht so, als wären plötzlich Aliens auf der Erde gelandet, mit denen wir jetzt klarkommen müssen. Nein, KI ist eine Schöpfung von uns, den Menschen. Daher liegt es weiterhin auch in unserer Macht, ihre Entwicklung zu kontrollieren. Wir sind am Steuer, diktieren die Richtung und entscheiden über unsere gemeinsame Zukunft mit KI – also dem maschinellen Lernen und der Automatisierung intelligenten Verhaltens.

Es besteht kein Zweifel, dass KI unser Arbeitsleben verbessern und die Produktivität drastisch steigern kann, indem sie alltägliche und uns lästige Routineaufgaben erledigt. KI kann mittlerweile ganze Geschäftsprozesse automatisieren und anspruchsvollere Sachaufgaben bewältigen, wie sie unter anderem in Bereichen wie Buchhaltung und Recht vorkommen.

Eine spannendere, noch weitreichendere Frage ist aber diese: Kann KI auch die menschliche Kreativität und Innovationsfähigkeit steigern? Werden wir KI-Versionen von Thomas Alva Edison, Camille Claudel oder Albert Einstein sehen? Und wenn ja, welche Konsequenzen ergeben sich daraus für Mensch und Gesellschaft?

Auf diese Frage konzentriert sich dieses Buch und möchte Antworten geben, indem es sich mit praktischen KI-Anwendungen befasst, die die menschliche Kreativität fördern können. Begleitend wird ein intensiver Blick auf die durch KI neu gestaltete Innovationslandschaft geworfen und es werden Ansätze vorgestellt, wie Einzelpersonen und Unternehmen sich in der neuen KI-Landschaft zurechtfinden können. Das Buch erläutert Strategien zur Vorbereitung, Relevanz und Maximierung des Innovations- und Kreativitätspotenzials künstlicher Intelligenz.

Dass wir uns KI nicht verschließen können, formuliert der US-amerikanische Informatiker Scott Aaronson treffend: »Nur wenige würden bestreiten, dass unsere Beziehung zu einer sich ständig weiterentwickelnden künstlichen Intelligenz das 21. Jahrhundert maßgeblich prägen wird.« (Bashir, 2023)

In diesem Buch werden wir erfahren, wie wir unsere Beziehung zur KI bestmöglich aufbauen und wie wir sie positiv nutzbar machen, um kreativer und innovativer zu werden – ohne uns von ihr abhängig zu machen.

1 Intelligenz

Bevor wir tiefer in die Materie einsteigen und die Schnittstelle von KI zu kreativen Innovationsprozessen beleuchten, klären wir ein paar Begrifflichkeiten. Beginnen wir mit der Intelligenz.

Intelligenz ist ein Konzept, das so alt ist wie die menschliche Neugier selbst. Und doch bleibt es ein Mysterium, das die Grenzen unseres Verständnisses ständig herausfordert. In seiner Essenz ist Intelligenz die Fähigkeit zu lernen, zu verstehen, zu denken und Probleme zu lösen. Sie ist das unsichtbare Band, das die Knoten des Wissens miteinander verbindet, ein Fluss des Verstehens, der sich durch die Landschaft des menschlichen Geistes windet. Dieses Kapitel wird Sie auf eine Reise mitnehmen, um die vielfältigen Dimensionen der Intelligenz zu erkunden – von der Historie bis hin zu den unendlichen Möglichkeiten ihres Ausdrucks.

Was ist Intelligenz?

Es scheint keine unumstrittene »korrekte« Definition von Intelligenz zu geben. Stattdessen gibt es viele konkurrierende Begriffsbestimmungen in unterschiedlichen Variationen. Komprimiert geht es um die Fähigkeit, Wissen zu lernen, zu verstehen und anzuwenden, sich an neue Situationen anzupassen, Probleme zu lösen und abstrakte Konzepte oder Ideen zu entwickeln. Oder um es mit David Wechsler zu formulieren: »[...] die zusammengesetzte oder globale Fähigkeit des Individuums, zweckvoll zu handeln, vernünftig zu denken und sich mit seiner Umgebung wirkungsvoll auseinanderzusetzen [...]« (Wikipedia, 2023). Um die menschliche Intelligenz in ihren einfachsten Begriffen zu beschreiben, definiert Max Tegmark in seinem Buch »Life 3.0« Intelligenz als »Fähigkeit, komplexe Ziele zu erreichen« (Tegmark, 2017).

Zum Zwecke dieses Buches definieren wir menschliche Intelligenz als alle kognitiven Fähigkeiten, die logisches Denken, Wahrnehmung, Gedächtnis und Sprachverständnis umfassen.

1.1 Die Geschichte der Intelligenz

Genauso schwer greifbar wie eine genaue Definition von Intelligenz ist auch ihre Geschichte, die vielschichtig ist und zahlreiche Disziplinen wie Philosophie, Psychologie, Biologie und Informatik durchzieht. Es ist nicht unwesentlich, sich daran zu erinnern, dass wir nicht immer so intelligent waren, wie wir es heute sind – jedenfalls nicht in puncto kognitiver Intelligenz, die die intellektuelle Denkfähigkeit von Menschen bezeichnet. Und, wie das Buch zeigen wird, werden wir vielleicht in nicht so ferner Zukunft auch nicht mehr das intelligenteste Wesen auf diesem Planeten sein.

Der folgende historische Überblick deutet die Breite und Komplexität an und verdeutlicht das unaufhörliche menschliche Bestreben, das Mysterium namens Intelligenz in Fülle zu begreifen.

Antike: Die antiken griechischen Philosophen, insbesondere Platon und Aristoteles, prägten erstmalig das Verständnis von Intelligenz als Ausdruck der Weisheit, welche sich auf die höchsten menschlichen Fähigkeiten bezieht, universelle Wahrheiten zu erkennen. Östliche Philosophien hingegen setzten Intelligenz in Bezug zu spirituellen Konzepten, wobei häufig die Vorstellung einer gottähnlichen Entität oder einer Muse präsent war, die zur menschlichen Intelligenz beitrug.

Mittelalter bis Aufklärung: Während dieses Zeitraums stand Intelligenz häufig in Zusammenhang mit der menschlichen Seele oder göttlicher Inspiration. Philosophen wie Descartes und Leibniz postulierten, dass bestimmte Formen von Wissen angeboren seien, was auf eine naturgegebene Vorstellung von Intelligenz hindeute.

Frühe psychologische Konzepte: Mit der Etablierung der Psychologie als eigenständige Disziplin im 19. Jahrhundert begann auch die wissenschaftliche Auseinandersetzung mit dem Konzept der Intelligenz. Francis Galton, britischer Naturforscher und ein Vorreiter in diesem Bereich, befürwortete die Messung von Intelligenz durch einfache sensorische Tests, gestützt durch seine Auffassung, dass Intelligenz primär ein biologisches Attribut sei.

Beginn der IQ-Ära im frühen 20. Jahrhundert: Alfred Binet und Théodore Simon führten den Binet-Simon-Test ein, um die intellektuellen Fähigkeiten von Kindern zu bewerten. Aus ihren Arbeiten entstand das Konzept des Intelligenzquotienten (IQ), welches sich rasch als dominante Methode zur Bewertung kognitiver Intelligenz durchsetzte. Mit der Zeit wurden jedoch auch seine Grenzen und möglichen Missbräuche deutlich.

Mitte bis Ende des 20. Jahrhunderts wurde es noch komplexer. Howard Gardners – empirisch nicht belegte – »Theorie der multiplen Intelligenzen« konstatierte, dass Intelligenz keine einzelne Einheit sei, sondern aus mehreren unabhängigen Intelligenzen bestehe, zum Beispiel sprachlicher, logisch-mathematischer, räumlicher, zwischenmenschlicher und emotionaler Intelligenz. Im späten 20. Jahrhundert entstand unter der Leitung von Forschern wie Peter Salovey und John D. Mayer das »Konzept der emotionalen Intelligenz«, das von Daniel Goleman populär gemacht wurde. Dieses Modell geht davon aus, dass das Verstehen und Bewältigen von Emotionen ebenfalls eine Form der Intelligenz sein kann.

Das moderne Verständnis und ein breiter Konsens unter Psychologinnen und Neurologen bestehen darin, dass Intelligenz ein vielschichtiges Konstrukt ist, das verschiedene geistige Fähigkeiten umfasst, darunter Problemlösung, logisches Denken, Gedächtnis und Anpassung an die eigene Umgebung. Dabei ist auch der kulturelle Aspekt zu berücksichtigen: Unterschiedliche Kulturen weisen teils abweichende Interpretationen und Werte für Intelligenz auf.

Künstliche Intelligenz – ein Jahrhunderte alter Drang
Um es noch interessanter zu machen, haben die Menschen schon seit sehr langer Zeit Formen der künstlichen Intelligenz erdichtet. Der Traum, Leben oder Intelligenz aus unbelebter Materie zu erschaffen, hat die Menschheit seit der Antike in ihren Bann gezogen. Angefangen bei antiken Mythen wie dem Golem, einem durch Magie belebten Tonwesen aus der jüdischen Folklore, über die mechanischen Automaten des Mittelalters bis hin zur Novelle »Frankenstein«, die 1818 von der erst 20-jährigen Mary Shelley geschrieben wurde, zeugt unsere Geschichte von zahlreichen Erzählungen und realen Experimenten, künstliche Wesen mit menschenähnlichen Zügen zu kreieren.

Diese tiefgreifende Faszination entspringt unserem Verlangen, die Essenz des Bewusstseins zu enträtseln, unsere eigenen Grenzen zu überwinden und uns in der Rolle eines gottähnlichen Schöpfers zu sehen. Die aktuelle Entwicklung in der künstlichen Intelligenz, die verspricht, Maschinen zu schaffen, die denken, lernen und Emotionen zeigen, reflektiert diese zeitlosen Bestrebungen – wenn auch in neuen und unvergleichlich größeren Dimensionen.

Psychologisch betrachtet spiegelt unsere Begeisterung für KI auch unser Bedürfnis wider, über unsere eigene Existenz zu reflektieren. Im Streben, Intelligenz zu simulieren, konfrontieren wir uns zwangsläufig mit grundlegenden Fragen zu unserem eigenen Bewusstsein, unserer Stellung im Kosmos und den Grenzen des Lebens. KI fasziniert uns nicht nur wegen technologisch möglicher Meisterleistungen, sondern auch aufgrund der Möglichkeit, das Mysterium unserer eigenen Existenz zu reflektieren und zu erforschen. Vielleicht unterstützt uns die Erforschung künstlicher Intelligenz auch dabei, uns gewahr zu werden, was es bedeutet, Mensch zu sein. Dazu mehr in Kapitel 10.

Künstliche Intelligenz – eine künftig unzulängliche Definition

Künstliche Intelligenz (KI) bezeichnet einen Bereich der Informatik, der sich auf die Entwicklung von Maschinen konzentriert, welche Aufgaben übernehmen können, die typischerweise menschliche Intelligenz voraussetzen. Zu diesen Fähigkeiten gehören unter anderem das Verstehen natürlicher Sprache, Muster- und Bilderkennung, Entscheidungsfindung, Problemlösung und adaptives Lernen.

Diese gängige beziehungsweise fachbereichsbezogene Definition wird künftig nicht ausreichen. Denn unsere Auffassung von Intelligenz unterliegt, wie in der historischen Übersicht angerissen, einem stetigen Wandel und wird in vielen Aspekten nach wie vor kontrovers diskutiert, beispielsweise bezüglich des Einflusses von Genetik und

Umwelt auf die Intelligenz, der Validität und Fairness von Intelligenztests sowie nun verstärkt auch der potenziellen Konsequenzen künstlicher Intelligenz.

1.2 Die Geschichte der künstlichen Intelligenz

Lassen Sie uns tiefer in die faszinierende Reise der künstlichen Intelligenz eintauchen.

Erste kleine Schritte (1950er- bis 1960er-Jahre): Der theoretische Grundstein für KI wurde gelegt, als der britische Mathematiker Alan Turing in einer bahnbrechenden Arbeit eine Maschine vorschlug, die jede menschliche Intelligenz simulieren könnte, heute bekannt als universelle Turingmaschine. Turings Ideen zur maschinellen Intelligenz gipfelten im sogenannten Turing-Test, einer Methode zur Bestimmung, ob eine Maschine menschenähnliche Intelligenz aufweist. Der Begriff »künstliche Intelligenz« selbst wurde 1956 auf der Dartmouth-Konferenz geprägt, wo John McCarthy, Marvin Minsky, Nathaniel Rochester und Claude Shannon vorschlugen, dass »jeder Aspekt des Lernens oder jedes andere Merkmal der Intelligenz im Prinzip so präzise beschrieben werden kann, dass man eine Maschine bauen kann, die es simuliert« (Dick, 2019). Damit war das Gebiet der KI-Forschung geboren.

Das erste Goldene Zeitalter (1960er- bis 1970er-Jahre): Diese Zeit war geprägt von Optimismus und einer Flut an Fördermitteln. Die frühe KI-Forschung konzentrierte sich auf den Aufbau von Systemen, die die menschliche Intelligenz nachahmen konnten, einschließlich Problemlösung und Wissensdarstellung. In dieser Zeit wurden Programme wie ELIZA und SHRDLU entwickelt, die vielversprechende (wenn auch oberflächliche) Demonstrationen maschineller Intelligenz boten. ELIZA war ein Computerprogramm zur Verarbeitung natürlicher Sprache, das 1964–1966 am Massachusetts Institute of Technology (MIT) vom deutsch-amerikanischen Informatiker Joseph Weizenbaum entwickelt wurde. Es vermittelte die Illusion, Englisch zu verstehen, obwohl es sich dabei lediglich um die geschickte Manipulation von Konversationsskripten handelte. Dazu gibt es eine lustige wie denkwürdige Episode: Einige Antworten von ELIZA waren so überzeugend, dass Weizenbaum und mehrere andere Benutzer:innen eine emotionale Bindung zu dem Programm entwickelten und gelegentlich vergaßen, dass sie sich mit einem Computer unterhielten. Weizenbaums Sekretärin soll ihn gar gebeten haben, den Raum zu verlassen, damit sie und ELIZA ein persönliches Gespräch führen könnten (Curtis, 2014).

Der KI-Winter (1970er- bis Anfang der 1990er-Jahre): Die KI erlebte eine Zeit der Ernüchterung und reduzierter Finanzierung, die als »KI-Winter« bekannt ist. Der Hype und die hohen Erwartungen der Anfangsjahre stießen auf technische Einschränkungen und die Erkenntnis, dass die menschliche Intelligenz nicht so leicht zu reproduzieren oder zu verstehen war, wie zunächst angenommen. Der Schwerpunkt des Fachgebiets begann sich in spezialisierte Teilgebiete zu fragmentieren.

Die Auferstehung (1990er- bis Anfang der 2000er-Jahre): Mit dem Aufkommen des Internets und der deutlichen Steigerung der Rechenleistung und verfügbarer Daten erlebte die KI einen Aufschwung, maschinelles Lernen rückte zunehmend in den Mittelpunkt: ein Teilbereich der KI, der die Entwicklung von Algorithmen beinhaltet, die es Computern ermöglichen, aus Daten zu lernen und Entscheidungen auf deren Grundlage zu treffen. KI begann Einzug in alltägliche Anwendungen wie Spracherkennung, Data Mining und Verarbeitung natürlicher Sprache zu halten.

Der KI-Frühling und Deep Learning (Mitte der 2000er- bis 2010er-Jahre): Ein bedeutender Meilenstein wurde erreicht, als eine Form des maschinellen Lernens namens Deep Learning entwickelt wurde. Deep Learning nutzt künstliche neuronale Netze mit mehreren Schichten (daher »deep«, also tief), um komplexe Muster zu modellieren und zu verstehen. Dies führte zu erheblichen Fortschritten in Bereichen wie der Bild- und Spracherkennung. In dieser Ära gelangen KI-basierten Anwendungen mehrere aufsehenerregende Durchbrüche, beispielsweise der Sieg von IBMs Deep Blue über den Schachweltmeister Garry Kasparov im Jahr 1997 und der Sieg von Googles AlphaGo über den Go-Weltmeister Lee Sedol im Jahr 2016. Jede Person, die noch an der Intelligenz und Lernfähigkeit von Maschinen zweifelt, sollte wissen, dass Maschinen nicht nur bereits seit etwa 75 Jahren Spiele spielen, sondern heutzutage in jedem Spiel besser sind als ihre menschlichen Gegenspieler (Gawdat, 2022).

Boomjahre und Superintelligenz (seit 2020): Die KI hat in den letzten Jahren einen regelrechten Boom erfahren und ist in den Mainstream eingezogen. KI-Technologien wie das GPT-Sprachmodell von OpenAI sind in der Lage, Text zu generieren, der sich nicht mehr von menschlich generierten Texten unterscheiden lässt. Das Gleiche schafft DALL-E für die Generierung von Bildern und diverse andere KI-Applikationen für Musik. Auch das Potenzial für superintelligente KI oder künstliche allgemeine Intelligenz (Artificial General Intelligence, AGI) ist heute Gegenstand intensiver Debatten. AGI bezeichnet eine Form künstlicher Intelligenz, die in der Lage ist, jede intellektuelle Aufgabe zu erfüllen, die auch ein menschliches Wesen ausführen kann. Es handelt sich also um eine universell einsetzbare KI, die über menschenähnliche Denkfähigkeiten verfügt. Doch während sich künstliche Intelligenz bei spezifischen, eng definierten Aufgaben bewährt hat, bleibt die Schaffung eines Systems mit umfassender, menschenähnlicher Intelligenz (AGI) eine gewaltige Herausforderung – und niemand kann verlässlich voraussagen, ob und wann AGI sich etablieren wird. Im Jahr 2023 scheinen der Boom und die damit einhergehende Aufregung über die Zukunftsaussichten der KI höher zu sein als je zuvor. Während die Medienlandschaft 2022 von dem Hype um das Metaverse und Virtual Reality (VR) geprägt war, ist es 2023 die KI. Aktuell sind wir ganz weit oben auf dem sogenannten Hype-Zyklus.

Hype-Zyklus

»Der Hype-Zyklus stellt dar, welche Phasen der öffentlichen Aufmerksamkeit eine neue Technologie bei deren Einführung durchläuft. Der Begriff des Hype-Zyklus wurde von der Gartner-Beraterin Jackie Fenn geprägt und dient heute Technologieberatern zur Bewertung in der Einführung neuer Technologien.« (Wikipedia, 2023)

Ob es KI bis zum »Plateau der Produktivität«, der höchsten Zyklusstufe, schafft beziehungsweise wie die »Endhöhe« aussieht, vermag derzeit wohl niemand zu prognostizieren.

Schmale vs. allgemeine KI

KI lässt sich sehr grob in zwei Kategorien einteilen:

Schmale KI: Diese Systeme werden auch als »schwache KI« bezeichnet und sind darauf ausgelegt, bestimmte praktische Aufgaben wie Spracherkennung, Empfehlungssysteme oder Bilderkennung auszuführen. Sie sind speziell für einzelne Aufgaben programmiert. Siri, Amazons Alexa und Google Assistant sind Beispiele für schwache KI.

Allgemeine (starke) KI: Diese Kategorie umfasst Systeme, die theoretisch die Fähigkeit besitzen, jede intellektuelle Aufgabe auszuführen, die ein Mensch ausführen kann. Sie können Wissen beziehungsweise Informationen und Zusammenhänge in einem breiten Spektrum von Aufgaben verstehen, sie können lernen, sich anpassen, Entscheidungen treffen und umsetzen.

Derzeit ist die allgemeine starke künstliche Intelligenz noch ein theoretisches Konstrukt und bleibt ein wichtiger Schwerpunkt der KI-Forschung. Schmale KI-Systeme hingegen werden schon breit angewandt. Sie basieren auf einer Kombination mehrerer Technologien und Methoden, darunter maschinelles Lernen, Deep Learning, Verarbeitung natürlicher Sprache, neuronale Netze und kognitives Computing. In der Praxis können KI-Anwendungen von autonomen Fahrzeugen und prädiktiven Analysen bis hin zu Chatbots und virtuellen persönlichen Assistenten reichen.

KI darf nicht mit maschinellem Lernen verwechselt werden

Um Konfusion zu vermeiden: Künstliche Intelligenz und maschinelles Lernen (ML) sind zwei Begriffe, die oft synonym verwendet werden, aber nicht dasselbe bedeuten.

Während künstliche Intelligenz ein weites Feld der Informatik ist, welches sich auf die Entwicklung intelligenter Maschinen konzentriert, die menschliche Intelligenz simulieren können, ist maschinelles Lernen eine Teilmenge der KI. Bei ML handelt es sich um eine Methode zum Trainieren von Algorithmen, um aus Daten zu lernen und Vorhersagen zu treffen. ML ist der Mechanismus, der die KI vorantreibt. Es ist der Motor hinter den intelligenten Systemen, die wir heute sehen.

Beim maschinellen Lernen werden Daten in ein Modell eingespeist (das eine mathematische Darstellung eines realen Prozesses ist). Das Modell trifft auf Grundlage der Daten Vorhersagen, die wiederum auf ihre Richtigkeit überprüft und bei Bedarf Anpassungen am Modell vorgenommen werden. Dieser Vorgang wird wiederholt, bis die Vorhersagen des Modells ein akzeptables Maß an Genauigkeit erreichen. Das Modell lernt also.

Deep Learning ist ein weiterer Teilbereich des maschinellen Lernens, der eine hierarchische Ebene künstlicher neuronaler Netze nutzt, um den Prozess des maschinellen Lernens durchzuführen, das menschliche Gehirn nachzuahmen, Daten zu verarbeiten und Muster für die Entscheidungsfindung zu erstellen.

Zusammengefasst

Künstliche Intelligenz ist das umfassendere Konzept von Maschinen, die in der Lage sind, Aufgaben auf eine Weise auszuführen, die wir als intelligent bezeichnen würden, während maschinelles Lernen (ML) eine praktische Anwendung und ein aktueller Ansatz zur Erreichung von KI ist.

Wie Maschinen lernen – von regelbasierter Einfachheit bis zu generativer KI
Künstliche Intelligenz hat seit ihrer Einführung in den 1950er-Jahren mehrere Entwicklungsphasen durchlaufen – von einfachen regelbasierten Systemen, die nach einfachen Wenn-dann-Regeln arbeiten, bis zu den hochkomplexen generativen KIs, wie sie heute im Einsatz sind.

Regelbasierte Systeme: Regelbasierte Systeme sind die einfachste Form der KI, bei denen Entscheidungen auf Basis eines definierten Regelwerks getroffen werden. Wenn Sie beispielsweise einen Spamfilter konzipieren, könnten Sie dem System Regeln wie »Wenn eine E-Mail die Wörter ›Geld gewinnen‹ und ›dringend‹ enthält, klassifiziere sie als Spam« vorgeben. Der Vorteil regelbasierter Systeme liegt in ihrer Vorhersehbarkeit und Einfachheit. Sie sind leicht zu verstehen und zu modifizieren und können sehr effektiv sein, wenn die Domäne, in der sie eingesetzt werden, gut verstanden und stabil ist. Allerdings fehlt es ihnen an Flexibilität. Sie können neue Informationen oder Szenarien nicht verarbeiten, die nicht explizit programmiert wurden und sie können sich schon gar nicht autonom veränderten Gegebenheiten anpassen, wie es moderne KI-Systeme können.

Überwachtes Lernen: Beim überwachten Lernen werden Computer darauf trainiert, auf Basis von Daten zu lernen und zu handeln. Modelle werden mit einem Datensatz trainiert, dessen Antworten oder Labels bereits bekannt sind. Möchte man beispielsweise, dass eine Maschine zwischen Bildern von Katzen und Hunden unterscheidet, speist man sie mit zahlreichen Bildern, die entweder als »Katze« oder »Hund« gekennzeichnet sind, bis die Maschine eigenständig in der Lage ist, Hund und Katze zu unterscheiden. Der Hauptvorteil des überwachten Lernens ist seine Wirksamkeit bei Aufgaben, bei denen wir ein klares Verständnis der Input-Output-Beziehungen haben und ausreichend gelabelte Daten zur Verfügung stehen, von denen die KI lernen kann.

Unüberwachtes Lernen: Am anderen Ende des maschinellen Lernspektrums steht das unüberwachte Lernen. Statt das KI-Modell anhand gelabelter Daten zu lehren, wird beim unüberwachten Lernen das Modell mit rohen, ungelabelten Daten gefüttert und aufgefordert, eigenständig Muster oder Strukturen zu finden. Zwei Beispiele: Im Nachrichtenbereich gruppieren KI-Algorithmen ähnliche Artikel basierend auf ihrem Inhalt ohne explizite Themenzuweisung. Auf Shoppingportalen schlagen uns die KI-Algorithmen von Amazon & Co. Bücher oder Artikel vor, die uns aufgrund unser Kaufhistorie oder uns ähnlicher Profile gefallen könnten: »Wenn Ihnen dieses Produkt gefallen hat, dann könnten Sie auch dieses mögen.« Diese Empfehlung ist nichts weiter als das Ergebnis unüberwachten KI-Lernens. Der Vorteil des unüberwachten Lernens liegt darin, verborgene Muster in Daten ohne von menschlicher Hand vorformulierte Labels erkennen zu können. Das heißt, die Maschine kann Zusammenhänge in riesigen Datenmengen erkennen, die wir mit dem menschlichen Auge, oder auch Intellekt, nicht ohne weiteres sehen können – beziehungsweise würde es uns eine Unmenge Zeit und Mühe kosten, durch alle Daten zu gehen und diese Zusammenhänge aufzuspüren.

Bestärkendes Lernen: Bei verstärkendem Lernen (Reinforcement Learning) geht es – auch für Menschen – darum, mit einer Umgebung zu interagieren und aus den Interaktionsergebnissen zu lernen. Und auch im Kontext des maschinellen Lernens ähnelt es dem Lernen mittels klassischer Konditionierung, die uns Iwan Petrowitsch Pawlow 1905 lehrte: Wenn Sie einem Hund beibringen möchten, einen Stock zurückzubringen, werden Sie das wiederholt tun und dem Hund immer dann eine Belohnung geben, wenn er den Stock retourniert hat. So zeigen sie ihm, dass es genau dieses Verhalten ist, das sie ihm beibringen möchten. Beim bestärkenden maschinellen Lernen funktioniert es ähnlich: Man lässt einen Akteur, sprich ein Computerprogramm mit einer virtuellen Umgebung interagieren und gibt ihm Feedback, welche seiner Verhaltensweisen positiv sind und welche nicht. Ein weiteres Beispiel: Stellen Sie sich vor, Sie trainieren eine Maschine im Schachspiel. Anstatt ihr exakt vorzugeben, wie sie spielen soll, bringen Sie ihr die Regeln und das Ziel des Spiels bei. Dann lernt sie weiter, indem sie das Spiel spielt, Züge macht, die Ergebnisse bewertet und ihre Strategie je nach Ausgang – Sieg oder Niederlage – anpasst, und das unter Umständen mehrere Millionen Mal. Reinforcement Learning eignet sich besonders für dynamische Umgebungen, in denen die optimale Entscheidung oder Entscheidungssequenz nicht im Voraus bekannt ist und durch Experimentieren erlernt werden muss. Andere Beispiele für bestärkendes Lernen sind Saugroboter oder das autonome Fahren, bei denen künstliche Intelligenz nach Regeln handelt und immer »klüger« wird, je mehr Erfahrungen sie sammelt.

Generative KI: Generative Modelle können, wenn mit einer großen Datenmenge trainiert, neue Daten generieren. Ein prominentes Framework hierfür sind sogenannte Generative Adversarial Networks (GANs). Ein GAN besteht aus zwei Teilen, einem Generator und einem Diskriminator, die in einer Art Wettbewerb zusammen trainiert werden. Das heißt, der Generator erzeugt Daten wie Bilder, während der Diskriminator diese auf ihre Qualität prüft. Mit der Zeit wird der Generator immer besser darin, realistische Daten zu erstellen. Das Besondere an generativer KI ist ihre Fähigkeit, hochwertige Inhalte zu kreieren, sei es in Form von Bildern, Musik oder Texten. Beispiele hierfür sind LLM-Modelle wie ChatGPT oder Bilderzeugungsapplikationen wie DALL-E.

Zusammengefasst

Die Evolution regelbasierter Systeme hin zu fortschrittlichen Techniken wie bestärkendem Lernen und generativer KI zeigt die Tiefe und Vielfalt künstlicher Intelligenz. Während regelbasierte Systeme konkrete, deterministische Ergebnisse bieten, liefern neuere Methoden die Flexibilität, Anpassungsfähigkeit und das Potenzial, komplexe Probleme zu lösen, die nicht an festgelegte Regeln gebunden sind.

KI live – Lee Sedol vs. AlphaGo und AlphaZero
Um die beeindruckenden Möglichkeiten moderner künstlicher Intelligenz zu demonstrieren, werfen wir einen Blick auf die jüngere KI-Geschichte – speziell darauf, wie das KI-Computerprogramm AlphaGo den Go-Weltmeister Lee Sedol herausforderte.

Im März 2016 fesselte ein Wettkampf wie kein anderer die globale Aufmerksamkeit. Großmeister Lee Sedol, einer der besten Go-Spieler der Welt, trat gegen AlphaGo an, eine von DeepMind entwickelte KI. Go, ein jahrtausendealtes chinesisches Brettspiel, ist für seine immense Komplexität bekannt – mit mehr möglichen Spielzuständen, als es Atome im Universum gibt. Während Computer das Schachspiel bereits gemeistert hatten, galt Go wegen seiner Tiefe als nahezu unüberwindbare Herausforderung für KI-Systeme, weil es laut den Go-Großmeistern zum überwiegenden Teil auf menschlicher Intuition und Erfahrung beruht.

Das Match war spannend, zog Zuschauer weltweit an und das, was sich abspielte, war schlichtweg beeindruckend. AlphaGo hat von Anfang an alle verblüfft. Lee Sedol spielte brillant, doch die Maschine konterte mit Zügen, die nicht nur präzise, sondern auch unkonventionell waren. Im zweiten Spiel war AlphaGos 37. Zug einer, den ein menschlicher Spieler so nie spielen würde, aber der der Maschine schließlich den Sieg brachte. Beobachtende hielten den Zug zunächst für einen Fehler, erkannten aber in der Analyse die dahinterliegende Kreativität und Genialität. Dieser »kreative« Zug war nicht Teil eines konventionellen menschlichen Spielrepertoires. Er war das Resultat von AlphaGos Training anhand zahlreicher menschlicher Go-Partien sowie intensivem

Selbstspiel. Die Maschine schien Lösungen zu finden, die dem menschlichen Verstand entgingen oder die nicht gewürdigt wurden. Diese Kreativität war beeindruckend und zeigt das Potenzial der KI, jenseits bloßer Berechnungen in Bereiche vorzudringen, die traditionell der menschlichen Intuition und Geschicklichkeit vorbehalten sind. Lee Sedol verlor das Match mit 1:4.

Die Evolution der Maschine: Willkommen, AlphaGo Zero

Die Geschichte von AlphaGo endete nicht mit ihrem Triumph. Was folgte, war im Sinne der Leistungsfähigkeit der KI noch erstaunlicher. Ende 2017 wurde der Nachfolger von AlphaGo, AlphaGo Zero, von DeepMind vorgestellt: eine Maschine, die sich selbst das Go-Spiel von Grund auf beibrachte – ganz ohne menschliche Anleitung.

Im Gegensatz zu seinem Vorgänger lernte AlphaGo Zero nicht durch menschliche Spiele. Es startete mit keinem Wissen außer den Go-Regeln und dem Ziel des Spiels und spielte munter gegen sich selbst, Millionen Male. Dabei lernte es kontinuierlich und wurde immer besser. Die Resultate waren sensationell. AlphaGo Zero besiegte AlphaGo in 100 Spielen ohne eine einzige Niederlage und benötigte für dieses Meisterwerk nur wenige Tage sowie weniger Rechenkraft als ihr Vorgänger. Dies ist vergleichbar mit einem Kind, das noch nie jemanden Fahrrad fahren gesehen hat, es dann selbst lernt und wenige Tage später die Tour de France gewinnt.

Was macht die beiden Geschichten so revolutionär? Sie markieren beispielhaft den Übergang von maschinellem Lernen durch den Menschen hin zum autonomen maschinellen Lernen der Maschine, welche eigenständig Strategien und kreative Ansätze ohne menschliche Voreingenommenheit oder Limitationen entdeckt. Die potenziellen Implikationen dieser Selbstlernfähigkeit reichen weit über ein Brettspiel hinaus und berühren das Wesen von Innovation, Problemlösung und vielleicht sogar menschlicher Intelligenz selbst.

KI wirbelt und wirft Fragen auf

Die packende Geschichte von AlphaGo und AlphaGo Zero ist mehr als nur ein technisches Meisterwerk. Sie wirft Fragen auf zu Kreativität, Autonomie und zum Wesen menschlicher und maschineller Intelligenz. Sie steckt voller Überraschungen, unerwarteter Wendepunkte, menschlicher Brillanz und maschineller Finesse. Vor allem erinnert sie uns daran, dass die Reise künstlicher Intelligenz voller unendlicher Möglichkeiten steckt, von denen wir vielleicht einige noch nicht einmal erahnen können. Wenn eine Maschine beim Go-Spiel »kreativ« sein kann, was könnte sie erreichen, wenn sie auf das weite Feld aller menschlicher Anstrengungen und Herausforderungen losgelassen wird?

2 Mensch vs. Maschine

Vor über 2000 Jahren im antiken Griechenland lebte der Bildhauer Pygmalion, der, enttäuscht von sterblichen Frauen, versuchte, sich künstliche Liebe zu erschaffen. Pygmalion fertigte sich eine wunderschöne, lebensechte Statue namens Galatea aus Elfenbein. Diese Statue war so bezaubernd, dass Pygmalion sich in sie verliebte und sie behandelte, als wäre sie lebendig. Während eines Festes für die Göttin Aphrodite wünschte er sich eine Frau, die seiner Schöpfung glich. Aphrodite, von seiner Hingabe gerührt, erfüllte seinen Wunsch und erweckte die Statue zum Leben.

Dieser Mythos könnte uns mehr über die Herausforderungen erzählen, im antiken Griechenland eine geeignete Partnerin zu finden, als über technologische Fähigkeiten der damaligen Zeit. Und doch spiegelt er auch unsere zeitlose Faszination für künstliche Intelligenz wider. Genau wie einst Pygmalion kreieren wir Dinge, die uns faszinieren und die, in gewisser Weise, das Unbelebte zum Leben erwecken. KI-Systeme sind darauf ausgelegt zu lernen, zu denken und ihre Umgebung zu verstehen, ähnlich wie ein Lebewesen. Und so wie Pygmalion sich nach einer idealen Partnerin sehnte, streben wir danach, die »perfekte« Intelligenz zu erschaffen – effizient, präzise und unermüdlich.

Doch was kann künstliche Intelligenz, was Menschen nicht können – und umgekehrt? Welches sind die menschlichen Stärken, denen eine künstliche Intelligenz nicht gerecht wird? Im Folgenden sehen wir uns an, wo Maschinen schon besser sind und wo die Stärken des Menschen liegen, die von Maschinen nur schwer einholbar sind.

2.1 Vorteile von KI

Die Vorteile der KI gegenüber dem Menschen sind vielschichtig und komplex. Und sie werden schon längst und in größerem Umfang, als es uns bewusst ist, im Alltag angewandt. Schauen wir uns die Wichtigsten an.

Verarbeitung endloser Datenmengen: Ausgestattet mit der richtigen Rechenleistung kann eine KI-Maschine buchstäblich alle digitalen Daten durchsuchen, die jemals von der Menschheit erstellt wurden. Wir sprechen von Zettabyte (das sind 1.125.899.910.000.000 Megabyte). KI-Algorithmen können diese gigantischen Datenmengen rapide verarbeiten und aussagekräftige Erkenntnisse gewinnen, wofür Menschen Monate oder Jahre brauchen würden. Die KI »weiß« mehr, als jeder Mensch in mehreren hundert Leben verarbeiten könnte. Sie kann diese Daten in Sekundenbruchteilen analysieren, Muster erkennen und Vorhersagen treffen. Im Gesundheitswesen kann KI beispielsweise Zehntausende von Krankenakten und Bilder in kürzester Zeit durchsuchen, um Muster zu erkennen und bei der Früherkennung von Krankheiten wie Krebs helfen, noch bevor Symptome für menschliche Ärzte sichtbar werden.

Verfügbarkeit rund um die Uhr: KI-Systeme können unaufhörlich arbeiten, ohne müde zu werden oder Pausen einlegen zu müssen, ganz im Gegensatz zu Menschen, die regelmäßig Ruhe und Schlaf benötigen. Beispielsweise können KI-gestützte Chatbots Kundenanfragen 24/7 bearbeiten und schnelle und konsistente Antworten liefern. Sie können unzählige Benutzer:innen gleichzeitig bedienen, was unter anderem zu einer höheren Kundenzufriedenheit führt. KI ist nicht launisch, wird nicht krank und streikt auch nicht, wenn sie mit den Arbeitsbedingungen nicht zufrieden ist – zumindest noch nicht. Und ja, auch sie ist anfällig beispielsweise für Stromausfall oder technische Fehler im System. Aber da wir Menschen uns seit Jahrzehnten auf (Computer-)Technik stützen, ist das ein generelles Problem – und keines, das man ausschließlich auf KI projizieren sollte.

> **Hinweis**
>
> An dieser Stelle möchte ich darauf verweisen, dass mir die Gefahren und die Nachteile von KI deutlich bewusst sind. Falls Sie beim Lesen an gewissen Stellen kritische Aspekte vermissen – sie folgen gebündelt in Kapitel 9.

Fehlerreduktion: Bei Aufgaben, die besondere Präzision und Sicherheit erfordern, etwa im Gesundheitswesen oder in der Luftfahrt, kann KI das Risiko menschlicher Fehler reduzieren. Es sind keine Stimmungsschwankungen oder Emotionen im Spiel, die die Genauigkeit einer bestimmten Arbeit beeinträchtigen könnten. In der Fertigung beispielsweise können KI-gestützte Roboter komplexe Maschinen mit gleichbleibender Qualität und Präzision zusammenbauen und so die Fehlerwahrscheinlichkeit verringern.

Unvoreingenommene Entscheidungen: Aufbauend auf dem vorherigen Punkt können KI-Systeme, sofern sie richtig programmiert sind, Entscheidungen ausschließlich auf der Grundlage von Daten und vordefinierten Algorithmen treffen ohne Subjektivität oder (oft unbewusste) Vorurteile, die die menschliche Entscheidungsfindung beeinflussen können. Dies kann besonders in Bereichen wie der Rekrutierung von Mitarbeitenden nützlich sein, in der künstliche Intelligenz die Qualifikationen eines Kandidaten unabhängig von Rasse, Geschlecht oder Alter analysiert.

Automatisierung von Routineaufgaben: KI kann Routineaufgaben automatisieren und so den Menschen Zeit »geben«, sich auf komplexere und kreativere Aufgaben zu konzentrieren. Ein Segen, wenn man bedenkt, wie eintönig und ermüdend und diese für Menschen sein können. Beispielsweise werden KI-Systeme schon länger angewandt, um innerhalb weniger Stunden Tausende von Rechtsdokumenten zu prüfen und zu verarbeiten.

Risikomanagement: KI-basierte Systeme oder Maschinen können in prekären Situationen oder Umgebungen eingesetzt werden, in denen die menschliche Sicherheit gefährdet wäre, beispielsweise bei der Katastrophenhilfe, der Erforschung des Weltraums oder beim Tiefseetauchen.

Personalisierung: KI kann aus riesigen Datenmengen tausend- wenn nicht millionenfach personalisierte Empfehlungen und Erlebnisse bereitstellen, die auf individuelle Vorlieben und Verhaltensweisen zugeschnitten sind und so das Kundenerlebnis in verschiedenen Bereichen wie E-Commerce, Unterhaltung und Bildung verbessern. Das ist im Grunde das gesamte Geschäftsmodell von Google, das den Nutzenden personalisierte Vorschläge aufgrund deren Suchhistorie macht. Und ganz ähnlich funktionieren die Empfehlungsalgorithmen bei Amazon und Netflix.

Prognosefähigkeiten: Einer der größten Vorteile besteht darin, dass KI äußerst gute Vorhersagemaschinen sind. KI-Algorithmen können riesige Informationsmengen auf eine Weise verarbeiten und daraus lernen, wie es Menschen nicht möglich ist. Sie können aufgrund der Daten Vorhersagen treffen, was in Zukunft am wahrscheinlichsten passiert. Dies erweist sich zum Beispiel im Finanzwesen als äußerst vorteilhaft, wo KI riesige Datensätze von Markttrends und -indikatoren verarbeiten und analysieren kann, um äußerst genaue Vorhersagen über das zukünftige Marktverhalten zu treffen. Ebenso in vielen anderen Bereichen wie Wirtschaft, Gesundheitswesen oder Wettervorhersage ist diese Prognosefähigkeit relevant – letztlich überall da, wo riesige Datenmengen erklärt und Vorhersagen getroffen werden müssen. Ein praktikables Beispiel ist das autonome Fahren, bei dem das Fahrzeug Vorhersagen treffen muss, um im Straßenverkehr rechtzeitig zu reagieren.

Zusammengefasst

Viele Dinge können Maschinen besser und schneller erledigen als der Mensch. Und ein Ende der Möglichkeiten ist nicht abzusehen, weil das KI-Zeitalter gerade erst begonnen hat, Rechenkraft exponentiell steigt und mit ihr die der KI zur Verfügung stehenden Datenmengen, mit denen sie lernen kann.

2.2   Vorteile Mensch

Trotz des Hypes, den KI auslöst und all der Möglichkeiten, die sie bietet, ist der Mensch in noch vielen Dingen überlegen und wird auch in näherer Zukunft nicht von Maschinen eingeholt. Schauen wir dazu die wichtigsten Vorzüge unserer Spezies an:

Emotionen: Selbst die höchst entwickelte KI kann (noch) nicht mit Menschen mithalten, wenn es darum geht, Emotionen zu verstehen und auszudrücken. Und diese sind für viele soziale Interaktionen und Entscheidungsprozesse immer noch der entscheidende Faktor. Menschen besitzen eine natürliche Fähigkeit, sowohl ihre eigenen Emotionen als auch die anderer zu verstehen, zu interpretieren und darauf zu reagieren – auch wenn so manche von uns das verlernt zu haben scheinen. Ein Lehrer beispielsweise kann subtile Hinweise im Verhalten oder im Tonfall einer Schülerin wahrnehmen, die darauf hindeuten, dass diese Schwierigkeiten hat, und seinen Unterrichtsansatz entsprechend anpassen. Obwohl KI Fortschritte bei der Erkennung menschlicher Emotionen verzeichnet, kommt sie der menschlichen Empathie und dem emotionalen Verständnis (noch) nicht im Entferntesten gleich.

Kreativität: Menschen zeichnen sich durch kreatives Denken aus, entwickeln neuartige Ideen und schaffen Kunst, Musik, Literatur und so weiter. Während KI einige Aspekte von Kreativität nachahmen kann, fehlt ihr (noch) die Fähigkeit, wirklich innovativ zu sein und über den Tellerrand hinaus zu denken. Menschen verfügen über eine unübertroffene Fähigkeit zum kreativen Denken, sei es in der Kunst, Literatur, Musik oder bei der Lösung komplexer Probleme. Eine Kunst schaffende Person zum Beispiel reproduziert nicht nur Bilder, sondern drückt Gefühle und Erfahrungen aus, die bei anderen Anklang finden oder auch nicht. KI generiert möglicherweise Kunst auf der Grundlage erlernter Muster und zur Verfügung stehender Datenmengen, kann aber (noch) nichts wirklich Originelles und bahnbrechend Neues schaffen, wie es ein kreativer Mensch kann.

Ethik und moralisches Urteilsvermögen: Künstlicher Intelligenz fehlt die Fähigkeit, moralische und ethische Entscheidungen zu treffen, die ein tiefes Verständnis kultureller, gesellschaftlicher und persönlicher Werte erfordern. Der Mensch hat einen Sinn für Moral und kann Entscheidungen auf Grundlage ethischer Überlegungen treffen. Beispielsweise muss eine Ärztin oft Entscheidungen treffen, die medizinische »Best Practices«, die Wünsche der Patienten und ethische Richtlinien in Einklang bringen. KI kann so programmiert werden, dass sie bestimmte Regeln befolgt, aber sie verfügt weder über einen Sinn für Moral noch über die Fähigkeit, komplexe ethische Entscheidungen zu treffen, die oft widersprüchlich sein können.

Kontextuelles Verständnis: Menschen sind besser darin, Informationen basierend auf einem Kontext zu verstehen und zu interpretieren, einschließlich nonverbaler Hinweise, Redewendungen, Ironie oder Sarkasmus. Menschen zeichnen sich dadurch aus, dass sie die komplizierten Funktionsweisen des menschlichen Geistes verstehen, ein Gebiet, das als Psychologie bekannt ist. Psychologen helfen Menschen bei der Bewältigung emotionaler Schwierigkeiten, Traumata und psychischer Probleme. Diese Arbeit erfordert tiefes Einfühlungsvermögen und die Fähigkeit, Vertrauen und Beziehungen aufzubauen. Während KI dabei helfen kann, die psychische Gesundheit zu unterstützen – zum Beispiel durch therapeutische Chatbots –, kann sie das differenziertes Verständnis und die menschliche Verbindung, die eine Psychologin bieten kann, nicht ersetzen.

Allgemeine Intelligenz: Menschen sind zu allgemeiner Intelligenz fähig – sie übertragen Wissen von einem Bereich auf einen anderen, können abstrahieren und Verbindungen schaffen zwischen Dingen, die scheinbar unverbunden sind. Aktuelle KI-Systeme sind in der Regel für bestimmte Aufgaben konzipiert und haben Schwierigkeiten, das Lernen auf neue Bereiche zu übertragen. Obwohl große LLMs mit dem gesamten, jemals geschaffenen menschlichen Wissen gefüttert werden, mangelt es ihnen (noch) an gesundem Menschenverstand und sie verstehen die Welt nicht. Das ist das Interessante und Paradoxe an der KI: Sie versteht nicht, wie die Welt funktioniert, aber sie weiß so ziemlich alles, was jemals über die Welt gesagt wurde (und das ist eine ganze Menge).

Liebe: Liebe ist eine komplexe, zutiefst menschliche Emotion, die Verständnis, Empathie, Mitgefühl sowie körperliche und emotionale Intimität beinhaltet. Während KI bestimmte Aspekte der Liebe nachahmen kann, etwa das Versenden liebevoller Nachrichten oder Erinnerungen, kann sie das Gefühl nicht wirklich verstehen oder erleben. Die Liebe eines Elternteils zu seinem Kind geht beispielsweise mit einer tiefen emotionalen Bindung und der Bereitschaft einher, Opfer für das Wohlergehen des Kindes zu bringen – etwas, das KI nicht nachahmen kann.

Komplexe Entscheidungsfindung: Menschen sind immer noch besser darin, komplexe Entscheidungen zu treffen, die mehrere, oft widersprüchliche Faktoren umfassen und ein differenziertes Verständnis der Situation erfordern. Das Schlüsselwort ist Anpassungsfähigkeit. Menschen können sich auf eine Weise an neue Situationen anpassen und aus Erfahrungen lernen, wie es der KI nicht möglich ist. Eine Köchin kann beispielsweise ein Rezept spontan an die verfügbaren Zutaten oder den Geschmack ihrer Gäste anpassen. Während KI so programmiert werden kann, dass sie bestimmte Aufgaben sehr gut ausführt, fällt es ihr schwer, sich ohne menschliches Eingreifen an unerwartete Situationen anzupassen.

Zusammengefasst

Insgesamt ist KI ein extrem leistungsstarkes Werkzeug, das unsere Fähigkeiten erheblich ergänzen und verbessern kann, aber (noch) nicht die einzigartigen Stärken und Fähigkeiten des Menschen ersetzt. Die Zukunft ist hybrid. Sie liegt in einer Kombination aus menschlicher und künstlicher Intelligenz, um effizientere und effektivere Systeme zu schaffen.

»Augmented Humans« – ein Dream-Team?

Bei der Schaffung eines Dream-Teams aus menschlicher und künstlicher Intelligenz geht es darum, die Stärken beider zu nutzen, um ihre jeweiligen Grenzen zu überwinden. Es geht nicht darum, einen »Übermenschen« zu schaffen, sondern vielmehr darum, ein starkes Team zu kreieren, das Aufgaben gemeinsam effektiver und effizienter erledigen kann als ohneeinander.

Konkret könnte das so aussehen:

Datenanalyse: In der Gesundheitsbranche kann KI große Mengen medizinischer Daten wie Krankenakten, Laborergebnisse oder Bilder analysieren, um Muster und Anomalien zu erkennen. Ein KI-Modell könnte beispielsweise potenzielle Tumore in medizinischen Bildern kennzeichnen. Der Arzt überprüft dann diese markierten Bilder und bringt seine jahrelange medizinische Ausbildung und Erfahrung ein, um eine Diagnose zu stellen, den allgemeinen Gesundheitszustand und die persönlichen Umstände der Patientin zu berücksichtigen und einen Behandlungsplan vorzuschlagen.

Kreative Problemlösung: Im Bereich der Architektur kann KI Hunderte potenzielle Designkonzepte basierend auf vorgegebenen Parametern wie Gebäudeabmessungen, Standort oder beabsichtigter Nutzung generieren. Die Architektin würde jedoch ihr kreatives Gespür und ihre praktische Erfahrung einbringen, um diese Konzepte zu modifizieren, Elemente aus verschiedenen Entwürfen zu kombinieren oder völlig neue Ideen zu entwickeln, die von den Ergebnissen der KI inspiriert sind.

Emotionale Intelligenz: Im Kundendienstumfeld können KI-Chatbots grundlegende Fragen der Kunden beantworten und die meisten Aufgaben autark bearbeiten. Wenn ein Kunde jedoch besonders verärgert ist oder ein komplexes Problem hat, kommt ein Berater ins Spiel, um die Situation mit Einfühlungsvermögen, emotionalem Verständnis und Flexibilität zu bewältigen.

Lernen und Anpassung: Eine KI könnte darauf trainiert werden, potenzielle Markttrends auf der Grundlage historischer Daten in der Finanzbranche zu erkennen. Kommt es jedoch aufgrund unvorhergesehener Umstände (z. B. eines politischen Ereignisses oder einer Umweltkatastrophe) zu einer plötzlichen Marktveränderung, kann die Finanzanalystin ihr umfassenderes Verständnis des Weltgeschehens, der Wirtschaft und des menschlichen Verhaltens nutzen, um die Vorhersagen der KI anzupassen und fundiertere Entscheidungen zu treffen.

Ethische und moralische Beurteilung: Im Bereich der autonomen Mobilität kann ein KI-System das Fahrzeug die meiste Zeit steuern, aber in komplexen ethischen Szenarien (z. B. bei der Wahl zwischen zwei schlechten Ergebnissen bei einem unvermeidbaren Unfall) sollten Menschen die Richtlinien oder Regeln festlegen, denen die KI folgt und die unsere gesellschaftlichen Werte und Ethik widerspiegeln.

Assistenz: In einem Forschungsprojekt könnte KI bei der Verwaltung des Projekts helfen, indem sie Besprechungen plant, Teammitglieder an Fristen erinnert und Daten organisiert. Sie könnte sogar Besprechungsprotokolle analysieren, um wichtige Punkte und Aktionen hervorzuheben. Die menschlichen Forschenden würden unterdessen die Forschungsfragen vorantreiben, die Ergebnisse interpretieren und ihr Fachwissen einsetzen, um Entdeckungen zu machen und Innovationen zu schaffen.

In jedem dieser Beispiele erreicht das Dream-Team aus Mensch und KI mehr, als sie für sich allein könnten. Die Summe ist mehr als ihre Einzelteile. KI sorgt für Skalierbarkeit, Geschwindigkeit und Präzision, während der Mensch emotionale Intelligenz, Kreativität und Kontextverständnis mitbringt. Werden beide Stärken genutzt, können Produktivität, Innovation und Entscheidungsfindung erheblich gesteigert werden.

Zusammengefasst

Stellen Sie sich vor, Sie hätten das perfekte Dream-Team aus Menschen und KI. Dieses Team könnte alles in Angriff nehmen, von der Berechnung von Zahlen über das Denken über den Tellerrand hinaus bis hin zu dem, was wir als »Superleistung« bezeichnen könnten.

In nicht allzu ferner Zukunft wird KI unsere nette Kollegin sein, insbesondere für Aufgaben wie das Erkennen von Trends, das Analysieren von großen Datenmengen und das schnellere Erledigen routinemäßiger Aufgaben. Denken Sie an die superschnelle Erkennung von Mustern aus komplexen Datenmengen oder die Vorhersage von Markttrends. Im besten Falle bedeutet das für uns, dass wir mehr Zeit haben für die strategischen und zwischenmenschlichen, also die »wichtigen« Dinge.

Aber wir sollten nicht unsere eigenen Superkräfte vergessen. Der Mensch hat die Nase vorn, wenn es darum geht, Emotionen zu verstehen, kreativ zu sein und schwierige Entscheidungen zu treffen, insbesondere wenn es Ambivalenzen gibt. Auch werden wir unseren gesunden Menschenverstand brauchen, um KI in die richtigen Bahnen zu lenken, vom Datenschutz bis hin zu gesellschaftlichen Auswirkungen.

Wir müssen uns auf die Arbeit mit KI vorbereiten und in dieser sich ständig verändernden Landschaft relevant bleiben. Wie das genau aussieht, werden wir uns in Kapitel 6 ansehen, wenn es um die neuen Rollen geht, die in einer KI-Landschaft gebraucht werden.

3 Exkurs: Large Language Models

Die deutsche Informatikerin und KI-Forscherin Hannah Bast war lange skeptisch, wenn es um die großspurigen Ankündigungen ihrer Zunft ging, die das große KI-Zeitalter einläuteten. Inzwischen hat sie ihre Meinung radikal geändert. In einem Podcast des SPIEGEL zeigte sie sich kürzlich überzeugt, dass die aktuelle KI-Revolution in ihrer Bedeutung und dem Einfluss, die sie auf die Menschen haben wird, mit der Erfindung des Internets vergleichbar ist. Warum? Weil laut Bast das Sprachverständnis gelöst ist. Der Fakt, dass Maschinen nun Sprache verstehen, wird »[…] alles verändern […] Man wird es nicht sofort bemerken, aber nach und nach wird es unser Leben komplett verändern« (Moreno, 2023).

Natural Language Processing (NLP) ist ein Bereich der künstlichen Intelligenz, der sich mit der Interaktion zwischen Computern und menschlicher Sprache beschäftigt. Es geht darum, Computern das Verstehen, Interpretieren, Generieren und Reagieren auf menschliche Sprache in einer sinnvollen Weise zu ermöglichen. Das kann er jetzt.

Und genau hier kommen Large Language Models (LLMs) ins Spiel.

Stellen Sie sich eine Welt vor, in der Sie mit Maschinen auf die gleiche Weise kommunizieren können wie mit Ihren Freunden, in der die Technologie nicht nur die Worte versteht, die Sie benutzen, sondern auch die Intention dahinter. Dies machen Large Language Models möglich. LLMs sind Modelle der künstlichen Intelligenz, die auf riesige Mengen von Textdaten trainiert wurden und in der Lage sind, Sprache perfekt zu verstehen und menschenähnliche Antworten in natürlicher Sprache zu erzeugen.

Ich widme den Large Language Models ein eigenes Kapitel, denn sie sind der Hauptgrund dafür, dass der Hype um KI überhaupt entstanden ist. Und der Grund ist nicht trivial: Zum ersten Mal in der Geschichte können wir nahtlos mit Maschinen in menschlicher Sprache kommunizieren. Eine kodifizierte und komplexe Programmiersprache ist nicht mehr erforderlich. LLMs können uns in unserer Sprache antworten und Inhalte erstellen, die von menschlichen Inhalten kaum noch, häufig gar nicht mehr, zu unterscheiden sind. Hochentwickelte LLMs wie ChatGPT sind inzwischen so leistungsfähig, dass sie problemlos den Turing-Test (siehe Kapitel 4.3) bestehen.

Wie funktionieren die großen Sprachmodelle?
Die magische und primäre Architektur hinter Large Language Models sind die sogenannten »Transformers« (das »T« in GPT). Diese neuronale Netzwerkstruktur ermöglicht es den Modellen, Textdaten parallel zu verarbeiten, was ihre Effizienz und ihre Fähigkeit verbessert, mit weitreichenden Abhängigkeiten umzugehen. Heißt: Die Transformer-Architektur hilft Computern, die Bedeutung von Wörtern in einem Satz

zu verstehen, egal wie nahe oder fern sie zueinanderstehen – genau wie der Mensch es kann. So können Maschinen Texte besser verstehen und darauf reagieren. Transformers haben entscheidend dazu beigetragen, dass LLMs aus dem Kontext lernen und das nächste Wort in einem Satz auf Grundlage der vorangegangenen Wörter vorhersagen können.

Large Language Models erlangen Wissen durch unüberwachtes Lernen. Während des Trainings lernen sie, das nächste Wort in einem Satz auf der Grundlage des durch die vorangegangenen Wörter gegebenen Kontextes vorherzusagen. Durch diesen Prozess entwickeln LLMs ein tiefes Verständnis für Grammatik, Syntax und sogar einige Aspekte des gesunden Menschenverstands.

Einmal trainiert können LLMs auf bestimmte Aufgaben oder Aufforderungen hin feinabgestimmt werden. Wenn sie eine Aufforderung erhalten, nutzen sie das während des Trainings erworbene Wissen, um kontextuell relevanten Text zu erzeugen. Diese Fähigkeit hat zu verschiedenen Anwendungen geführt, unter anderem zur Erstellung von Inhalten, zur Unterstützung bei der Programmierung und sogar im Gesundheitswesen, wo LLMs bei der Erstellung medizinischer Berichte oder der Beantwortung von Patientenfragen helfen können.

Bei LLMs geht es nicht einfach um die Digitalisierung alltäglicher Erfahrungen oder Umgebungen. Vielmehr geht es darum, fast das gesamte online verfügbare Wissen in einem Modell zu kombinieren, das Probleme der realen Welt effektiv lösen kann. Im Wesentlichen haben wir mit LLMs statt einer Simulation der äußeren Realität eine lebendige, interaktive Simulation der menschlichen Sprache selbst geschaffen.

Gefüttert mit so ziemlich dem gesamten menschlichen Wissen, das online verfügbar ist, können Large Language Models strukturierte und kluge Ergebnisse aus unstrukturierten Daten erstellen. Dies ist ein ungemeiner Vorteil und Nutzen für unzählige Anwendungen. Dank des umfangreichen Wissens, das sie aus riesigen Datensätzen gewinnen, sind sie hervorragend in der Lage, verschiedene Arten von Inhalten zu identifizieren, zusammenzufassen, zu übersetzen und vorherzusagen. Diese Modelle stellen von der Anwendbarkeit die Spitze der Technologie der künstlichen Intelligenz dar und bieten Unternehmen leistungsstarke Werkzeuge zur Verbesserung ihrer textbezogenen Aufgaben.

Generative KI, die auf umfangreichen Sprachmodellen basiert, kann E-Mails an Kundinnen schreiben, Website-Assets erstellen und Informationen aus Daten extrahieren. Sie kann bei der Erstellung von Inhalten helfen, intelligente Antworten in Chatbots und virtuellen Assistenten liefern sowie bei der Sprachübersetzung, der Informationsbeschaffung und auch bei der Codierung oder wissenschaftlichen Forschung unterstützen.

Einige bemerkenswerte Beispiele für große Sprachmodelle sind Llama, GPT-3, GPT-4, BloombergGPT (basierend auf BLOOMs Architektur), Codex, Falcon, Chinchilla, Gopher und Googles BERT.

Die wichtigsten Vorteile von LLMs im Vergleich zu früheren Sprachmodellen

Massives Datenvolumen: LLMs verfügen über Modelle mit Milliarden von Parametern. Dank dieser Größe können sie komplizierte sprachliche Nuancen und Muster in riesigen Textdaten erfassen. ChatGPT-3 aus dem Jahr 2020 zum Beispiel arbeitet mit 175 Milliarden Parametern.

Parameter

In der Welt der künstlichen Intelligenz, speziell beim Modell ChatGPT-3 von OpenAI, bezeichnet der Begriff »Parameter« die Bausteine des neuronalen Netzes, die während des Trainingsprozesses gelernt und angepasst werden. Diese Parameter sind im Wesentlichen die Gewichte innerhalb des Netzwerks, die bestimmen, wie Eingabedaten, zum Beispiel Texte, verarbeitet und in nützliche Ausgaben umgewandelt werden. Jeder dieser 175 Milliarden Parameter in GPT-3 repräsentiert einen Teil des »Wissens« oder der »Erfahrung« des Modells. Sie werden während des Trainings durch einen Prozess namens »Backpropagation« angepasst, bei dem das Modell lernt, Vorhersagen zu machen und diese dann mit den tatsächlichen Ergebnissen abzugleichen. Durch diesen Prozess lernt das Modell, Muster in den Daten zu erkennen, von einfachen Wörtern und Phrasen bis hin zu komplexen Satzstrukturen und sogar Kontextverständnis.

Kontextbezogenes Verstehen: Große Sprachmodelle zeichnen sich durch das Verständnis des Kontextes aus, ein entscheidender Aspekt des Verständnisses natürlicher Sprache. Sie sind in der Lage, Texte zu analysieren und zu generieren und dabei den umgebenden Kontext zu berücksichtigen, was zu kohärenteren und kontextuell relevanten Antworten führt.

Transferleistung: LLMs besitzen die Fähigkeit, von den Daten, auf denen sie trainiert wurden, zu verallgemeinern. Das bedeutet, dass sie aussagekräftige Antworten auf neuartige Abfragen oder Aufgaben geben können, was ihre Vielseitigkeit unter Beweis stellt.

Anpassungsfähigkeit: Große Sprachmodelle können für bestimmte Aufgaben oder Bereiche feinabgestimmt werden. Diese Anpassungsfähigkeit ermöglicht es Unternehmen, diese Modelle auf ihre individuellen Anforderungen zuzuschneiden, was sie zu vielseitigen Werkzeugen für eine breite Palette von Anwendungen macht. Einmal trainiert können LLMs auf bestimmte Aufgaben fokussiert werden. Wenn sie eine Aufforderung erhalten, nutzen sie das während des Trainings erworbene Wissen, um kontextuell relevanten Text zu generieren. Diese Fähigkeit zur individuellen Anpassung hat zu verschiedenen Spezialanwendungen, zur Unterstützung bei der Programmierung in schwierigen Programmiersprachen und beispielsweise im Gesundheitswesen geführt, wo LLMs bei der Erstellung von Fachberichten oder bei der Beantwortung von Fragen von Kundinnen oder Patienten helfen können.

Anwendung von LLMs in der Geschäftswelt

Die Einsatzmöglichkeiten für LLMs in Unternehmen sind nahezu grenzenlos. Im Folgenden werden einige der wichtigsten genannt. Einige andere werden wir in den späteren Kapiteln des Buches kennenlernen, wenn wir uns mit spezifischen Branchen und Funktionsbereichen befassen.

Erstellung von Inhalten: LLMs können qualitativ hochwertige Inhalte in verschiedenen Formaten erstellen, zum Beispiel Blogbeiträge, Artikel, Produktbeschreibungen und Beiträge für soziale Medien, was Zeit und Ressourcen in Ihrem Unternehmen spart. Auch werden sie häufig zur Korrektur und Bearbeitung eingesetzt. Als hochentwickelte Schreibassistenten liefern sie in Echtzeit Vorschläge für Grammatik, Rechtschreibung, stilistische Verbesserungen und alternative Formulierungen. Darüber hinaus können LLMs bei der Entwicklung von Ideen und Entwürfen für Inhalte helfen, indem sie bestehenden Content, aktuelle Themen und die Interessen der Zielgruppe analysieren. So können Sie jederzeit frische und relevante Ideen entwickeln und zur Verfügung stellen, die bei Ihrer Zielgruppe Anklang finden.

Erweiterung/Verbesserung/Komprimierung der Inhalte: LLMs können darüber hinaus bestehende Inhalte wie Artikel, Berichte oder andere Dokumente ergänzen, indem sie kontext- oder detailreichen Text erstellen sowie Zusammenfassungen oder Abstracts erstellen, die einen komprimierten Überblick über den Inhalt geben.

Kundenbetreuung: Der Einsatz von LLMs zur Automatisierung von Kunden(dienst)anfragen kann Unternehmen dabei helfen, ein hohes Anfragevolumen effizient zu bearbeiten, sodass sich die Mitarbeitenden auf komplexere Probleme konzentrieren können. Chatbots beantworten Anfragen, liefern relevante Informationen, bieten Hilfestellung bei der Fehlerbehebung und bearbeiten typische Kundendienstanfragen rund um die Uhr.

Präsentationen: LLMs können in kürzester Zeit Präsentationen entwerfen und erstellen, wenn sie mit den richtigen Aufforderungen und Datensätzen gefüttert werden. In diesem Szenario ist es nützlich, »Clustering & Classifying« anzuwenden, was ein weiterer klassischer Anwendungsfall von LLMs ist, bei dem sie Muster und Trends in großen Datensätzen finden und Daten zur einfacheren Betrachtung kategorisieren. Diese Zusammenstellung vereinfacht die Analyse und das Verständnis von Daten.

Rechtliche und finanzielle Analyse: Rechts- und Finanzdienstleistende können große Mengen von Rechts- oder Finanzdokumenten wie Verträge oder Jahresberichte analysieren und zusammenfassen lassen. Dies könnte bedeuten, die wichtigsten Wörter und Ideen zu finden, die relevanten Daten herauszuziehen und die Informationen klar und prägnant darzustellen.

Übersetzung von Sprachen: Unternehmen können LLMs nutzen, um Inhalte automatisch zu übersetzen und sie so einem globalen Publikum zugänglich zu machen, ohne dass menschliche Übersetzende benötigt werden. Einer ihrer wichtigsten Vorteile ist, gesprochene oder geschriebene Inhalte in Echtzeit zu übersetzen. Diese Funktion ist besonders nützlich in Situationen wie Live-Gesprächen, internationalen Konferenzen oder Echtzeit-Kundensupport, wo eine simultane Übersetzung unerlässlich ist. Darüber hinaus können große Sprachmodelle für bestimmte Bereiche oder Branchen trainiert werden, um die Übersetzungsgenauigkeit einschließlich bereichsspezifischer Terminologie und Jargons zu optimieren.

Sentiment-Analyse: LLMs können Kundenrezensionen und Erwähnungen in sozialen Medien analysieren, um die öffentliche Meinung und den Grad der Zufriedenheit mit einem Produkt oder einer Dienstleistung zu ermitteln und so wertvolles Feedback für Unternehmen liefern. Solche Rückmeldungen sind in Bereichen wie Social Media Monitoring und Brand Reputation Management sehr wertvoll.

E-Mail-Filterung und -Klassifizierung: Unternehmen können LLMs dafür nutzen, E-Mails automatisch zu sortieren und zu filtern, um sicherzustellen, dass wichtige Mitteilungen priorisiert werden. Zudem können sie automatische Antworten auf der Grundlage des Kontextes und des E-Mail-Verlaufs generieren.

Verbesserung der Textsuche für das Wissensmanagement: Jedes Unternehmen mit einem großen Datenbestand könnte von einem LLM für das Wissensmanagement profitieren. Da LLMs Abfragen in natürlicher Sprache verstehen können, könnten Mitarbeitende beispielsweise eingeben: »Wie hoch ist der Mindestbestellwert für kostenlosen Versand?« Der Schlüssel hierzu ist, dass das LLM auf den Datensatz Ihres Unternehmens trainiert werden muss.

Herausforderungen und Nachteile

In der Geschäftswelt birgt der Einsatz von Large Language Models wie GPT-4 das Potenzial, zahlreiche Bereiche zu revolutionieren, darunter den Kundenservice, Dokumentenerstellung, Datenanalyse und Trendprognosen. Allerdings ist es wichtig, verschiedene potenzielle Fallstricke und Gefahren zu erkennen und zu umgehen.

Eine davon ist die Abhängigkeit von der Automatisierung. Eine übermäßige und vor allem unkontrollierte Nutzung von LLMs kann zu einer De-Professionalisierung der Mitarbeitenden und einer nicht erstrebenswerten Abhängigkeit von der Technologie führen. Und auch Bedenken beziehungsweise Sorgfalt hinsichtlich des Datenschutzes sind nötig, da der Umgang mit sensiblen Informationen durch LLMs Datenschutz- und Sicherheitsrisiken birgt. Darüber hinaus können LLMs unbeabsichtigt die in den Ausbildungsdaten vorhandenen Voreingenommenheiten verstärken, was zu ungerechten oder diskriminierenden Ergebnissen führen kann. Zudem fehlt der von LLMs generierten Kommunikation die menschliche Note, was zu Missverständnissen oder Kundenunzufriedenheit führen kann.

Um diese Risiken zu mindern, muss ein ausgewogenes Verhältnis zwischen menschlichem Fachwissen und Technologie gewährleistet sein. Die Einführung strenger Datenschutz- und Sicherheitsprotokolle zum Schutz sensibler Informationen ist ebenso notwendig wie kontinuierliche Bemühungen zur Überwachung und Abschwächung von Verzerrungen in den von LLMs gewonnenen Erkenntnissen.

Wenn Maschinen halluzinieren

Der Begriff »halluzinieren«, wie er im Kontext von ChatGPT und anderen Sprachmodellen gebräuchlich ist, bedeutet, dass ein KI-Modell Aussagen oder Informationen generiert, die nicht auf realen Fakten oder Logik basieren. Das Halluzinieren von ChatGPT ist hauptsächlich auf die Art und Weise zurückzuführen, wie das Modell trainiert wurde. Es basiert auf umfangreichen Textdaten, die aus dem Internet und anderen Quellen gesammelt wurden. Während des Trainings lernt das Modell, Muster in diesen Daten zu erkennen und zu replizieren. Wenn das Modell mit einer Anfrage konfrontiert wird, generiert es eine Antwort basierend auf den Mustern, die es aus den Trainingsdaten generiert hat. Da es keine Möglichkeit für KI gibt, die Richtigkeit der Informationen zu überprüfen oder auf aktuelle Daten zuzugreifen, kann es vorkommen, dass sie irreführende oder falsche Informationen erzeugt.

Um sicherzustellen, dass man mit korrekten Fakten arbeitet, ist es wichtig, Informationen, die von einer KI bereitgestellt werden, kritisch zu hinterfragen. Dies beinhaltet die Prüfung der Informationen anhand vertrauenswürdiger Quellen und das Heranziehen mehrerer unabhängiger Informationsquellen, insbesondere bei wichtigen oder komplexen Themen. Außerdem sollten Sie sich der Grenzen und des möglichen Fehlerpotenzials von KI-Modellen bewusst sein und die Aktualität der verwendeten Daten berücksichtigen. Diese Vorgehensweise hilft, das Risiko fehlerhafter oder irreführender Informationen zu minimieren.

Der PROMPT – und wie Sie ihn steuern

Ein Prompt (Aufforderung) oder Prompt Engineering beschreibt eine Anfrage oder eine Reihe von Anweisungen, die an ein KI-System gestellt werden, also wie wir LLMs instruieren. Das LLM generiert eine Antwort oder Vervollständigung auf der Grundlage dieser Eingabe und verwendet dabei Muster und Informationen, die es während des Trainings gelernt hat, um relevante und hilfreiche Ausgaben zu produzieren. Je besser die Eingabeaufforderung, desto höher die Qualität der LLM-Ausgabe.

Folgende Tipps gebe ich, damit Sie ein Verständnis entwickeln können, wie Sie mit den LLMS kommunizieren und künstliche Intelligenz beziehungsweise LLMs am besten nutzen können. Für Prompt Engineering gibt es kein Richtig oder Falsch – aber einige gute Hilfestellungen.

Seien Sie klar und spezifisch: Klarheit und Spezifität in den Aufforderungen stellen sicher, dass das LLM genau versteht, welche Informationen oder welche Art von Antwort gesucht werden, was zu einer genaueren und nützlicheren Ausgabe führt.

Füttern Sie Kontext: Je mehr Kontext innerhalb der Aufforderung vorhanden ist, desto sinnvollere Antworten kann das LLM geben. Der Kontext kann beispielsweise Hintergrundinformationen oder zusätzliche Details beinhalten, die das Modell zu einer gezielteren Antwort führen.

Verwenden Sie Schlüsselwörter: Fügen Sie relevante Schlüsselwörter in die Aufforderung ein, um das LLM auf das gewünschte Thema oder die gewünschte Art der Antwort zu lenken.

Formulieren Sie effektive Fragen: Offene Fragen können zu umfangreicheren Antworten führen, während spezifische, spitze Fragen helfen, präzise und direkte Antworten zu erhalten.

Nutzen Sie Beispiele: Die Angabe eines Beispiels innerhalb der Aufforderung kann dem LLM helfen, das erwartete Antwortformat oder die Struktur zu verstehen.

Testen und verfeinern Sie: Probieren Sie Prompts aus und beobachten Sie das Ergebnis. Nutzen Sie die gewonnenen Erkenntnisse, um Prompts zu verfeinern und bessere Ergebnisse zu erzielen.

Seien Sie Moralapostel: Ein Prompt darf kein schädliches oder unethisches Verhalten der KI ermöglichen oder fördern.

Gute Prompts zu entwerfen, ist keine Hexerei. Wenn Sie darüber nachdenken, wie Sie die effektivsten Prompts erstellen, lassen Sie Ihren gesunden Menschenverstand walten und fragen Sie sich, wie Sie das Gewünschte einem Freund erklären würden. Experimentieren Sie mit den Prompts und wiederholen Sie den Prozess, bis Sie die gewünschten Ergebnisse haben. Das Schöne an LLMs ist, dass sie geduldig und jederzeit bereit sind, Variationen Ihrer Prompt-Experimente durchzuspielen, solange Sie das wünschen.

Praxistipp: Die magische Prompt-Formel K.A.A.B.

Die »Magic Prompt Formula« ist ein praktisches Werkzeug zur Erstellung effektiver Anfragen oder Befehle, insbesondere im Kontext von KI und Programmierung. Sie gliedert sich in vier Schlüsselkomponenten: Kontext, Aufgabe, Anweisung und Beispiel/Daten.

1. **Kontext:** Geben Sie genügend Kontext an, also eine Beschreibung des Hintergrunds oder der Situation, in der die Aufgabe ausgeführt wird. Es bietet der KI ein grundlegendes Verständnis des Szenarios oder der Problemstellung.

   Beispiel: Wir sind ein mittelständisches Unternehmen, das sich auf digitales Marketing spezialisiert hat. Wir haben bemerkt, dass unsere Kundenbindungsraten im letzten Quartal um 10 Prozent gefallen sind, was zu einem Umsatzrückgang geführt hat.

2. **Aufgabe:** Hier definieren Sie konkret, was erreicht oder gelöst werden soll. Dies gibt der KI ein klares Ziel oder einen klaren Zweck für die nachfolgenden Anweisungen.

   Beispiel: Unser Ziel ist es, die Kundenbindungsraten zu verbessern und somit den Umsatz zu steigern. Wir wollen eine Strategie entwickeln, um die Kundenbindung zu erhöhen.

3. **Anweisung:** Dies ist der Schritt-für-Schritt-Prozess oder die spezifischen Richtlinien, die befolgt werden sollen, um die Aufgabe zu erfüllen. Diese Anweisungen sollten klar und präzise sein, um Missverständnisse zu vermeiden.

   Beispiel: Bitte erstelle einen detaillierten Plan, der Folgendes beinhaltet:

   – *Entwicklung von Verbesserungsstrategien für Kundenservice und Produktangebot basierend auf dem Feedback.*

   – *Vorschläge für eine gezielte Marketingkampagne, um die Vorteile unserer verbesserten Services und Produkte zu kommunizieren.*

   – *Erstellung eines Zeitplans für die Implementierung dieser Strategien und Kampagnen.*

4. **Beispiel/Daten:** Ergänzen Sie ein praktisches Beispiel oder spezifische Daten, die helfen, die Aufgabe und die Anweisungen zu veranschaulichen. Dies kann besonders hilfreich sein, um zu demonstrieren, wie die Anweisungen angewendet werden sollen oder um die erwarteten Ergebnisse zu verdeutlichen.

   Beispiel: Unser Kundenfeedback deutet darauf hin, dass viele Kund:innen unzufrieden mit der Wartezeit auf Kundenservice-Antworten sind. Einige unserer Konkurrenten haben kürzlich ihre digitalen Kundenservice-Kanäle verstärkt, was zu einer höheren Kundenzufriedenheit geführt hat. Unsere Verkaufszahlen für das letzte Quartal zeigen einen Rückgang in der Kundenbindung, insbesondere in der Altersgruppe 25–-40 Jahre.

Durch die Anwendung dieser Prompt-Struktur stellen Sie sicher, dass die Anfrage klar, zielgerichtet und mit relevanten Informationen und Beispielen versehen ist, um effektive Lösungen zu generieren und die Wahrscheinlichkeit zu erhöhen, dass die ausgeführte Aufgabe den gewünschten Ergebnissen entspricht.

Ich habe beobachtet, dass in der Praxis die Prompts häufig sehr kurzgehalten werden. Ich empfehle, die Prompts mit vielen, detaillierten Informationen anzureichern. Wie schon gesagt, je mehr Daten die KI bekommt, desto besser und präziser kann sie Antworten geben.

Zum Abschluss dieses Kapitels über Large Language Models bleibt festzuhalten, dass ihre Bedeutung in unserer schnelllebigen, digitalen Welt nicht unterschätzt werden darf. Als Wegbereiter einer neuen Ära der Informationstechnologie eröffnen LLMs ungeahnte Möglichkeiten in verschiedenen Bereichen, von der Datenanalyse bis hin zur Kreativitätsförderung. Um in einer zunehmend von KI geprägten Zukunft wettbewerbsfähig und relevant zu bleiben, ist es unerlässlich, sich mit diesen Technologien auseinanderzusetzen. Large Language Models werden fester Bestandteil unserer Arbeitsumgebung werden, und sie werden exponentiell leistungsstärker. Deshalb beschäftigen Sie sich mit Ihnen – jetzt.

4 Kreativität – und wie KI dabei helfen kann

Von unserem Ausflug in die hoch technologische Welt der Large Language Models, die gerade mal zarte fünf Jahre alt sind (GPT wurde im Juni 2018 veröffentlicht), begeben wir uns in die Welt eines zehntausend Jahre alten Phänomens: der Kreativität.

»Es besteht kein Zweifel, dass Kreativität die wichtigste menschliche Ressource überhaupt ist. Ohne Kreativität gäbe es keinen Fortschritt und wir würden ewig die gleichen Muster wiederholen.« So formuliert es der maltesische Kognitionswissenschaftler und Schriftsteller Edward de Bono, der mit seinem Werk »Laterales Denken« (1968) kreative Prozesse und Techniken revolutioniert hat.

Und de Bono hat recht. Das Wunder der Kreativität ist nicht nur die Quelle menschlichen Fortschritts, sondern bleibt zugleich eines der faszinierendsten und zugleich rätselhaftesten Phänomene des menschlichen Geistes. Sie ist die Quelle von Kunst, Innovation und wissenschaftlichem Fortschritt, eine unsichtbare Kraft, die es uns ermöglicht, Neues zu schaffen und Grenzen zu überschreiten. Trotz umfangreicher Forschung bleibt Kreativität in ihrer Gesamtheit schwer fassbar und lässt sich nicht vollständig erklären. Sie entzieht sich simplen Definitionen und Kategorisierungen und wirkt oft dort am stärksten, wo man sie am wenigsten erwartet. Kreativität ist tief in den komplexen Wechselwirkungen zwischen Denken, Emotion, Erfahrung und Umgebung verwurzelt – und genau diese Verschmelzung macht sie zu einem unaufhörlichen Mysterium und einer unerschöpflichen Quelle der Inspiration.

Ehemals angesehen als Gabe von den Göttern, die uns in Form von Musen inspirieren, ist Kreativität schon seit Längerem fester Bestandteil wissenschaftlicher Studien und erhält seit Kurzem auch Einzug in die KI-Forschung. Aber was ist Kreativität eigentlich? Wo kommt sie her und wir können wir sie stärken? Das Interessante und vielleicht Paradoxe ist, dass, obwohl Kreativität als durch und durch menschliche Gabe gilt, es doch Möglichkeiten gibt, sie mit maschineller Intelligenz zu fördern und erweitern. Wie das geht? Das folgende Kapitel gibt Antworten.

Kreativität – eine Definition von ChatGPT

Kreativität ist die Fähigkeit, neue Ideen, Ansätze oder Handlungen zu konzipieren und zu generieren. Es ist die Fähigkeit, Verbindungen und Beziehungen zu erkennen, wo andere sie nicht sehen, über das Konventionelle hinauszudenken und Ideen auf neue Weise zu kombinieren. Dieser kognitive Prozess beinhaltet divergentes Denken (das Generieren vieler einzigartiger Ideen) und dann konvergentes Denken (das Kombinieren dieser Ideen zum besten Ergebnis).

Kreativität kann in jedem Bereich und Kontext zum Ausdruck kommen, einschließlich Kunst, Wissenschaft, Bildung, Wirtschaft und Alltag. Insbesondere kann Kreativität innerhalb von

Einzelpersonen oder Gruppen vorhanden sein und muss nicht immer zu greifbaren Ergebnissen führen. Dabei kann es darum gehen, sich neue Lösungsansätze für ein Problem auszudenken oder eine Vielzahl möglicher Wege zu erforschen. Kreativität ist oft der Funke, der den Innovationsprozess in Gang setzt.

Schauen wir uns einige kürzere Definitionen an:

»… die Fähigkeit eines Individuums oder einer Gruppe, in phantasievoller und gestaltender Weise zu denken und zu handeln …« (Ternès, 2013)

Oder:

»Die Fähigkeit, das Unverbundene zu verbinden.«

Bitte behalten Sie speziell letztere Definition im Hinterkopf, denn wie wir später sehen werden, ist die Kombination scheinbar unzusammenhängender Dinge ein Hauptelement der Kreativität und insbesondere der Art und Weise, wie KI dabei helfen kann. Ein häufiger Test, ob eine Idee kreativ ist oder nicht, besteht darin zu prüfen, ob sie a) neu, b) wertvoll und c) »counter-intuitive« ist, also gegen unsere Erwartungen spielt. Nur wenn diese drei Kriterien erfüllt sind, können wir von einer wirklich kreativen Idee sprechen.

Kreativität finden wir in allen Bereichen des gesellschaftlichen, wirtschaftlichen und politischen Lebens. Es kann kreativ sein, ein neues Ablagesystem auf unserem Bürotisch zu entwickeln, einen besseren Weg zur Arbeit zu finden oder die Art und Weise, wie wir in einer Besprechung eine PowerPoint-Präsentation halten. Kreativität ist seit jeher eine integrale und ständige Begleiterin in der Geschichte der Menschheit. Werfen wir also auch hier einen Blick in die Vergangenheit, um die Gegenwart besser zu verstehen.

Eine kurze Geschichte der Kreativität

Antike: Kreativität wurde in der Antike größtenteils göttlichen Quellen zugeschrieben. Im antiken Griechenland wurde sie als Geschenk der Musen angesehen. Die Musen waren neun Göttinnen, die die Künste und Wissenschaften repräsentierten. Daher schrieb man kreative Werke nicht den Einzelpersonen, sondern einer »göttlichen Inspiration« zu. Zu jener Zeit wussten man noch nicht, dass Wissenschaftler:innen über 2000 Jahre später herausfinden würden, dass Kreativität tatsächlich erlernt und trainiert werden kann.

Mittelalter: Bis ins Mittelalter hinein setzte sich die Tendenz fort, Kreativität göttlichen Mächten zuzuschreiben. Menschliche »Schöpfungen« wurden oft als inspirierte Nachahmungen göttlicher Vorbilder betrachtet. Thomas von Aquin, renommierter

Theologe und Philosoph, beschäftigte sich als einer der wenigen intensiv mit dem Gedanken der menschlichen Kreativität in diesem göttlichen Gesamtkontext.

Renaissance: In der Renaissance erlebte die Wahrnehmung von Kreativität einen deutlichen Wandel. Diese Epoche würdigte die kreativen Fähigkeiten des Individuums. Persönlichkeiten wie Leonardo da Vinci und Michelangelo wurden nicht nur für ihr handwerkliches Können, sondern auch für ihre Innovationskraft gelobt. Vor allem da Vinci zeigte, dass kreative Fähigkeiten in verschiedenen Disziplinen und Kunstformen angewendet werden können. In dieser Zeit setzte sich die Auffassung durch, dass, wenn jemand kreativ ist, das Medium keine Rolle spielt und man seine Kreativität in jeder Domäne einsetzen kann. Das Wort »Genie« wurde nun für Menschen mit herausragender kreativer Leistung verwendet.

Aufklärung und industrielle Revolution: In der Zeit der Aufklärung und während der Industriellen Revolution stand die menschliche Vernunft und Intelligenz im Zentrum der Kreativität. Immanuel Kant, herausragender Philosoph jener Ära, thematisierte in seinen Schriften die Kraft der Vorstellung. Auch während der Industriellen Revolution war Kreativität eng mit den Ideen und Erfindungen verbunden, die zu technologischen Durchbrüchen führten. Persönlichkeiten wie Thomas Alva Edison und Alexander Graham Bell wurden für ihre wegweisenden Beiträge zu menschlicher Innovation gefeiert.

Im 20. Jahrhundert begannen Wissenschaftler:innen, Kreativität systematisch zu erforschen. Psychologen wie Joy Paul Guilford, der erstmalig postulierte, dass Kreativität quantifiziert werden könne, hoben kreatives Denken als essenziellen Bildungsaspekt hervor. Carl Rogers, ein weiterer einflussreicher Psychologe, betonte die Notwendigkeit einer förderlichen Umgebung zur Entwicklung von Kreativität. Albert Einsteins kreative Gedankenexperimente in der theoretischen Physik revolutionierten unser Verständnis der Welt. Picasso und Salvador Dalí transformierten die Kunst mit ihren innovativen Techniken. Die Surrealist:innen experimentierten bewusst mit fantasievollen Techniken und prägten den Ausspruch: »Kreativität ist, wenn eine Nähmaschine auf einen Elefanten trifft.« Man kombiniert Dinge, die scheinbar nicht kombinierbar sind, und kommt so zu neuen, geist- und einfallsreichen Ergebnissen.

Im 21. Jahrhundert erfuhr Kreativität endlich die Anerkennung, die sie verdient. Sir Ken Robinson, eine prominente Stimme im Bildungsbereich, betonte die Notwendigkeit von Bildungssystemen, Kreativität zu fördern und Kindern das zu ermöglichen, was sie von Natur aus tun: spielen. In jüngerer Zeit haben wir erkannt, dass Kreativität gelehrt und trainiert werden kann und nicht nur eine göttliche Gabe oder ein Zeichen von Wahnsinn ist (Sternberg, Grigorenko, 2001).

Unser Verständnis von Kreativität hat sich im Laufe der Jahrtausende deutlich verändert. Wir sehen sie nicht mehr als göttliches Geschenk, sondern erforschen sie als menschliche Fähigkeit und inzwischen auch in künstlichen Systemen. Von dem kreativen Funken vor geschätzten 700.000 Jahren, der das erste Feuer entfachte, über die Idee, um 3.500 v. Chr. runde Objekte unter Wagen zu schieben, bis zu Johannes Gutenberg im 15. Jahrhundert, der Weinherstellung und Lithografie kombinierte, um die Druckpresse zu erfinden: Kreativität war immer der Motor des Fortschritts.

Im Jahr 2010 befragte IBM 1.500 CEOs aus 60 Ländern und 33 Branchen zur wichtigsten Führungsqualität. Das Ergebnis: Die wichtigste Führungsqualität der kommenden fünf Jahre wäre nicht Strenge, Managementdisziplin oder Vision, sondern Kreativität. Das Weltwirtschaftsforum stellte in seinem »Future of Jobs«-Report (2023) fest, dass Kreativität zu den wichtigsten Fähigkeiten (Soft Skills) im Arbeitsmarkt der Zukunft zählt. 2021 bestätigte eine LinkedIn-Studie die Bedeutung von Kreativität am Arbeitsplatz.

Kreativität hat die Menschheit wohl mehr als jede andere Fähigkeit nachhaltig geprägt und definiert. Wir sind Nachfahren jener, die in der Vergangenheit, in Tausenden Jahren der Evolution innovative Lösungen für existenzielle Probleme entwickelt und so das Überleben unserer Spezies garantiert haben.

Nun kommt die entscheidende Frage: Wie funktioniert Kreativität eigentlich?

4.1 Der kreative Prozess

Im Herzen des kreativen Prozesses, wie ihn James Webb Young in seinem wegweisenden Werk »A Technique for Producing Ideas« (erstmalig 1964 veröffentlicht) beschreibt, liegt ein zeitloses Muster, das bis heute in seinen vielfältigen Formen Bestand hat. Lassen Sie sich also bitte nicht täuschen, wenn die Anfangsschritte zunächst wenig kreativ anmuten – sie sind das unverzichtbare Fundament für Ihre schöpferische Leistung. Diese Phasen folgen keinem festen Zeitplan. Das Geheimnis liegt darin, Ihrem inneren Gefühl zu vertrauen. Sie werden intuitiv wissen, wann Sie genügend Informationen gesammelt und ausreichend Inspirationen aufgenommen haben, um den nächsten Schritt im kreativen Prozess zu wagen. Vertrauen Sie auf diesen Prozess, denn er ist der Schlüssel zu wahrer Kreativität und originellen Ideen.

Schritt 1: Daten sammeln
Dies ist der Fleißteil. Die Sammlung von Daten und Informationen. In diesem initialen Stadium des kreativen Prozesses betreten Sie das Reich der Informationsakquise. Hier, wo Ihr kreatives Vorhaben Gestalt annimmt, ist es essenziell, sich mit einer reichen Vielfalt an Rohmaterial zu umgeben. Dies umfasst sowohl spezifische Daten, die

unmittelbar mit Ihrem kreativen Ziel verknüpft sind, als auch allgemeinere Informationen, die zwar thematisch verwandt, aber universeller Natur sind. Stellen Sie sich vor, Sie möchten einen neuen Elektromotor entwerfen. Es gilt nicht nur, sich in die Tiefen der Motorentechnologie zu vertiefen, sondern auch, die Konzepte der Fortbewegung in ihrer Gesamtheit – wie etwa jene der Natur – zu erforschen.

In dieser Phase ist es Ihre Aufgabe, unablässig zu beobachten, zu hinterfragen, zu erforschen und zu sammeln. Schärfen Sie Ihren Geist für Offenheit und bewahren Sie die gewonnenen Einsichten wie Schätze. Im Allgemeinen gilt: Das Ansammeln neuer Informationen, Beobachtungen und Ideen sollte nicht nur eine Methode, sondern eine Lebensweise sein, ein ständiger Begleiter auf der Reise des kreativen Geistes. Deshalb empfehle ich als ersten Schritt zu einem kreativeren Leben, immer ein Notizbuch zur Hand zu haben.

Schritt 2: Materialien ordnen und kombinieren

Wenn Sie das Gefühl haben, genug Material gesammelt zu haben, beginnen Sie damit, verschiedene Informationen zusammenzuführen. Kombinieren Sie zwei bis drei Fakten miteinander und probieren Sie aus, wie sie zusammenpassen. Suchen Sie nach Mustern, suchen Sie nach Beziehungen, spielen Sie herum, seien Sie auch albern im Umgang mit Ihren Ideen. Nutzen Sie all Ihre Gehirnleistung und Ihr Engagement, um Dinge zum Laufen zu bringen. Irgendwann werden Sie in dieser Phase mental erschöpft sein, Sie werden sich verloren und hoffnungslos fühlen und vielleicht werden sie sich ordentlich ärgern, dass Sie diese lange und mühevolle kreative Reise begonnen haben, weil keine schnellen Ideen entstehen. Im Schreibjargon nennt man das »Schreibblockade«. Das ist in Ordnung und gehört dazu. Die Ideen werden früher oder später kommen. Geben Sie nicht auf, denn in der nächsten Phase geht es darum, sich zu entspannen und das Gewonnene vorübergehend zu vergessen.

Schritt 3: Materialien unbewusst verinnerlichen

Dieser Schritt ist interessant und fast schon kontraintuitiv, denn jetzt ist es wichtig, alles fallen zu lassen und die Aufgabenstellung, der Sie kreativ begegnen möchten, zu vergessen. Richtig: Vergessen Sie es! Machen Sie etwas völlig anderes, was mit Ihrer Materie nichts zu tun hat. Lesen Sie ein Buch, gehen Sie wandern, tun Sie das, was Sie persönlich entspannt – und von Ihrer eigentlichen »Aufgabe« weg lotst. Denn das Schöne an unserem Gehirn ist, dass das Unterbewusstsein im Hintergrund weiter an der kreativen Aufgabe arbeiten wird. Also lassen Sie das Unterbewusste seine Arbeit machen und lenken Sie Ihre Aufmerksamkeit für eine Weile auf andere Dinge.

Schritt 4: Der Heureka-Moment

Heureka! – Ich habe (es) gefunden! Der Ausspruch stammt von Archimedes, als er während eines Bades einen bahnbrechenden Einfall hatte, das als »archimedische Prinzip« bekannt wurde (kurz: die Menge des verdrängten Wassers entspricht dem

Volumen des eingetauchten Körpers). Auch heutzutage ist dieser Ausruf noch ein Synonym dafür, eine großartige Idee zu haben. Und eine großartige Idee zu haben, ist ein sehr schönes Gefühl! Ihr Unterbewusstsein ist nach langer Arbeit nun endlich bereit, hievt die Idee auf Ihre bewusste Ebene und scheinbar aus dem Nichts ist sie da. Doch tatsächlich nur scheinbar, denn Ihr Heureka-Moment ist das Ergebnis aus den Schritten 1 und 2, in denen Sie hart für diesen Moment gearbeitet haben. Also sehen Sie die Anfänge nicht als Kreativitätsbremsen, sondern als nötige Voraussetzung dafür, dass eine gute Idee entsteht. Denn die Qualität einer Idee hängt immer von der Qualität und Mühe der ersten zwei Schritte ab. Und bei der kreativen Arbeit gilt um so mehr: ohne Input kein Output – und je mehr guter Input, desto größer die Wahrscheinlichkeit, dass man gute Ideen hat.

Schritt 5: Ideen zum Leben erwecken
In diesem Schritt geht es darum, Ihre besten Ideen in die Tat umzusetzen. Kreieren Sie ein Produkt oder einen Service auf Basis Ihrer besten Idee und testen Sie diese »in der wahren Welt«. Sammeln Sie kritisches Feedback und tüfteln Sie in einem iterativen Prozess an einer praktischen Umsetzung, bis Sie zufrieden sind.

Diese Beschreibung der fünf Schritte zeigt in groben Zügen den allgemeingültigen kreativen Prozess, wie wir domänenübergreifend und immer wieder systematisch neue Ideen entwickeln können. Später in diesem Kapitel werden wir uns damit befassen, was KI tun kann, um diese Schritte zu verbessern und teilweise zu automatisieren. Zunächst schauen wir uns einige Ansätze an, die Ihre Kreativität unterstützen.

4.2 Kreativitätstechniken

Aus der Vielzahl an bewährten Techniken und Handlungen möchte ich Folgende beleuchten – da sie meines Erachtens besonders hilfreich sind.

Aufmerksamkeitsverschiebung
Die Verlagerung der Aufmerksamkeit als Fähigkeit, sie von einem Thema zu einem anderen zu lenken, spielt eine entscheidende Rolle bei der Stimulierung der Kreativität. Diese bewusste Verlagerung der Konzentration eröffnet eine Welt voller reicher, vielschichtiger Perspektiven und befreit den kreativen Prozess von den Fesseln eindimensionaler Gedankenstrukturen. Es ist ein Vorgang, der die Vorstellungskraft beflügelt und zu außergewöhnlichen Innovationen führt.

Stellen Sie sich einen Komponisten vor, der zunächst von der Melodie gefesselt ist, dann aber seine Aufmerksamkeit auf den Rhythmus verlagert. Durch diesen Perspektivwechsel entsteht eine Symphonie, die sowohl melodisch als auch rhythmisch anspruchsvoll ist. Oder denken Sie an eine Malerin, die ihre Landschaftsbilder durch die

Betrachtung abstrakter Kunst neu interpretiert und dadurch eine atemberaubende Fusion aus Realismus und Abstraktion kreiert.

Diese Fähigkeit zur mentalen Agilität ist entscheidend für kreative Durchbrüche. Denken Sie an den berühmten Apfel, der auf Isaac Newtons Kopf fiel und ihn dazu inspirierte, über die Schwerkraft nachzudenken – ein klassisches Beispiel für die in diesem Fall zufällige Aufmerksamkeitsverschiebung, die zu einer der grundlegendsten Entdeckungen in der Physik führte.

Die Verlagerung der Aufmerksamkeit ist ein kreativer Katalysator, der uns dazu anregt, über den Tellerrand hinauszuschauen und unser Denken auf neue, unerwartete Wege zu lenken.

Horizontales Teilen

Kreativität lebt von Diversität und Vielfalt in jeglicher Form. Kreative Durchbrüche entstehen oft durch das Zusammenspiel von Ideen aus verschiedenen Disziplinen oder durch die Zusammenarbeit von Menschen mit verschiedenen Backgrounds und Expertisen.

Gutenberg ist uns bereits begegnet, der sein Wissen über Weinpressen mit seinem Wissen über Lithografie kombinierte, um die Druckpresse zu erschaffen. Die Gebrüder Wright wandten ihr Wissen über Fahrräder auf ihre Flugmaschinen an. Googles Algorithmus entsprang der Art und Weise, wie wissenschaftliche Publikationen eingestuft werden. Sprechen Sie also mit Menschen, die andere Interessen haben als Sie und lernen Sie Themen kennen, die außerhalb Ihrer Komfortzone liegen. Je breiter Ihre Interessen und je offener Ihr Blick, desto größer ist Ihr kreatives Potenzial.

Beispiel: Pixar

Die Pixar Animation Studios wurden als Computerunternehmen gegründet, das sich im Laufe der Jahre Zeit dem Film zuwandte. Einer ihrer Hauptvorteile bestand darin, dass das Unternehmen traditionell über einen echten Kompetenzmix (vom Cartoonisten bis zur Informatikerin) verfügte, was zu einem ständigen freien Ideenfluss zwischen den Abteilungen führte.

Steve Jobs, der Pixar in seinen Anfängen leitete, erkannte, dass Kreativität entsteht, wenn Gespräche und Ideen in einer diversen Mischung von Menschen freien Lauf haben. Also baute er ein großes Atrium und brachte alle Mitarbeitenden in einem Gebäude zusammen, um spontane und scheinbar zufällige Interaktionen zu schaffen. So ließ er beispielsweise alle Badezimmer in den einzelnen Stockwerken entfernen und errichtete im Atrium einen zentralen Toilettenblock, wodurch den Menschen quasi nichts anderes übrig blieb, als sich immer wieder zu begegnen. Der Erfolg gab Steve Jobs recht. Durch die ständigen Begegnungen interdisziplinärer Mitarbeitender und dem damit einhergehenden Ideenaustausch wurde aus Pixar ein innovatives und äußerst erfolgreiches Unternehmen.

Kreativität ist Reduktion

Der beste Indikator für eine gute Idee sind viele Ideen. Mit jedem neuen Einfall, den Sie haben, steigt die Wahrscheinlichkeit, dass eine gute Idee dabei ist. Kreativität entfaltet sich dabei in einem Reduktionsprozess, in dem aus einem Überfluss an Ideen die herausragenden hervorgehoben werden. Aus diesem Grund ist es entscheidend, in der initialen Phase der Ideengenerierung das Schaffen vom Sichten zu trennen.

Das menschliche Gehirn operiert mit zwei gegensätzlichen Mechanismen: dem kreativen Impuls, der die Schaffung neuer Ideen vorantreibt, und dem analytischen Geist, der diese Ideen bewertet und selektiert. Beide sind unerlässlich für den kreativen Prozess, doch ihre Koexistenz kann kontraproduktiv wirken, wenn sie gleichzeitig in Aktion treten. Während der Ideenfindung ist es daher wichtig, den kritischen Geist vorübergehend auszuschalten und eine Atmosphäre zu schaffen, in der Kreativität ohne Selbstzensur fließen kann.

Nachdem eine breite Palette an Ideen entwickelt wurde, ist es an der Zeit, den analytischen Modus zu aktivieren. In dieser Phase der Kritik und Auswahl wird das gesammelte Ideengut gefiltert, verfeinert und auf das Wesentliche reduziert. Dieser Prozess beinhaltet auch das Akzeptieren von Fehlern und das Verwerfen von weniger tragfähigen Konzepten, eine unumgängliche Disziplin auf dem Weg zu innovativen Ideen. Wie Ernest Hemingway prägnant bemerkte: »Der erste Entwurf von allem ist Mist.« In diesem Sinne ist es das Durchlaufen dieses zyklischen Prozesses von Schöpfung und Kritik, das schließlich zu durchdachten und ausgereiften kreativen Lösungen führt.

Auch Meister machen erst Masse, dann Klasse

Beethoven hat beim Komponieren oft bis zu 70 Versionen eines Satzes entwickelt, bevor er sich für eine entschied. Aber es waren die anderen 69, die ihn wissen ließen, welcher der Beste war. Auch Pablo Picasso war alles andere als unproduktiv: Er erschuf 1.800 Gemälde, 2.800 Keramiken, 1.200 Skulpturen und 12.000 (!) Zeichnungen. An dem schier unglaublichen kreativen Output erkennt man, warum der Mann weltberühmt ist.

Die Rolle der Ausdauer in der Kreativität

Kreativität ist harte Arbeit. Sie erfordert oft große Beharrlichkeit, die eigenen Ideen unermüdlich zu verfeinern und an einer kreativen Problemstellung zu arbeiten, bis sie »aufgibt«. Psycholog:innen haben herausgefunden, dass es einen engen Zusammenhang zwischen Erfolg und Durchhaltevermögen – der Fähigkeit, nicht aufzugeben

– gibt (Duckworth, 2018). Hartnäckigkeit ermöglicht es uns, das Potenzial unserer natürlichen Fähigkeiten zu maximieren. Mut und Ausdauer sind wichtige Katalysatoren für Kreativität, denn sie ermöglichen es, Herausforderungen zu meistern, Ideen zu verfeinern und sich in unbekannte Gebiete vorzuwagen. Kreative Unternehmungen sind oft mit Rückschlägen, gescheiterten Experimenten und vielen Momenten des (Selbst-)Zweifels verbunden. Ohne Mut und Ausdauer könnte man eine innovative Idee schon bei der ersten Hürde verwerfen. Beispielsweise scheiterte Thomas Alva Edison bei seinem Versuch, die Glühbirne zu erfinden, tausende Male, ließ sich aber nicht beirren: »Ich bin nicht gescheitert. Ich habe nur 10.000 Wege gefunden, die nicht funktionieren.« Auch J. K. Rowling wurde von fast allen Buchverlagen abgelehnt, bevor »Harry Potter« zu einem globalen Phänomen und unfassbaren Erfolg wurde. Um es mit Elizabeth Ashley, US-amerikanische Theater- und Filmschauspielerin, auf den Punkt zu bringen: »Man kann es ohne Talent und vielleicht sogar ohne Leidenschaft schaffen, aber niemals ohne harte Arbeit.«

Die Perspektive des Außenstehenden
Die Frische des unvoreingenommenen Blicks, oft als »Outsiders Perspective« bezeichnet, ist ein kraftvolles Elixier für Kreativität. Der Anfängergeist, ein Konzept, das in der buddhistischen Lehre als »Shoshin« gefeiert wird, betont die Bedeutung, sich Erfahrungen mit Offenheit und Neugierde zu nähern, als sähe man sie zum ersten Mal. Diese Frische des Blicks, frei von den Trübungen der Vertrautheit, kann dazu führen, dass der kreative Funke in unerwarteter und origineller Weise zündet.

Es ist diese Art von Naivität, ein leichter Mangel an Fachkenntnis, der oftmals den Nährboden für bemerkenswerte kreative Durchbrüche bietet. Künstler wie Picasso haben erkannt, dass die technische Fertigkeit allein nicht ausreicht, um wahre Meisterwerke zu schaffen – es bedarf auch einer gewissen Jugendlichkeit des Geistes. Ebenso haben Bands wie die Rolling Stones in den frühen Jahren ihrer Karriere einen Großteil ihrer legendären Musik geschaffen, getrieben von einer ungestümen Frische, die späteren Werken möglicherweise fehlte.

In der Spezialisierung und Routine liegt Segen und Fluch zugleich: Sie können uns in Sicherheit wiegen, aber auch unsere Fähigkeit begrenzen, jenseits des Bekannten zu denken. Der »Fluch des Wissens« verengt unseren Blick, macht uns blind für die unbegrenzten Möglichkeiten, die Perspektivwechsel bieten können. Um die Fesseln des Fachwissens zu sprengen, ist es manchmal notwendig, Außenstehende einzuladen – Menschen, die fernab unseres Fachgebiets stehen und mit frischen Augen sehen.

Das Einbeziehen von Menschen mit diversen Hintergründen, die einen neuen, ungetrübten Blick auf ein Projekt werfen können, ist nicht nur bereichernd, sondern essenziell. Es erfordert Mut, diesen Schritt zu wagen, doch die Frage, die wir uns stellen sollten, ist nicht, ob wir es wagen können, sondern ob wir es uns leisten können, es nicht zu tun. Erweitern Sie Ihren Horizont, seien Sie mutig und staunen Sie über die Wunder, die dieser Mut Ihnen offenbaren wird.

Orson Welles' Naivität schuf ein Meisterwerk

Der erste Film des Filmregisseurs Orson Welles – »Citizen Kane« – gilt als zeitloses Meisterwerk, das visuelle und erzählerische Konventionen sprengte. Und Welles war erst zarte 25 Jahre alt, als er ihn drehte. Seinen Erfolg begründete er damit, dass er naiv und aus einer Außenperspektive an das Medium Film herangegangen sei und sich deshalb nicht an alle Regeln gebunden habe, die den Expert:innen des Mediums auferlegt waren. Die Außenseiterperspektive und Naivität des Regisseurs waren maßgeblich daran beteiligt, »Citizen Kane« zu dem filmischen Meisterwerk zu machen, als das es heute gefeiert wird. Welles dachte naiverweise, dass man mit der Kamera alles machen könne, was man sich vorstellen kann. Sein Mangel an traditioneller Ausbildung oder Indoktrination in der Filmindustrie ermöglichte es ihm zu experimentieren, Innovationen zu entwickeln und etablierte Normen infrage zu stellen. Techniken wie Deep-Focus-Kinematographie, nicht lineare Erzählung und bahnbrechendes Sounddesign wurden auf bisher nicht da gewesene Weise eingesetzt. Wäre Welles ein erfahrener Filmemacher gewesen, wäre »Citizen Kane« ein anderer, wahrscheinlich konventionellerer Film geworden. Aber es war Welles' einzigartige Außenseiter-Perspektive, die es ihm ermöglichte, das Kino tiefgreifend und nachhaltig zu revolutionieren.

Kleines Fazit: Naivität und Fachfremdheit können Vorteile sein, weil Außenstehende frischer und unbekümmerter an eine Sache herangehen. Es ist daher immer ratsam, sich bei kreativen Prozessen Meinungen Dritter einzuholen, die einen fachfremden und naiven Blick auf die Aufgabenstellung werfen.

Das Kind in uns spielen lassen

Spielen ist für Kreativität, innovative Gedanken und schöpferische Prozesse unerlässlich, da es eine offene und forschende Denkweise fördert und starre Denkmuster aufbricht. Die Beschäftigung mit spielerischen Aktivitäten gibt dem Geist die Freiheit umherzuwandern, zu experimentieren und unterschiedliche Ideen miteinander zu verbinden. So ermutigen beispielsweise Unternehmen wie Google ihre Mitarbeitenden, einen Teil ihrer Arbeitszeit mit persönlichen Projekten und spielerischen Erkundungen zu verbringen, was zu bahnbrechenden Erfindungen wie Google Mail führte. Auch der berühmte Erfinder Nikola Tesla schrieb seinem fantasievollen Spiel die Entwicklung seiner kreativen Einsichten zu. Ob Kinder mit Bauklötzen bauen, eine Künstlerin einfach drauf losmalt oder ein Wissenschaftler ohne ein festes Ziel experimentiert: Ein spielerischer Ansatz öffnet die Türen für Neugier, Risikobereitschaft und neue Verbindungen und dient als fruchtbarer Boden für Kreativität.

Ein Grund dafür, dass Kinder oft als die kreativsten Menschen auf diesem Planeten angesehen werden, ist, dass sie ständig spielen – und so entsteht Ideenreichtum. Also: Wecken Sie Ihr inneres Kind, seien Sie albern und geben Sie Ihrer Fantasie (wieder) Raum. Oder um es mit Pablo Picasso auszudrücken: »Der Hauptfeind der Kreativität ist der gesunde Menschenverstand.«

Mit Freude experimentieren

Und hier kommt die kleine Schwester des Spiels: das Experimentieren. Um gute kreative Ergebnisse zu erzielen, müssen Sie Ideen von allen Seiten ausprobieren, das heißt, Sie müssen experimentieren. Experimente sind das Lebenselixier der Kreativität, denn sie ermöglichen es, unerforschte Gebiete zu erkunden, Hypothesen zu testen und mit Ideen zu spielen. Ohne die Bereitschaft, sich über das Bekannte hinaus zu wagen und Misserfolge zu akzeptieren, würde Innovation stagnieren. So hat James Dyson beispielsweise 5.127 Prototypen getestet, bevor er sein revolutionäres Staubsaugerdesign perfektionieren konnte. Auch die bahnbrechenden Animationstechniken von Pixar entstanden durch unermüdliches Experimentieren mit Geschichten und Technologien. Solche Beispiele unterstreichen, dass bahnbrechende Innovationen oft erst durch wiederholte Versuche, Fehler und Verfeinerungen möglich werden, und sie verdeutlichen die enge Beziehung zwischen Experimentieren und Kreativität.

Der unermüdliche Erfinder Thomas Alva Edison sagte, dass »der wahre Maßstab für den Erfolg die Anzahl der Experimente ist, die in 24 Stunden untergebracht werden können« (Kelley, 2014). Je mehr wir also experimentieren und Dinge ausprobieren, desto wahrscheinlicher ist, dass wir dabei etwas Großartiges erschaffen.

Mit Neugierde entdecken wir die Welt

Interessanterweise ist die einzige Charaktereigenschaft, die von der Forschung nachweislich direkt mit Kreativität in Verbindung gebracht wird, die Offenheit für neue Dinge, die Neugier (Huang et al, 2015). Neugier ist der Funke, der die Kreativität beflügelt. Sie treibt uns Menschen an, Fragen zu stellen, zu erforschen und nach einem Verständnis zu suchen, das über das Bekannte hinausgeht. Es ist dieser angeborene Wunsch zu lernen und zu entdecken, der oft zu bahnbrechenden Ideen und Innovationen führt. Leonardo da Vincis unstillbarer Entdeckerdurst beispielsweise machte ihn nicht nur zum Künstler, sondern auch zum Erfinder, Anatom und Ingenieur, dessen Notizbücher mit Beobachtungen und Experimenten aus verschiedensten Bereichen gefüllt waren. In ähnlicher Weise beeinflusste Steve Jobs' Neugier bezüglich Kalligrafie das typografische Design der Apple-Computer.

Diese Beispiele zeigen, dass ein wissbegieriger Geist traditionelle Grenzen überschreiten kann und will, indem er unterschiedliches Wissen zu kreativen Meisterwerken verwebt. Von Vorteil ist es dabei auch, Dinge zu lernen, für die Sie sich eigentlich nicht interessieren – denn dadurch werden Bereiche im Gehirn angesprochen, die normalerweise nicht aktiv sind.

Fehler willkommen heißen

Je mehr wir ausprobieren und experimentieren, desto mehr (vermeintlichen) Fehlern und Rückschlägen werden wir begegnen. Doch ein kreativer Mensch kann sie nicht nur wegstecken, sondern wird sie wertschätzen, denn in jedem Fehler steckt eine Lehre. Wie John Cleese, ein kreativer Kopf der legendären britischen Komikertruppe Monty Python, in seinem Buch über Kreativität sagte: »Wenn Sie kreativ sind, gibt es so etwas wie Fehler nicht. Der Grund dafür ist ganz einfach: Man kann nicht wissen, ob man einen falschen Weg einschlägt, bevor man ihn nicht eingeschlagen hat.« (Cleese, 2022) Also: Lassen Sie sich nicht von Fehlern und Rückschlägen unterkriegen. Sie gehören dazu, machen Sie reicher an Erfahrung und offener für alle Aspekte Ihres Tuns.

Wenn der Zufall es will

Der Zufall gilt als Katalysator für Kreativität, indem er Unvorhersehbarkeit einführt, bestehende Paradigmen ins Wanken bringt und dadurch neue Verbindungen fördert. Durch die »zufällige« Unterbrechung routinemäßiger Denkmuster sind wir quasi gezwungen, flexibel zu sein. Die »Oblique Strategies« von Brian Eno und Peter Schmidt – eine Methode zur Kreativitätsförderung mittels Karten mit einer Botschaft oder einem (universellen) Aspekt, um ein Dilemma oder eine Sackgasse aufzubrechen – haben Künstler wie David Bowie im kreativen Prozess geleitet und sie in ungeahnte Bereiche vorstoßen lassen.

Einige Beispiele aus dem Kartenset möchte ich Ihnen als Impulse mitgeben (vgl. Wikipedia, 2023, ins Deutsche übersetzt):
- Was würde Ihr engster Freund tun?
- Versuchen Sie, es vorzutäuschen!
- Ehren Sie Ihren Irrtum als verborgene Absicht.
- Fragen Sie Ihren Körper.
- Arbeiten Sie mit einer anderen Geschwindigkeit.

Schon in der Renaissance haben Kreative mit dem Zufallsprinzip als Inspirationsquelle gearbeitet: Die »Sortes Virgilianae«, virgilianische Lose, waren eine Methode der Inspiration, die auf dem Werk des römischen Dichters Vergil basierten, insbesondere auf der »Aeneis«. Die Methode bestand darin, eine zufällige Seite in einem Werk Vergils aufzuschlagen, dann auf einen zufälligen Vers zu zeigen, der einem dann als Inspiration für eine Frage oder ein kreatives Problem diente.

Das musikalische Würfelspiel von Mozart

Auch das Wunderkind Wolfgang Amadeus Mozart wusste, dass es förderlich ist, den Zufall in die Kreativität einfließen zu lassen. Er entwickelte das »musikalische Würfelspiel«, um mithilfe von Würfeln einen sechzehntaktigen Walzer zu erzeugen. Bei diesem Spiel schuf Mozart kleine musikalische Takte für jedes mögliche Würfelergebnis. Durch Würfeln wählten die Spielenden Takte aus, die aneinandergereiht eine neue Komposition ergeben sollten.

Dieses Element des Zufalls innerhalb eines strukturierten Rahmens ermöglichte unzählige einzigartige Ideenkompositionen und zeigt, wie der Zufall die Kreativität fördern kann, indem er unvorhersehbare und dennoch harmonische Sequenzen oder Abläufe erzeugt.

Wie Zwänge uns befreien können

So verwunderlich es klingen mag: Auch Limitierungen können förderlich für Kreativität sein, indem sie uns zwingen, einfallsreicher zu sein – ganz im Sinne von »Not macht erfinderisch«. So hat beispielsweise die Limitierung auf 140 Zeichen, die Twitter, heute X, ursprünglich eingeführt hat (inzwischen sind es 280), die Nutzenden dazu gezwungen, prägnante Nachrichten zu verfassen. Dr. Seuss »Green Eggs and Ham« (grüne Eier und Schinken) waren das Ergebnis einer Wette, bei der es darum ging, ein Buch mit nur 50 verschiedenen Wörtern zu schreiben, was zu einem seiner beliebtesten Werke führte. Diese Beispiele zeigen, dass Beschränkungen der Nährboden für neue und fantasievolle Ideen sein können, anstatt sie zu behindern.

Und noch eine kleine Episode: Auch Ernest Hemingway gewann einst eine Wette, indem er mit nur fünf Worten eine traurige Geschichte schrieb: »Zu verkaufen: Babyschuhe. Nie getragen.«

Zusammengefasst

Wie wir gesehen haben, gibt es viele Ansätze, Tätigkeiten und Gewohnheiten, die uns und unser Leben kreativer machen können. Dabei kann Kreativität nicht nur erlernt, sondern sollte auch wie ein gesunder Muskel gepflegt und trainiert werden. Sie kann in jeder Lebenslage, im Beruf wie im Privaten, nützlich sein.

Nach neuesten Studien macht regelmäßige kreative Arbeit den Menschen auch glücklicher (Tan, 2021). Eine weitere Studie aus dem Jahr 2014 unter Universitätsstudent:innen stellte eine signifikante Beziehung zwischen Kreativität und subjektivem, emotionalem, psychologischem und sozialem Wohlbefinden her (Tamannaeifar, 2014). Also, tun Sie Ihrem seelischen Wohlbefinden etwas Gutes und seien Sie kreativ.

4.3 Computergestützte Kreativität

Nachdem wir uns dem Potenzial der eigenen Kreativität und dem (strukturierten) Vorgehen bei kreativer Arbeit angenähert haben, und Sie – hoffentlich – überzeugt und begeistert sind von den Möglichkeiten und der Relevanz schöpferischer Ideen für das (Berufs-)Leben, sehen wir uns als nächstes an, wie Maschinen uns bei der kreativen Arbeit unterstützen können.

Computational Creativity, also bekannt als Computerkreativität oder künstliche Kreativität, ist ein faszinierendes und multidisziplinäres Forschungsfeld, das sich an der Schnittstelle mehrerer Disziplinen befindet: kognitive Psychologie, künstliche Intelligenz, Kunst und Philosophie. Dieses Gebiet konzentriert sich darauf, menschliche Kreativität durch Computer oder Software zu modellieren, zu simulieren oder zu replizieren.

In der Computational Creativity geht es darum, Software zu entwickeln, die Verhaltensweisen zeigt, die gemeinhin als kreativ angesehen werden. Diese können die Produktion von Musik, visuellen Künsten und bewegten Bildern umfassen. Solche Systeme könnten beispielsweise neue Musikstücke komponieren, Kunstwerke erstellen oder innovative Lösungen für komplexe Probleme generieren, die normalerweise menschliche Kreativität erfordern würden.

Das Ziel der Computational Creativity ist es, ein tieferes Verständnis dafür zu entwickeln, wie Kreativität funktioniert – sowohl im menschlichen Gehirn als auch in künstlichen Systemen. Dieses Wissen könnte nicht nur dazu beitragen, die Grenzen der künstlichen Intelligenz zu erweitern, sondern auch neue Einblicke in die menschliche Kreativität selbst bieten. Dadurch könnten innovative Anwendungen in verschiedenen Bereichen wie Kunst, Design, Unterhaltung und Problemlösung entstehen.

Computational Creativity stellt somit eine spannende Verbindung zwischen Technologie und menschlichem Schaffen dar und bietet die Möglichkeit, die Grenzen dessen, was Maschinen tun können, neu zu definieren und zu erweitern.

Turing-Test vs. Ada-Lovelace-Test

1950 stellte der britische Mathematiker und Informatiker Alan Turing in seinem Werk »Computing Machinery and Intelligence« den Turing-Test vor, der die Fähigkeit einer Maschine prüft, intelligentes Verhalten zu zeigen, das nicht von dem eines Menschen zu unterscheiden ist. Beim Turing-Test interagiert ein menschlicher Bewerter über eine Computerschnittstelle mit einem KI-System und einem Menschen und muss allein anhand der Antworten auf Fragen entscheiden, wer der Mensch ist. Wenn der Prüfer die Maschine nicht zuverlässig von einem Menschen unterscheiden kann, hat die Maschine den Test bestanden. Bei diesem Test wird nicht die Fähigkeit der Maschine bewertet, im menschlichen Sinne zu »denken«, sondern ihre Fähigkeit, Antworten zu geben, die von denen eines Menschen nicht zu unterscheiden sind.

Der nicht ganz so berühmte Ada-Lovelace-Test überprüft, ob KI-Systeme Ideen entwickeln, kreativ sein und Konzepte verstehen können, die über ihre ursprüngliche Programmierung hinausgehen, also zu einem mit Menschen vergleichbaren Vorgehen fähig sind.

Der primäre Unterschied zwischen den beiden Tests liegt in ihrem Schwerpunkt. Beim Turing-Test geht es mehr um die Replikation menschenähnlichen Verhaltens und die Ununterscheidbarkeit der KI-Reaktionen von denen eines Menschen. Der Ada-Lovelace-Test hingegen prüft die kreativen und innovativen Fähigkeiten einer KI und fordert sie heraus, über ihre ursprüngliche Programmierung hinauszugehen.

Zusammengefasst

Während der Turing-Test prüft, wie gut eine KI wie ein Mensch »handeln« kann, untersucht der Ada-Lovelace-Test, ob eine KI in Bezug auf Kreativität und Innovation wie ein Mensch »denken« kann.

Eine Frage, die dieses Buch aufwirft, lautet also: Kann KI den Ada-Lovelace-Test bestehen?

Es gibt starke Anzeichen dafür, dass sie es kann: Hörer:innen konnten vor Kurzem ein von der künstlicher Intelligenz generiertes Bach-Stück nicht von einem echten unterscheiden. Ein von KI generiertes Foto gewann den renommierten SONY-Fotopreis. Ein von KI generierter Drake-Song, »Heart on my sleeve«, wurde mit 15 Millionen Aufrufen zur TikTok-Sensation. In all diesen Beispielen konnten die Konsumierenden nicht erkennen, dass die Kunstwerke von Maschinen erschaffen wurden.

Aber wie sieht es mit Innovation und Kreativität im Unternehmenskontext aus? Wie kann eine KI unsere Kreativität unterstützen, *die* Kreativität, die früher als der Heilige Gral der Menschheit und als Garant für unsere Vorherrschaft auf diesem Planeten bekannt war, die eine Eigenschaft, die nur der Mensch zu besitzen scheint – oder schien?

4.4   Ideenfindung, Muster und Vorhersagen

Bevor spezifisch und beispielhaft erläutert wird, wie KI die Kreativität unterstützen kann, lohnt es sich, die zentralen Vorteile von KI noch einmal zu anzusehen.

a) Fähigkeiten zur Mustererkennung

Künstliche Intelligenz ermöglicht die Analyse einer riesigen Anzahl von Daten im Handumdrehen: Bücher, Dokumente, Veröffentlichungen, Patente. KI kann eine unendliche Menge an Informationen in Lichtgeschwindigkeit durchforsten und Muster und versteckte Bedeutungen in den Daten erkennen. Sie analysiert große Textbestände und findet Zusammenhänge, die wir Menschen nicht erfassen können, zumindest nicht in diesem rasanten Tempo. So beschleunigt KI die Entdeckung neuartiger Produktideen jeglicher Art erheblich.

b) Prädiktive Fähigkeiten

KI ist eine exzellente Prognosemaschine. Künstliche Intelligenz hat die erstaunliche Fähigkeit, Trends oder zukünftige Ereignisse dynamisch vorherzusagen. KI-Systeme nutzen fortschrittliche Algorithmen und enorme Datenmengen, um Korrelationen zu erkennen, die für das menschliche Auge oft verborgen bleiben. Sie reichen von einfachen linearen Prognosen bis hin zu komplexen neuronalen Netzwerken, die selbstlernend und selbstverbessernd sind. Diese Systeme werden in der Meteorologie für Wettervorhersagen, im Finanzwesen für Marktanalysen, im Gesundheitswesen zur Vorhersage von Krankheitsverläufen und in der Produktion zur Vorhersage von Wartungsbedarf eingesetzt. Die prädiktive Analytik kann dabei helfen, Risiken zu minimieren, Ressourcen effizienter zu verteilen und Entscheidungen zu treffen, die auf fundierten Schätzungen basieren, was die KI zu einem unverzichtbaren Werkzeug in der datengetriebenen Welt macht.

c) Generative (»kreative«) Fähigkeiten

Mittlerweile kann KI Inhalte erzeugen, die von Menschen als neuartig und hochwertig angesehen werden. Die Fähigkeit der KI, kreative Inhalte zu generieren, wird durch technologische Fortschritte stetig verfeinert. Mittels Generative Adversarial Networks (GANs) und fortgeschrittener Sprachverarbeitungsmodelle wie Transformern kann KI Texte, Bilder und Musik komponieren, die qualitativ mit menschlichem Schaffen konkurrieren. Diese Systeme werden trainiert, indem sie riesige Datensätze analysieren und lernen, kreative Muster zu imitieren und zu erzeugen.

KI als Helferin im kreativen Prozess

Von den Hauptvorteilen der KI können wir nun ableiten, wie sie genutzt werden kann, um Ihren kreativen Denkprozess auf verschiedene Weise zu verbessern und Werkzeuge für die Inspiration, Erkundung und sogar Ausführung kreativer Ideen anzubieten.

Ideenfindung: In erster Linie kann KI eingesetzt werden, um die Ideenfindung durch Datenanalyse zu fördern. Natural Language Processing (NLP) ermöglicht es KI-Systemen, als kollaborative Brainstorming-Partner zu agieren, die Vorschläge generieren oder Diskussionen vertiefen. Durch die Untersuchung von Mustern, Trends und Beziehungen in großen Datensätzen kann KI Erkenntnisse zutage fördern, die durch eine menschliche Analyse allein voraussichtlich nicht zu erkennen gewesen wären. So könnte KI beispielsweise Daten zum Verbraucherverhalten analysieren, um neue Produkte, Dienstleistungen oder Marketingstrategien vorzuschlagen, die auf bestehende oder künftige Trends einzahlen. Dies kann dazu beitragen, kreative Ideen für das Unternehmenswachstum zu entwickeln. KI kann immer erste Ideen entwickeln, mit KI beginnen Sie nie von null.

Und auch hier hat KI den Vorteil, dass sie schier unendliche Datenmengen in Windeseile verarbeiten kann. Wenn man einer Künstlerin sagt, sie solle ein Bild von einem Tiefseetaucher zeichnen, zeichnet sie ihn aus dem Gedächtnis oder schaut sich ein paar Referenzen an. Bei der KI ist der Ansatz ein anderer: Künstliche Intelligenz kann die gesamte visuelle Geschichte des Tiefseetauchens in Sekunden durchforsten und auf der Basis unzählige Versionen eines Tiefseetaucherbildes erstellen. Darüber hinaus kann KI Synergieeffekte fördern, indem sie Informationen und Optionen beisteuert, die außerhalb unseres primären Fachwissens liegen. Wir können den »Fluch des (Fach-)Wissens« umgehen und KI nutzen, um völlig neue Bereiche und Aspekte in unser Fachgebiet einzuführen, um neue Möglichkeiten und Ansätze zu schaffen beziehungsweise auszuprobieren. Sie kann das Out-of-the-Box-Denken anregen – eine unkonventionelle, hoch kreative Denkweise –, indem sie zahlreiche unterschiedliche Informationsquellen nutzt und heterogene Datensätze kombiniert.

Quantität: Das Schöne ist auch hier die Fülle und Breite an Ideen, die eine KI generieren kann. Erinnern Sie sich daran, dass der zuverlässigste Garant für die eine gute Idee zunächst sehr viele Ideen sind? Stellen Sie sich nun eine KI vor, die buchstäblich auf Knopfdruck Tausende von Ideen erzeugen kann. Und dann tausend Variationen jeder einzelnen generierten Idee. Damit steigt die Zahl der Ideen, die uns zur Verfügung stehen, exponentiell an. Letztendlich ist es natürlich der Mensch, der die Ideensammlung der KI sinnvoll einengen, und letztendlich das von der Maschine erstellte Werk auswählen muss (ähnlich wie Fotografen einen Kontaktabzug verwenden, um ihr bestes Foto zu selektieren), um das beste Ergebnis seiner Arbeit zu erzielen.

Inspiration: KI kann kreative Anregungen liefern, um Ihren Denkprozess in Gang zu bringen. Zum Beispiel können LLMs oder KI-Bildgeneratoren Vorschläge auf der Grundlage des von Ihnen gewählten Themas oder Stils generieren. Sie suchen nach einer neuen Art von Stuhl? Kein Problem. Sie geben der KI einige Schlüsselwörter oder Themen vor und sie wird zahlreiche Ideen und Vorschläge generieren, die Sie als Inspirationsquelle nutzen können. So fangen Sie nie bei null an. Es ist meist einfacher, mit etwas Vorhandenem zu arbeiten, als sich neues Material auszudenken. Die KI wird etwas schaffen, das wir weiterbearbeiten können.

Perspektivwechsel durch Variantenvielfalt: Künstliche Intelligenz kann als kraftvolles Instrument dienen, um Perspektiven zu wechseln und die Variantenvielfalt einer

Idee zu erweitern. Sie kann beispielsweise aus einer einzigen Skizze dutzende Designvarianten generieren, die sich in Farbgebung, Formgebung oder Stil unterscheiden. Ein Text oder Konzept kann durch KI in verschiedene sprachliche Stile übersetzt oder auf unterschiedliche Zielgruppen zugeschnitten werden. KI-Tools wie Deep Learning und GANs (Generative Adversarial Networks) können diese Variationen erstellen, indem sie lernen, Kernaspekte einer Idee zu identifizieren und diese in neue Kontexte zu übertragen, was zu einem reichhaltigen Spektrum an Alternativen führt, die neue Perspektiven und Ansätze offenbaren.

Ein praktisches Beispiel für den Einsatz von KI zur Perspektivenerweiterung ist ein Architekturbüro, das ein neues Gebäudekonzept entwickelt. Die KI kann aus einem einzigen Entwurf verschiedene architektonische Stile generieren, indem sie Elemente aus verschiedenen historischen Epochen oder aktuellen Designtrends integriert. Dies kann zu Varianten führen, die von futuristisch bis hin zu nachhaltig-ökologischen Designs reichen. Die KI kann die Skizze auch an unterschiedliche Umgebungen anpassen, um zu zeigen, wie das Gebäude in einem städtischen, ländlichen oder küstennahen Kontext aussähe. Dadurch erhält das Designteam neue Einblicke, die ohne die umfangreiche Analyse- und Generierungsfähigkeit der KI nicht so schnell zugänglich wären.

Bewertung von Ideen: KI kann helfen, den potenziellen Erfolg kreativer Ideen schnell zu bewerten. Mithilfe prädiktiver Analytik analysiert sie ähnliche frühere Ideen und deren Erfolgsquoten und gibt Ihnen wertvolles Feedback, bevor Sie weitere Zeit und Ressourcen in die Weiterentwicklung der Idee investieren. Beispielsweise in der Werbebranche kann KI Werbekampagnen im Hinblick auf Verbraucherengagement und Konversionen bewerten und so Marketern wertvolle Einsichten geben, bevor Budgets für groß angelegte Kampagnen freigegeben werden. Durch die Simulation verschiedener Szenarien kann künstliche Intelligenz auch als »Anwältin des Teufels« fungieren, indem sie potenzielle Risiken und Schwachstellen aufzeigt und konstruktive Kritik liefert, um die Ideen weiter zu verfeinern. Denken Sie an die für den kreativen Prozess wichtige »Außenseiterperspektive«. Die KI könnte genau diese einnehmen und objektiv Ihre Ideen bewerten.

Kuration von Inhalten: Künstliche Intelligenz kann Inhalte auf der Grundlage Ihrer Interessen und Ihres Inputs kuratieren und Ihnen dabei helfen, neue Ideen, Stile oder Trends zu entdecken, auf die Sie vielleicht noch nicht gestoßen sind. Spotify beispielsweise nutzt KI, um den Nutzenden auf der Grundlage ihrer bisherigen Aktivitäten entsprechende Musikstücke vorzuschlagen. Und nicht nur in diesem Kontext gilt: KI vergisst nie. Sie speichert Ihre Daten und Ideen und verwendet sie als Grundlage für immer neue Ideen.

Kreative Problemlösung: KI kann dazu beitragen, neue Lösungen für komplexe Probleme zu finden – selbst für solche, die scheinbar nichts miteinander zu tun haben. KI-Modelle wie AlphaGo haben bewiesen, dass sie in der Lage sind, neue Strategien zu entwickeln, die erfahrene menschliche Spielende nicht in Betracht gezogen hätten. Betrachten Sie KI als eine schrullige Kollegin und lassen Sie sie ungehindert neue Ideen und Möglichkeiten entwickeln, an die Sie nicht einmal gedacht haben.

Brainstorming: KI kann Brainstorming-Sitzungen verbessern, indem sie datengestützte Erkenntnisse und Vorschläge liefert. Wenn Sie nicht weiterkommen, nutzen Sie KI, um mehr Kontext zu einem Problem zu liefern oder angrenzende Möglichkeiten zu finden. Diese Erkenntnisse können als Ausgangspunkt für Diskussionen dienen und den Teams helfen, über den Tellerrand zu schauen. Erkenntnisse aus der Kreativitätswissenschaft zeigen, dass es vorteilhaft ist, zuerst ein persönliches Brainstorming zu machen, bevor wir es in der Gruppe durchführen. Das heißt, es ist immer gut, eine eigene Liste mit Ideen zu haben, bevor wir in die Gruppendiskussion einsteigen. KI kann ein gute Helferin sein, um diese ersten Ideen zu entwickeln.

Bessere Kundenerfahrungen: KI kann Kundendaten und -verhalten analysieren und kreative Lösungen zur Verbesserung der Kundenerfahrung anbieten. Wenn ein KI-Tool beispielsweise ein häufiges Problem bei Kundeninteraktionen identifiziert, können Sie originelle Lösungen für dieses Problem entwickeln, die möglicherweise zu einem neuen Produkt, einer neuen Dienstleistung oder einem neuen Ansatz für den Kundenservice führen. Voraussetzung ist, dass Sie das Kundenverhalten aufzeichnen und der KI zugänglich machen. Alternativ können Sie die KI ständig soziale Streams durchforsten und die relevanten Daten für Sie ermitteln lassen.

Marktforschung und Trendanalyse: KI-Tools können unter anderem Social-Media-Daten, Nachrichtenartikel und Blogs analysieren, um aufkommende Trends in Echtzeit zu erkennen. Indem sie verstehen, was beliebt ist oder an Zugkraft gewinnt, können Unternehmen diese Trends zeitnah und einfallsreich mit neuen Produkten, Dienstleistungen oder Marketingkampagnen aufgreifen. Wenn sie richtig programmiert ist, wird KI der beste kreative Trendspotter der Welt sein, und zwar aus dem einfachen Grund, dass Menschen niemals so viele Daten durchforsten können, wie KI es kann. Hinzu kommen die starken Vorhersagefähigkeiten von KI. Letztlich ist das Aufspüren von Trends nichts anderes als die Vorhersage dessen, was in naher Zukunft en vogue sein wird.

Visuelle Stimulation: Es ist erwiesen, dass visuelle Darstellungen die Kreativität anregen und mehr Ideen fördern können. Neue generative KI-Systeme wie DALL-E 2 oder Midjourney sind in der Lage, auf der Grundlage einer Texteingabe ästhetische Bilder zu erzeugen. Diese Systeme verwenden einen Prozess namens »Diffusion«, der mit einem Muster aus zufälligen Punkten beginnt und dieses Muster allmählich in Richtung eines

Bildes verändert, wenn er bestimmte Aspekte dieses Bildes erkennt. Sie können buchstäblich aus jedem menschlichen Kunstwerk oder jeder Fotografie wählen, die jemals gemacht wurde. Sie können Stile, Epochen und Themen mischen und in kürzester Zeit die wildesten Kreationen erfinden, die dann den Schöpfer zu weiteren Ideen anregen. Die Fotografie, wie wir sie im klassischen Sinne kannten, kann zu einer Art »Promptografie« werden, da wir nun anspruchsvolle visuelle Bilder mithilfe verbaler Prompts erzeugen können.

Simulation: KI-Systeme können durch das Erstellen detaillierter Simulationen im Konstruktionsdesign, Industriedesign und in der künstlerischen Gestaltung als Inspirationsquelle und Lehrmittel dienen. Beispielsweise kann ein KI-gestütztes Simulationssystem Architekten ermöglichen, durch interaktive 3-D-Modelle zu wandeln und Änderungen in Echtzeit vorzunehmen, um zu sehen, wie unterschiedliche Lichtverhältnisse oder Materialien den Raum beeinflussen. In der Modeindustrie könnten Designerinnen mit KI-gesteuerten Tools experimentieren, die Textilien und Schnitte in virtuellen Umgebungen darstellen, um zu sehen, wie sich diese unter verschiedenen Bedingungen verhalten. In der Kunst könnten Künstler KI nutzen, um digitale Installationen zu schaffen, die auf Nutzerinteraktionen reagieren, und so neue Formen interaktiver Erfahrungen erschaffen, die physisch so nicht umsetzbar wären. Diese simulierten Erfahrungen bieten sichere Testumgebungen, in denen Kreative ohne die Beschränkungen der physischen Welt experimentieren können.

Dekonstruktion: KI-Systeme können auch ein brillantes Werkzeug zum kritischen Hinterfragen des kreativen Prozesses sein. Sie können uns helfen, den kreativen Prozess selbst besser zu verstehen und ihn in logischen Schritten zu dekonstruieren. Wenn wir den Maschinen kreative Arbeit beibringen wollen, müssen wir erst einmal unseren eigenen kreativen Prozess verstehen, analysieren und dekonstruieren. Wir müssen diesen in viele logische Schritte zerlegen, damit die Maschine ihn verstehen und simulieren kann. Dies wiederum kann uns komplexere Einblicke in die Funktionsweise unsere eigenen Kreativität geben und uns helfen, unseren Prozess zu verbessern.

Wettbewerbsanalyse: KI kann die Strategien der Mitbewerber im Markt analysieren, um herauszufinden, was funktioniert und was nicht. Dies kann fantasievolle Ideen zur Differenzierung Ihrer eigenen Produkte oder Dienstleistungen hervorbringen und neue Strategien und USPs (Unique Selling Proposition, Alleinstellungsmerkmal) entwickeln, die Ihrem Unternehmen einen Wettbewerbsvorteil verschaffen. Einige Biotech-Unternehmen füttern ihre KI mit Tausenden von alten analogen Experimenten und klinischen Versuchen, die bis ins 19. Jahrhundert zurückreichen. Ausgestattet mit all diesen historischen Daten können die KI-Algorithmen nun Tausende von Fällen durchspielen, miteinander verbinden und dadurch neue kombinatorische Lösungen finden.

Produktentwicklung: Eine Bereicherung ist KI auch bei der Entwicklung und Bewertung von Produktideen auf der Grundlage von Markttrends, Verbraucherverhalten und Wettbewerbsanalysen. KI kann helfen, potenzielle Marktlücken zu identifizieren und die Entwicklung neuer Produkte anzuregen, um diese Lücken zu schließen. Wie KI den Produktentwicklungsprozess unterstützen und informieren kann, werden wir in Kapitel 5, Innovation und KI, näher betrachten.

Die Sache mit der Originalität: Eine Studie aus dem Jahr 2013 hat die Originalität der besten Filme aller Zeiten gemessen, basierend auf der IMDb-Bewertung, Internet Movie-Database. Das Ergebnis: Die besten Filme liegen in einem schmalen Sweet Spot – die Zone, in der etwas die optimale Wirkung besitzt – zwischen »neu«, aber »nicht zu neu« (Sreenivasan, 2013). Das bedeutet, dass wir etwas Neues schaffen müssen, dass das Potenzial hat, das Publikum zu überraschen, aber nicht zu weit von der Norm abweicht, sodass es potenzielle Kund:innen abschrecken könnte, wenn wir etwas Wertvolles für unsere Kundschaft schaffen wollen. Einfach ausgedrückt: Wir schrecken vor dem Banalen zurück, wehren uns aber auch gegen das radikal Ungewohnte (Fry, 2018). Daher müssen wir den KI-Algorithmen erlauben, ein gutes Chaos zu schaffen, das Unvorhersehbarkeit zulässt, genau wie in der guten Kunst, ihr aber auch Spielregeln und einige Grenzen setzen, damit das Endprodukt nicht zu exotisch wird.

KI ist potenziell in beidem stark: Sie kann eine Fülle von Ideen hervorbringen und sie ist gut im Analysieren, im Zusammensetzen von Dingen und im Erzeugen vertrauter Muster aus eher chaotischen Daten. Und das führt zum nächsten Punkt.

Schöpferin und Kritikerin zugleich

Künstliche Intelligenz kann die Rolle der Schöpferin und Kritikerin in einem einzigen Prozess einnehmen, insbesondere durch den Einsatz von Generative Adversarial Networks (GANs). In diesen Netzwerken konkurrieren zwei Modelle miteinander: Der »Generator« erstellt neue Inhalte – beispielsweise ein neues Musikstück –, während der »Diskriminator« diese Inhalte bewertet, ähnlich einer kritischen Jury, die die Qualität und Authentizität überprüft. Dieser Prozess führt zu einer kontinuierlichen Verbesserung der Kreativleistung der KI. Der Mensch bleibt dabei der entscheidende Akteur, der diese Werkzeuge nutzt, um aus den Vorschlägen der KI zu lernen, eigene Ideen zu verfeinern und strategische Entscheidungen zu treffen.

KI schafft Zeit und Raum für Kreativität

Die Zeitersparnis ist wohl einer der größten Beiträge der KI zur menschlichen Kreativität. KI kann uns dabei helfen, bestimmte Routineaufgaben – seien sie eher banal oder komplex – zu automatisieren, wodurch Zeit und Ressourcen frei werden, die es uns ermöglichen, kreativer zu sein. Eine britische Studie schätzt, dass KI-Assistenten den britischen Arbeitnehmenden bis 2030 zwei Wochen pro Jahr an Arbeit einsparen (Kelly, 2023).

Was aber wenn wir all die Fähigkeiten einer KI, uns kreativ zu unterstützen, in einer Anwendung bündeln könnten? Wenn wir uns einer KI bedienen könnten, die uns nicht nur unterstützt, sondern auch selbst Inhalte kreieren kann und uns gleichzeitig als allwissende Kollegin zur Seite steht?

Die Killerapplikation: Chatbots gestützt von Inhouse-LLMs
Die Anwendung, die das alles zusammenbringt, ist ein allwissender personalisierter KI-Chatbot, der auf Ihrem hauseigenen LLM basiert. Das könnte einer Ihr neuen Lieblingskollegen sein, der, den Sie sich immer gewünscht haben. Doch wie »macht« man ihn? Der Aufbau eines eigenen Large Language Model beginnt mit der Sammlung und Aufbereitung von Daten. Dies beinhaltet Unternehmensdokumentationen, Kommunikationsprotokolle, Fachartikel und andere relevante Materialien. Diese Daten werden in ihr LLM gefüttert, um es speziell auf die Bedürfnisse und das Fachwissen des Unternehmens abzustimmen. Der nächste Schritt ist das Training des Modells, bei dem maschinelle Lernverfahren eingesetzt werden, um die KI auf die Erkennung von Mustern in den Daten zu schulen. Hierfür sind umfangreiche Rechenkapazitäten und Expertise in maschinellem Lernen notwendig.

Sobald das Modell trainiert ist, wird es in einer Testumgebung implementiert, um seine Effektivität zu bewerten und sicherzustellen, dass es die unternehmensspezifischen Anforderungen erfüllt. Nach erfolgreichen Tests wird das Modell in die Geschäftsabläufe integriert und steht als digitaler Assistent zur Verfügung, der Kundenanfragen beantwortet, Mitarbeitende unterstützt und neue Ideen generiert. Das kontinuierliche Lernen und Anpassen ist entscheidend, damit das Modell mit der Entwicklung des Unternehmens und seinem sich stetig ändernden Informationsbedarf Schritt halten kann.

Dazu kommt: Ihr KI-System kann eigene Schlussfolgerungen ziehen, weitere Ideen entwickeln und sich auf Ihre Aufforderungen hin in seinem »Denken« weiterentwickeln. Wenn Sie es dann mit einem offenen LLM System wie ChatGPT verbinden, das mit dem übrigen Wissen der Welt verbunden ist, haben Sie einen superklugen Archivar, einen Innovator und einen treuen Assistenten zugleich.

Aus der Praxis: BoschGPT

Bosch wird laut Aussage der Geschäftsführerin Tanja Rückert bis spätestens Ende 2023 über eine eigene Version von ChatGPT verfügen, die für alle Mitarbeitenden aktiviert wird (Buchenau, Holzki, 2023). Dabei handelt es sich um ein großes Sprachmodell auf Basis künstlicher Intelligenz, das die menschliche Sprache versteht und selbst Texte generieren kann. Wie bei dem bekannten Chatbot von OpenAI sollen Bosch-Mitarbeitende mit BoschGPT wie mit einem anderen Menschen sprechen und schreiben können. Die Technologie dafür bezieht Bosch von dem Heidelberger Start-up Aleph Alpha. BoschGPT soll Antworten geben, die auf allen Informationen in einer eigenen Datenbank basieren. Bislang kann das Bosch-Wissen in der Datenbank nur über Schlagworte gefunden werden. Um eine bestimmte Information zu finden, müssen Bosch-Mitarbeitende ziemlich genau wissen, wonach sie suchen. Mit einer internen ChatGPT-Lösung wird dies der Vergangenheit angehören (ebd.).

Die Zukunft der Kreativität ist hybrid – und augmentiert

Die Zukunft ist eine Symbiose von Mensch und Maschine. In der Vergangenheit ersetzten Maschinen unsere körperliche Arbeit, dann halfen sie mit Verwaltungsaufgaben und jetzt dringen sie in den Bereich der Wissensarbeit vor.

Wir können künstliche Intelligenz als eine äußerst fortschrittliche Brainstorming-Partnerin betrachten. Diese digitale Verbündete kann unzählige Ideen aus Datenmengen generieren, die alles in den Schatten stellen, was ein Mensch durchforsten könnte. Stellen Sie sich einen riesigen Wald vor, in dem jeder Baum eine Idee oder einen Datenpunkt symbolisiert. Während ein Mensch nur einen Bruchteil dieses Waldes erforschen könnte, kann eine KI-gesteuerte Drohne eine weitreichende Luftperspektive bieten, die Muster und Erkenntnisse hervorhebt, die zuvor verborgen waren. Oder denken Sie an die Zusammenarbeit eines Dramatikers und einer Schauspielerin oder eines Komponisten und einem Orchester. Beide Paare sind aufeinander angewiesen, um ein Kunstwerk zu verwirklichen. Dies spiegelt die Partnerschaft zwischen menschlichen KI-Spezialistinnen und maschinellen Algorithmen wider. Allein fehlt einer KI die Richtung, aber wenn sie durch gezielte menschliche Absichten und Aufforderungen gelenkt wird, kann die Zusammenarbeit Wunder bewirken. Das liegt vor allem daran, dass KI mit einer Geschwindigkeit und in einem Umfang arbeitet, an die wir nicht herankommen können.

Aufgaben, die wir als mühsam empfinden, wie die Kategorisierung von Bildern nach Thema oder Stil, kann die KI fast augenblicklich erledigen. Gepaart mit unserem menschlichen Erfahrungsschatz und unseren Emotionen kann diese Partnerschaft unseren Ideen und unserer Kreativität unendlich viele Impulse geben. Entgegen der Annahme, dass Maschinen die Kreativität unterdrücken, können sie tatsächlich künstlerische Inspirationsquellen sein. KI mit ihrem riesigen Wissensschatz könnte eine doppelte Funktion bekommen: aufklärende Mentorin und Mitgestalterin in einem (vgl. Pagani, 2023).

Auch unsere Tendenz, Maschinen, insbesondere Robotern, menschenähnliche Eigenschaften zuzuschreiben, sie zu anthropomorphisieren, ebnet den Weg für eine reichhaltigere Zusammenarbeit mit KI. Die Anthropomorphisierung von KI kann den kreativen Prozess bereichern, indem sie die Zusammenarbeit intuitiver und natürlicher macht. Wenn wir KI-Systemen menschenähnliche Eigenschaften zuschreiben, können wir leichter mit ihnen interagieren, so als wären es Teammitglieder. Dies kann die Hemmschwelle senken, Ideen auszutauschen und Feedback von KI-basierten Systemen zu akzeptieren. Zudem kann die menschenähnliche Interaktion mit KI die kognitive Belastung reduzieren und ermöglicht es, komplexe Probleme auf vertraute Weise anzugehen. Das Resultat ist eine verbesserte Akzeptanz von KI im kreativen Prozess, eine stärkere Einbindung in die Ideenentwicklung und eine Steigerung der allgemeinen Kreativität.

Eine weitere wichtige Erkenntnis in diesem Zusammenhang ist, dass KI den Trainer automatisiert und den Innovator augmentiert. Das bedeutet, dass intelligente Chatbots, die mit leistungsstarken LLMs verbunden sind, uns trainieren und mit domänenspezifischem Wissen auf kreative Arbeit vorbereiten können. Während des kreativen Prozesses werden diese Chatbots zu Kollaborationspartnern, die unsere Innovationskraft augmentieren, indem sie uns mit datengestützten Erkenntnissen unterstützen und zur Entwicklung neuer Ideen anregen. Sie sind die Brücke zwischen menschlicher Intuition und maschineller Intelligenz, die unsere Kreativität auf ein neues Niveau hebt.

In einem Interview mit CNBC prognostiziert Mustafa Suleyman, Mitbegründer von DeepMind, dass innerhalb von fünf Jahren KI-gesteuerte persönliche Assistenten allgegenwärtig sein werden, dank fortschreitender Technologie und sinkender Kosten. Diese KI-Chatbots sind dann hochintelligent, personalisiert und fähig, die Geschichte und das Leben einer Person zu verstehen, ähnlich wie ein »Chef de Cabinet«. Sie werden dabei helfen, tägliche Aufgaben zu verwalten und zu priorisieren, Kreativität zu fördern und als Forschungsassistenten, Coaches und Begleiter zu dienen. Suleyman sieht eine Zukunft, in der KI zu einem unschätzbaren Vermögenswert wird, der mit individuellen Interessen übereinstimmt und Intelligenz zu einer weitverbreiteten Ressource macht, die die Produktivität und Entscheidungsfindung für jeden verbessert (Mok, 2023).

Vielleicht hat er recht und in fünf Jahren sind nicht nur alle Unternehmen, sondern auch alle Privatpersonen mit ihrem ganz persönlichen KI Freund und Helfer bestückt.

Potenzielle Fallstricke
Es wäre vermessen, die Rolle der künstlichen Intelligenz in der Förderung kreativer Prozesse uneingeschränkt zu loben. Eine kritische Betrachtung enthüllt deutlich auch potenzielle Fallstricke, Herausforderungen und Ambivalenzen.

Reduktion der Kreativität durch übermäßiges Vertrauen in KI: Die zunehmende Delegation von Aufgaben an KI-Systeme birgt das Risiko, dass menschliche Kreativität verkümmert. In der Studie »The Creativity Crisis« hebt Prof. Kyung Hee Kim (Kim, 2011) hervor, dass digitale Technologien bereits eine Reduktion der durchschnittlichen menschlichen Kreativität bewirkt haben. KI könnte diesen Trend verstärken, indem sie uns noch mehr kognitive Lasten abnimmt. Wenn künstliche Intelligenz beginnt, nicht nur Routinetätigkeiten, sondern auch Aufgaben zu übernehmen, die kreatives Denken erfordern, könnten unsere kreativen Fähigkeiten durch mangelnde Übung atrophieren. Kreativität benötigt stetige Anregung und Herausforderung. Verlässt man sich übermäßig auf KI, könnte dies zu einer Vernachlässigung dieser essenziellen geistigen Übung führen. Kreativität ist wie ein Muskel, der trainiert werden muss. Entfällt dies, wird dieser Muskel schwächer und schwächer.

Mangelndes emotionales Verständnis: KI kann emotionales Verständnis nachahmen, aber letztlich ist sie noch weit von einem menschlichen Verständnis von Emotionen und Zusammenhängen entfernt, die gerade in kreativen Bereichen entscheidend sind. KI kann zwar riesige Datenmengen verarbeiten und Muster erkennen, doch fehlt ihr die emotionale Kompetenz. Emotionen sind untrennbar mit unseren Erfahrungen, unserem kulturellen Hintergrund und unseren persönlichen Geschichten verbunden, die alle eine entscheidende Rolle beim kreativen Ausdruck spielen. Die nuancierte emotionale Reaktion auf Ereignisse, das Einfühlungsvermögen in menschliche Erfahrungen oder die schiere Freude über zufällige Entdeckungen – Elemente, die die menschliche Kreativität beflügeln – sind für die KI unerreichbar. So hat KI technische Fähigkeiten, aber ihre Unfähigkeit zu fühlen führt dazu, dass ihre kreativen Ergebnisse eher seelenlos und an der Oberfläche bleiben.

Unvorhersehbarkeit: Die Ergebnisse künstlicher Intelligenz beruhen auf Algorithmen und Datensätzen. Das heißt, die KI folgt der größten statistischen Wahrscheinlichkeit und reduziert Ergebnisse, die von dieser Norm abweichen. Im besten Falle lösen unerwartete Ergebnisse Ideen aus und führen zu originellen, unbetretenen Pfaden. Im schlimmsten Fall können sie aber auch zu Verwirrung und Frustration führen. Wenn wir uns zu sehr an die KI-Ideengenerierung halten, kann sie Wege oder Abzweigungen versperren, die vielleicht interessanter gewesen wären, wenn wir uns mehr auf unsere menschliche Vorstellungskraft verlassen hätten, die, angetrieben durch unseren manchmal ungeordneten Verstand, mehr Möglichkeiten der unerwarteten Originalität bietet.

Ethische und Datenschutzbedenken: Die Integration von KI in kreative Prozesse kann tiefgreifende ethische und datenschutzrechtliche Bedenken aufwerfen. Die Algorithmen von KI-Systemen sind darauf angewiesen, mit großen Datenmengen gespeist zu werden – darunter auch solche, die persönliche Informationen oder urheberrechtlich geschützte Werke umfassen könnten. Wenn diese Systeme Inhalte erzeugen, die auf dem geistigen Eigentum anderer basieren, ohne dass die Urheber dafür Anerkennung oder Entschädigung erhalten, wird die Frage der gerechten Vergütung sowie ethischer Grenzüberschreitung virulent. Ohne adäquate Lösungen könnten Künstlerinnen und Schöpfer in Zukunft zögern, Werke zu erschaffen, wenn ihre Originalinhalte von KI-Plattformen ohne entsprechende Kompensation verwendet und verbreitet werden.

Phänomenologische Erfahrung: Es gibt Qualitäten im Menschen, die sich nicht erklären lassen; dazu gehört, dass wir oftmals Inspirationen oder Ideen scheinbar aus dem Nichts haben. Sie ist einfach da. Puff. Keith Richards hatte die Idee zu seinem berühmten Riff des Welthits »Satisfaction« in seinen Träumen. Er wachte mitten in der Nacht mit einer Melodie auf, schrieb sie nieder und schlief wieder ein. Am nächsten Tag komponierte er diese geträumte Melodie – der Rest ist Geschichte. In ähnlicher Weise hatte Isaac Newton seine Idee für die Schwerkraft, als er einen Apfel von einem Baum fallen sah. Die Idee kam aus dem Nichts. Dies spiegelt sich auch in der Aussage von John Lennon wider, dass er für die meisten seiner Songs hart arbeiten musste, aber einige wurden ihm einfach geschenkt (Cott, 2020). Sie kam aus dem magischen Nirgendwo. Diese amorphe Qualität ist etwas, was wir Menschen besitzen, aber die KI nicht.

Obskurität: Die Herausforderung bei der Nutzung von KI im kreativen Prozess liegt in ihrer inhärenten Begrenzung auf Logik und vordefinierte Mustererkennung. Während menschliche Kreativität oft durch spontane, ungewöhnliche Verbindungen und das Zusammenspiel disparater Ideen gekennzeichnet ist – denken wir an Salvador Dalís surrealistische Visionen oder die unerwarteten literarischen Wendungen und Abgründe eines Franz Kafka –, ist künstliche Intelligenz in ihrem gegenwärtigen Zustand hauptsächlich darauf ausgerichtet, auf Grundlage von Datenanalysen und Algorithmen zu operieren. Diese Algorithmen neigen dazu, das Ungewöhnliche oder Abweichende zu übersehen, da sie sich an das halten, was statistisch häufig oder vorhersagbar ist. Die Kunst des Zufalls und der Serendipität, eine zufällige Entdeckung oder unerwartete Beobachtung von etwas, das nicht gesucht wurde und ein Schlüsselelement menschlicher Kreativität, bleibt für KI eine große Herausforderung.

Der Heureka-Moment gehört den Menschen

Als Kreative lieben wir das Gefühl zu entdecken. Wir arbeiten hart an unserem Kunstwerk, wir recherchieren, wir experimentieren und tüfteln und dann laufen wir irgendwann gegen eine Mauer und kommen mit unserem Projekt nicht weiter. Dann, in der in Kapitel 4.1 beschriebenen Inkubationsphase, geben wir das Projekt temporär auf und vergessen das Problem vorübergehend. Und das ist gut, denn unser Unterbewusstsein arbeitet weiter an dem Problem. Das nennt man Inkubationszeit. Und irgendwann, wenn das Unbewusste eine Lösung gefunden hat, gibt es diese an unsere bewusste Ebene weiter. Plötzlich ist sie da, die Idee, häufig dann, wenn wir sie nicht (mehr) erwarten. Im Auto, unter der Dusche, bei einem Spaziergang im Park. Und das ist eines der schönsten Gefühle der Welt, der überwältigende Heureka-Moment, der uns die Idee bringt, nach der wir so lange gesucht haben. Genau diesen schönen Moment sollten wir uns Menschen reservieren!

Erneut: Wir sollten uns nie zu sehr auf KI verlassen. Sie sollte als das behandelt werden, was sie ist: ein Werkzeug, eine Helferin, eine gute Begleiterin. Aber nichts, was den kreativen menschlichen Akt jemals ersetzen kann und sollte.

Schlussfolgerung

In der Welt ist mit künstlicher Intelligenz eine neue Kraft entstanden, die auch im kreativen Kosmos enorme Möglichkeiten bietet. Es liegt nun an uns, ihr Potenzial klug zu nutzen und durch eine ethische und wertorientierte »Zusammenarbeit« mit KI künftig neue Räume, Perspektiven und Ideen zu erkunden.

Auch wenn die genauen neuronalen Grundlagen der Kreativität nach wie vor schwer zu ergründen sind (vgl. Shi et al., 2017), gibt es Hinweise darauf, dass Kreativität von einem dynamischen Wechselspiel zwischen Ideenfindung und Erkundung lebt, das zahlreiche Iterationen durchläuft, bis Zufriedenheit mit der Schöpfung erreicht ist (vgl. Moreau & Dahl, 2005). Die Fähigkeit der KI, große Datenmengen schnell zu verarbeiten, verstärkt diesen kreativen Tanz zwischen Konzeption und Entdeckung. KI kann nicht nur durch die innovative Analyse von Daten neue Ideen hervorbringen, sondern auch selbst Dinge erschaffen, wobei sie in erster Linie als geschickte Partnerin und Muse fungiert.

Künstliche Intelligenz birgt ein enormes Versprechen, die Sphären von Kreativität und Innovation zu erweitern und zu verbessern. Mit ihren Fähigkeiten in den Bereichen Datenanalyse, Mustererkennung, Automatisierung und Personalisierung kann KI Räume schaffen, die einzigartige Ideen hervorbringen, Designprozesse rationalisieren und bisher ungeahnte kreative Wege eröffnen.

Im Laufe der Geschichte hat jeder technologische Sprung auch eine Reaktion in und aus der Kunstwelt hervorgerufen. So war der Impressionismus eine Reaktion auf die Erfindung der Fotografie. Als die Kameras die Erfassung der Realität demokratisierten, stellte sich die Frage: »Wozu braucht man noch Maler für naturgetreue Porträts oder Landschaften?« Folglich entwickelten sich die Kunstschaffenden über die gegenständliche Kunst hinaus, definierten ihre Rolle grundlegend neu und malten Bilder, die von der Naturtreue gravierend abwichen – der Impressionismus war geboren. In ähnlicher Weise könnte die generative KI eine neue künstlerische Bewegung einleiten, weil Kunstschaffende auf der ganzen Welt sich von der kreativen Arbeit der KI herausgefordert fühlen und ihr neue Kunstformen entgegensetzen werden.

Wenn wir die wachsende Bedeutung der KI für unsere Kreativität nutzen, sollten wir uns jedoch an ihre menschlichen Wurzeln erinnern: Sie ist ein Produkt des menschlichen Intellekts und steht für unseren Einfallsreichtum. Bahnbrechende kreative Brillanz erfordert immer noch den menschlichen Einfluss.

Case Study: Business-Sparks

Eine clevere Lösung, in der KI-gesteuerte Businesskreativität eingesetzt wird, um Unternehmen bei ihren Businessmodellen und Strategien zu helfen, ist die Plattform »Business Sparks« (https://business-sparks.io/), die von CebAI entwickelt wurde, Centre for Creativity enabled by AI, mit Sitz an der Bayes Business School, City University of London. Es handelt sich um ein KI-gestütztes Produkt, das KMUs (kleine und mittlere Unternehmen) dabei unterstützt, kreativer über ihre Geschäftsmodelle und -strategien nachzudenken.

Das Produkt wurde als Webanwendung implementiert, um für KMUs so zugänglich wie möglich zu sein und verfügt über mehrere Funktionen. Seine Algorithmen unterstützen Unternehmen bei der Entwicklung neuer Ideen für die Weiterentwicklung des Geschäftsmodells und bei der Entdeckung neuer Ressourcen, die für das Modell und/oder die Strategien relevant sind. Diese Algorithmen generieren einerseits Ideen und leiten andererseits die KMU an, neue Ideen selbst zu entwickeln. KMU können von der Nutzung dieser Algorithmen in mehrfacher Hinsicht profitieren: Sie werden ermutigt und befähigt, kreativer über ihre Geschäftsmodelle und -strategien nachzudenken und neue kreative Denkfähigkeiten und -techniken zu erlernen. Sie können auf eine riesige Datenbank von Expertenwissen über Geschäftsstrategien und -modelle zugreifen. Außerdem sind sie in der Lage, ihre Geschäftsmodelle und -strategien schneller als bisher weiterzuentwickeln, ohne Unternehmensberater oder Coaches hinzuziehen zu müssen.

Um diese Fähigkeiten bereitzustellen, kodiert Business Sparks das Expertenwissen über Geschäftsmodelle, Strategien und Techniken des kreativen Denkens in maschinenlesbarer Form und zieht dieses Wissen heran, um alternative Rahmen, Ideen und Anleitungen für KMU zu generieren. Erstens wurden Algorithmen des maschinellen Lernens und der Themenmodellierung auf die Titel, Schlüsselwörter und Zusammenfassungen von zehntausenden von begutachteten betriebswirtschaftlichen Artikeln angewandt, die in hochrangigen Fachzeitschriften veröffentlicht wurden, um Cluster von Geschäftsbereichen zu erstellen, die auf die von jedem KMU eingegebenen geschäftlichen Herausforderungen abgestimmt sind, um verschiedene mögliche Rahmen zu erstellen. Zweitens wurden Recherchen am Schreibtisch mit den Ergebnissen generativer KI-Algorithmen kombiniert, um einen großen Satz effektiver Geschäftsstrategien zu entwickeln, die sich bereits als effektiv für KMU erwiesen haben und mit denen zur Laufzeit argumentiert wird, um neue Ideen zur Lösung der eingegebenen Herausforderung zu generieren. Dieses Wissen wurde mit kodifiziertem Wissen über Techniken des kreativen Denkens ergänzt, die sich im geschäftlichen Kontext als wirksam erwiesen haben. Das maschinelle Reasoning mit diesem kodifizierten Wissen integriert heuristisches und fallbasiertes Reasoning mit maschinellem Lernen und generativen KI-Algorithmen, um pragmatischere Unterstützung für KMU zu liefern.

Nehmen wir zum Beispiel eine lokale Supermarktkette, die Probleme mit ihrer Lieferkette hat. Sie gibt eine einfache Beschreibung des Problems in natürlicher Sprache in Business Sparks ein. Business Sparks gibt daraufhin bis zu fünf mögliche Beschreibungen der Herausforderung zurück, indem es Algorithmen zum Abgleich semantischer Ähnlichkeiten verwendet. Diese Frames umfassen nicht nur den zu erwartenden Frame »Supply-Chain-Management und Logistik«, sondern auch die Frames »Business-Outsourcing und Offshoring« sowie »Markenmarketing und Werbung«. Nutzer können nun einen oder mehrere dieser alternativen Frames erkunden und auswählen.

Business Sparks generiert auch automatisch neue Ideen für KMUs, mit denen sie arbeiten können, indem sie das kodifizierte Wissen über effektive Geschäftsstrategien nutzen. Jede Idee wird als »Spark« bezeichnet und ist spezifisch für die eingegebene Herausforderung, zum Beispiel: »Konzentrieren Sie sich auf Ihre Praktiken für Ihre Wettbewerber. Könnte es helfen, wenn Sie gezielte Akquisitionen zu Ihrem Vorteil nutzen?« Das Produkt generiert und präsentiert die Sparks aus verschiedenen, vom Benutzer gewählten Perspektiven, aktualisiert die Sparks innerhalb jeder Perspektive und merkt sich die Entscheidungen des Benutzers.

5 Innovation und KI

Innovation und Kreativität sind zwei Begriffe, die in Diskussionen über Problem-lösung, Design, Technologie und Unternehmensstrategie oft zusammengewürfelt werden. Obwohl sie miteinander verwandt sind, sind sie nicht dasselbe und haben unterschiedliche Funktionen.

Innovation ist die Anwendung oder Umsetzung kreativer Ideen in einer praktischen, wertvollen Weise. Sie umfasst in der Regel den Prozess der Entwicklung, Erprobung und Anwendung einer neuen Idee, einer Methode oder eines Produkts für einen prak-tischen Zweck. Dieser Prozess umfasst Schritte, die Problemlösung, kritisches Den-ken, Zusammenarbeit und Risikobereitschaft erfordern. Bei Innovation geht es um die Einführung von etwas Neuem oder Verbessertem in einem bestimmten Kontext (z. B. einem Markt, einer Branche oder einem Fachgebiet), das einen Mehrwert schafft. Ein neues Produkt wird entwickelt, eine bestehende Dienstleistung verbessert oder eine optimierte Methode zur Durchführung eines Prozesses gefunden.

Innovation

Innovation ist der Prozess der Schaffung und Erfassung von *Werten* durch *neuartige* Lösun-gen für *relevante* Probleme.

Also Innovation stellt immer eine neue Lösung zu einem Problem dar und erschafft einen Mehrwert.

Kreativität vs. Innovation – zwei Seelenverwandte

Innovation und Kreativität werden oft als »Seelenverwandte« betrachtet, da sie eng miteinander verbunden und für den Fortschritt in nahezu allen Bereichen des Lebens unerlässlich sind. Kreativität ist der Prozess des Entwickelns neuer, origineller Ideen, während Innovation darin besteht, diese Ideen in praktische, wertvolle Anwendungen umzusetzen.

Auch wenn so ziemlich jede Innovation mit Kreativität einhergeht, führt nicht jede kreative Idee zu Innovation. Man kann Kreativität als das Hervorbringen neuer und nützlicher Ideen und Innovation als die erfolgreiche Umsetzung dieser Ideen in einem wirtschaftlichen oder sozialen Kontext betrachten. Im geschäftlichen Kontext kann Kreativität das Brainstorming neuer Produktideen beinhalten, während Innovation die beste Idee nutzt und aus ihr ein neues Produkt entwickelt, produziert und erfolg-reich vermarktet.

Zur Veranschaulichung soll folgende Analogie dienen: Kreativität ist wie das Anlegen eines Gartens. Sie besitzen ein kahles Stück Land und stellen sich zugleich vor Ihrem geistigen Auge einen üppigen, lebendigen Garten vor. Sie sehen die Pflanzen, Blumen und Bäume, die Sie sich wünschen, die Farbgebung, die Vögel und Insekten, die Sie anlocken möchten und riechen sogar den Duft, der in der Luft liegt. Sie denken darüber nach, wie sich Wiese und Beete mit den Jahreszeiten und im Laufe der Jahre verändern. Sie sind nicht an das Vorhandene gebunden, sondern lassen Ihrer Fantasie freien Lauf, um sich den schönsten und einzigartigen Garten auszumalen.

Innovation bedeutet, diese kreative Vision in die Realität umzusetzen. Sie haben Bäume, Sträucher und Farben nicht mehr nur in Kopf, sondern machen sich die Hände schmutzig. Sie wählen, kaufen und pflanzen Samen, gießen sie, schützen sie vor Schädlingen, beschneiden die Pflanzen, ordnen die Steine an und überwachen und korrigieren ständig, während der Garten wächst, gedeiht und sich verändert. Bei Innovation geht es auch darum, all die realen Probleme zu lösen, die bei der Umsetzung Ihres blühenden Gartens auftreten.

Der kreative Part ist die Vision des Gartens, der erste Funke zu der großen Idee. Aber ohne die praktische Umsetzung der Innovation – die eigentliche harte Arbeit des Pflanzens, Pflegens und Erhaltens – bleibt die kreative Vision genau das: ein Hirngespinst.

Zusammengefasst

Kreativität ist die Hardware, Innovation ist die Software.

Kreativität als Hardware: Die Hardware ist die physische Grundlage, der wesentliche Baustein. In diesem Sinne repräsentiert Kreativität die grundlegenden mentalen und kognitiven Fähigkeiten – das menschliche Gehirn und seine Fähigkeit, originelle, innovative Gedanken und Ideen zu entwickeln. So wie Hardware die notwendige Plattform für jede Software bietet, ist Kreativität die grundlegende Basis für jegliche innovative Prozesse.

Innovation als Software: Die Software hingegen ist das, was die Hardware zum Laufen bringt und ihre Potenziale nutzt. In dieser Analogie stellt Innovation die Anwendung von kreativen Ideen dar, die Umsetzung und Verwirklichung in der realen Welt. So wie Software die Fähigkeiten der Hardware umsetzt und erweitert, transformiert Innovation kreative Konzepte in praktische, wertvolle und oft kommerziell erfolgreiche Lösungen.

5.1 Die Geschichte von Innovation

Innovationen waren in der Geschichte der Menschheit sehr oft Reaktionen auf unbefriedigte Bedürfnisse in der Gesellschaft, einer Gruppe oder einer Region. Ein Bedarf oder ein Problem ermutigte zu kreativen Anstrengungen, die zu Innovationen führen, um das Loch zu füllen. Dass die Notwendigkeit die Mutter der Erfindung ist, wusste schon der griechische Philosoph Platon.

Die Geschichte der Innovation ist deshalb untrennbar mit der Geschichte des technischen Fortschritts, der gesellschaftlichen Entwicklung und des wirtschaftlichen Wachstums verbunden.

Steinzeit: Die ersten Anzeichen von Innovation lassen sich bis in die prähistorische Zeit zurückverfolgen, als Werkzeuge aus Stein entwickelt wurden, was einen bedeutenden Sprung in den Fähigkeiten des Menschen bedeutete. Die Entdeckung, die Er-Findung des Feuers, das Wärme und Licht spendet und zum Kochen von Speisen dient, ist ebenfalls eine der ältesten und womöglich wichtigsten Innovationen – und ein Paradebeispiel für die Macht der Verbindungen, über die wir in Kapitel 4.4 gesprochen haben. Es gibt keine eindeutigen Beweise, aber es ist möglich, dass unsere Vorfahren das Feuer entdeckten, indem sie natürliche Phänomene beobachteten: Sie könnten gesehen haben, wie Blitze vom Himmel schlugen und Brände entfachten, oder sie bemerkten Funken, die entstanden, wenn sie Steine gegeneinanderschlugen. Aus diesen Beobachtungen stellten sie eine Verbindung her und lernten schließlich, selbst Feuer zu erzeugen (Michalko, 2011).

Landwirtschaftliche Revolution: Dann kam die erste große Revolution, die durch Innovation angetrieben wurde. Der Übergang von Jäger- und Sammlergesellschaften zu sesshaften landwirtschaftlichen Gemeinschaften um 10.000 v. Chr. war eine bedeutende innovative Lebensform. Sie ermöglichte das Wachstum der Zivilisation, indem sie die Menschen vom Nomadenleben hin zur Entwicklung von Städten und zum raschen Anstieg der Bevölkerung führte. Zu den wichtigsten Innovationen in dieser Zeit gehörten landwirtschaftliche Geräte, die Viehzucht und die Fähigkeit, große Mengen an Saatgut zu erwirtschaften.

Bronzezeit und Eisenzeit: In diesen Epochen gab es bedeutende Innovationen in der Metallurgie. Die Entwicklung von Werkzeugen und Waffen aus Bronze und später Eisen führte zu Verbesserungen in der Landwirtschaft, der Kriegsführung und dem Handwerk. In dieser Zeit entstanden innovative robuste Werkzeuge, die die Gesellschaft erheblich verbesserten, aber leider auch dazu führten, dass es leichter wurde, sich gegenseitig Schaden zuzufügen.

Antike Zivilisationen: Die alten Ägypter, Griechen, Chinesen und Römer waren für ihre Innovationen in verschiedenen Bereichen bekannt. Das Rad, Schreibsysteme, Papier, Seide, der Kompass und die Aquädukte veränderten die Gesellschaft nachhaltig und legten den Grundstein für weiteren Fortschritt.

Mittelalter: Obwohl diese Epoche oft als »dunkles Mittelalter« bezeichnet wird, gab es viele wichtige Neuerungen, darunter die mechanische Uhr, die Windmühle und – wahrscheinlich am wichtigsten – die Druckerpresse von Johannes Gutenberg im 15. Jahrhundert. Die Druckerpresse demokratisierte das Wissen und ermöglichte, dass menschliches Wissen in Form von Büchern immer weiterverbreitet werden konnte.

Wissenschaftliche Revolution und Aufklärung: Das 17. und 18. Jahrhundert waren eine Zeit des radikalen Wandels und der Innovation in Wissenschaft und Philosophie. Schlüsselfiguren wie Isaac Newton und Galileo Galilei leisteten bedeutende Beiträge zu Physik und Astronomie. Auch in der politischen und wirtschaftlichen Theorie gab es in dieser Zeit bedeutende Neuerungen durch Philosophen wie John Locke und Adam Smith.

Industrielle Revolution: Im 18. und 19. Jahrhundert kam es zu einer Welle dramatischer technologischer und industrieller Innovationen. Die Dampfmaschine, die Elektrizität, der Telegraf und das Fließband revolutionierten Industrie und Gesellschaft und führten zu einem beispiellosen Wirtschaftswachstum und radikalen gesellschaftlichen Veränderungen.

20. Jahrhundert: Das 20. Jahrhundert war durch rasche technologische Fortschritte und Innovationen gekennzeichnet. Zu den Durchbrüchen gehörten das Flugzeug, der integrierte Schaltkreis, der Personal Computer, das Internet und viele medizinische und wissenschaftliche Fortschritte wie die DNA-Sequenzierung und Antibiotika. Die Lebenserwartung stieg beträchtlich, ebenso wie die Weltbevölkerung.

21. Jahrhundert: Heute erleben wir ständige Fortschritte in der Technologie, insbesondere in Bereichen künstliche Intelligenz, Genetik, Nanotechnologie und erneuerbare Energien. Innovationen im digitalen Bereich wie soziale Medien, mobiles Computing, Cloud Computing und das Internet der Dinge verändern sehr schnell sehr viele verschiedene Aspekte des Lebens und der Arbeit.

Bei Innovation geht es also nicht nur um die Entwicklung neuer Technologien, sondern auch und insbesondere um die Anwendung dieser neuen Technologien zur Verbesserung bestehender Systeme, Methoden und Ideen. Die Geschichte der Innovation ist im Wesentlichen die Geschichte der menschlichen Zivilisation und sie entwickelt sich weiter, während wir nach Verbesserung und Fortschritt streben.

Die Geschichte der Innovation insbesondere in Bezug auf Technologie ist im Wesentlichen eine Sammlung sich ständig wandelnder Ideen. Neue Technologien entwickeln sich, indem sie mit anderen Technologien kollidieren. Die Gesetze, die eine solche Evolution regeln, sind darwinistisch: Effektive Kombinationen überleben und werden zu Bausteinen für weitere Innovationen. Die Erfindung ernährt sich somit selbst. Der Durchbruch von gestern wird zu einem Teil der morgigen Innovation. Denken Sie zum Beispiel daran, wie Mobiltelefone unzählige Funktionen und Applikationen von GPS über QR-Codes bis hin zur Gesichtserkennung kombiniert haben, um zu den vielseitigen und intelligenten Smartphones zu werden, die wir heute in unseren Taschen tragen. In ingenieurtechnischer Hinsicht handelt es sich dabei um eine positive Rückkopplungsschleife.

Innovation ist auch in direktem Zusammenhang mit allen vier großen industriellen Revolutionen zu betrachten, die unsere Geschichte geprägt haben:

Erste industrielle Revolution (Ende 18. bis Mitte 19. Jahrhundert): Die erste industrielle Revolution begann in Großbritannien im späten 18. Jahrhundert mit der Erfindung der Spinnmaschine und der Dampfmaschine. Diese Revolution führte zur Mechanisierung der Textilproduktion und ermöglichte die Massenproduktion von Waren, die zuvor von Hand hergestellt wurden. Dies führte zum Entstehen von Fabriken und zur Urbanisierung der Gesellschaft.

Zweite industrielle Revolution (Ende 19. bis Anfang 20. Jahrhundert): Diese Zeit war gekennzeichnet durch die Entwicklung neuer Technologien wie Telefon, Glühbirne und Verbrennungsmotor. Diese Ära führte zum Aufkommen der Massenproduktion und zum Aufstieg von Industriegiganten wie Ford, General Electric und IBM.

Dritte industrielle Revolution (Ende 20. bis Anfang 21. Jahrhundert): Sie markierte den Beginn des Informationszeitalters mit der Entwicklung von Computern, des Internets und mobiler Geräte Diese Zeit hat die Art und Weise, wie wir kommunizieren, arbeiten und leben, extrem verändert.

Vierte industrielle Revolution (aktuelles Zeitalter): Auch bekannt als Industrie 4.0 baut die vierte industrielle Revolution auf den vorangegangenen Innovationen auf, indem sie digitale, physikalische und biologische Technologien kombiniert. Diese Revolution findet gerade statt und ist gekennzeichnet durch die Entwicklung künstlicher Intelligenz, des Internets der Dinge (IoT), der Robotik und fortschrittlicher Fertigungstechniken wie dem 3-D-Druck. Durch immer höhere Automatisierungsgrade und Produktivitätssteigerungen kann und wird unsere Gesellschaft radikal verändert werden, weil die gesamte Technologie uns immer mehr Arbeit abnimmt; nicht nur manuelle, sondern durch die KI auch geistige.

Innovation war und ist ein zentrales Element des menschlichen Fortschritts und hat zusammen mit ihrer kleinen Schwester, der Kreativität, einen größeren Einfluss auf den Verlauf der Geschichte als jede andere menschliche Eigenschaft. Dies spiegelt sich auch in der Geschäftswelt wider: Das Weltwirtschaftsforum veröffentlichte kürzlich eine Studie, die zeigt, dass Innovation die wichtigste Voraussetzung für das Wachstum eines Unternehmens ist (Stern, 2023). Andere volkswirtschaftliche Studien beweisen, dass durch Innovationen getriebener technischer Fortschritt langfristig der wichtigste Wachstumsgarant für Volkswirtschaften sind (Romer, 2023; Schumpeter, 2008; Grossmann, 1994).

5.2 Wie funktioniert Innovation?

Innovation hat die Welt, wie wir sie kennen, geformt und beispiellosen Wohlstand und Wohlergehen geschaffen – wenn auch leider viel zu häufig nicht fair verteilt. Es ist aber falsch, sie als einfach oder vorhersehbar zu sehen. Tatsächlich ist Innovation ein komplexer Prozess, der verschiedene Fähigkeiten und Zeit erfordert. Selten entsteht eine bedeutende Innovation durch die Anstrengung einer einzelnen Person oder Organisation. Vielmehr ist sie das Ergebnis einer Kette von Entwicklungen, bei denen über einen längeren Zeitraum von verschiedenen Parteien Ideen entdeckt, verfeinert und verbessert werden, bis sie schließlich (markt)reif sind (Hallonsten, 2023).

Alf Rehn, finnischer Professor für Innovation, Design und Management an der Universität von Süddänemark, bezeichnete die von Wissenschaftlern vorgestellten Best-Practice-Innovationen als »Innovationspornos«, da sie auf dem Papier gut aussehen mögen, die Realität aber viel chaotischer und weniger geradlinig sei (Rehn, 2019).

Dennoch: Innovation – der »Prozess der ständigen Entdeckung von Möglichkeiten, die Welt in Formen umzugestalten, die wahrscheinlich nicht zufällig entstanden sind« (Ridley, 2020) – hat die Welt trotz aller aktuellen Missstände in vielen Teilen zu einem sichereren, freieren und reicheren Ort gemacht hat als noch vor 50, 100 oder 200 Jahren.

Aber wie sieht der idealtypische Innovationsprozess aus beziehungsweise gibt es ihn überhaupt? Es existiert eine Fülle von Literatur und Fachbüchern sowie Investitionsagenturen, die »ideale« Innovationsprozesse suggerieren und vermarkten. Doch das kann nur ein Ideal oder eben eine Suggestion sein, denn in unserer Welt, die sich so rasant verändert, muss sich auch die Einschätzung eines vermeintlich idealen Innovationsprozesses immer wieder anpassen und neu (er)finden – sowohl in der akademischen Forschung als auch in der Innovationspraxis (King, 1992; Eveleens, 2010; Boer et al., 2001).

Um zu veranschaulichen, wie Innovation funktioniert und was ihr Merkmale sind, sehen wir uns eine reale Innovationsgeschichte an: die der Post-it®-Zettel.

Die Innovationsgeschichte der Post-it® Notes

Jeder kennt die Post-it®-Zettel. Wir alle benutzen sie, viele von uns täglich und sie sind ein großes Geschäft des Multi-Technologiekonzerns 3 M. Mit ihnen wird heute ein Jahresumsatz von etwa 100 Millionen Dollar erzielt. Aber wann und wie kam jemand auf die geniale Idee der kleinen selbstklebenden Zettel? Nun, die Antwort ist nicht ganz so einfach.

Der Post-it®-Zettel wurde als *Lösung ohne Problem* erfunden. Dr. Spencer Silver, Wissenschaftler bei 3 M, entwickelte in den 1970er-Jahren einen einzigartigen repositionierbaren Klebstoff. Er tüftelte lange daran herum und hatte nach vielen Iterationsprozessen endlich ein Ergebnis, mit dem er zufrieden war. Das Problem war jedoch, dass die 3 M-Manager nicht wussten, was sie mit seiner Entdeckung anfangen sollten. Sie probierten den Klebstoff immer wieder an vielen verschiedenen Produkten aus, konnten aber nicht die richtige Anwendung dafür finden. Spencer hatte etwas erfunden, ohne die Anwendung dafür zu kennen. Sechs Jahre später saß ein Kollege von Dr. Silver, Art Fry, ein sehr religiöser Mann, in einer Kirche und ärgerte sich, dass sein Lesezeichen immer aus dem Kirchenbuch herausfiel. Er träumte vor sich hin – und plötzlich erinnerte er sich an Spencers Klebstoff, mit dem man ein Lesezeichen herstellen könnte, das in seinem Kirchenbuch hängen blieb. Mit seiner Idee ging er zu seinem Kollegen Dr. Silver. Gemeinsam probierten sie es auf Papier aus und entwickelten einen Prototyp. Unsere beiden Erfinder waren sehr zufrieden mit ihrem Produkt, doch dann kam die nächste Hürde: Die Geschäftsleitung war noch immer nicht von der Brauchbarkeit dieser neuen Kreation überzeugt. Was taten unsere beiden Protagonisten also? Sie stellten auf eigene Kosten eine Menge Post-it-Zettel her, verteilten sie im ganzen Unternehmen und ließen die Kolleg:innen sie ausprobieren. Volltreffer! Die Leute waren schnell begeistert und nutzten die innovativen Helferlein produktiv in ihrem Arbeitsalltag. Das Management war jetzt auch überzeugt und 3 M brachte die Post-it®-Notizen auf den Markt. Sie wurden zum Bestseller und sind es bis heute.

Aus der Geschichte der Post-its® lassen sich wichtige Lehren ziehen, was die wesentlichen Merkmale von Innovation sind.

Innovation ist selten linear

Trotz all der Innovationsmodelle, die uns in der (Fach-)Literatur angeboten werden, ist Innovation fast nie geradlinig. Sie nimmt Umwege, endet in Sackgassen und Ideen werden auf dem Weg zum Ziel ramponiert und verprügelt. Oft geht eine gute Innovation auf eine nicht sonderlich herausragende Idee zurück, die jemand vor langer Zeit hatte. Wie in dem Post-it®-Fall erinnert sich jemand an eine Idee, greift sie auf und macht etwas Neues daraus. Die Lehre daraus ist, dass alle Ideen gesammelt und im

Unternehmen zugänglich gemacht werden sollten. Denn irgendwann kommt der Zeitpunkt, wo genau der eine Ansatz sehr wertvoll sein kann.

Der sogenannte »X-Faktor«, ein anfangs unbekanntes Element, das letztendlich für den Überraschungseffekt und den Erfolg einer Innovation verantwortlich ist, ist entscheidend für bahnbrechende Entwicklungen. Dieser Faktor lässt sich nicht durch routinemäßige, standardisierte Entscheidungen erreichen. Vielmehr sind es gerade die unkonventionellen Entscheidungen, bei denen weder der Ansatz noch die Kriterien für den Erfolg im Voraus festgelegt sind, die echte Innovation vorantreiben (Simon, 1960). Viele Probleme und ihre Facetten sind uns unbekannt, was oft dazu führt, dass es keine offensichtlichen Lösungswege gibt. Daher sind Innovationsprozesse von Natur aus unvorhersehbar. Jeder Versuch, diesen Prozess zu straffen, zu kontrollieren oder durch eine vereinfachte Erfolgsmessung einzuschränken, kann bahnbrechende Ideen bereits im Keim ersticken (Arthur, 2009).

Innovation macht Angst

So wie einst die frühen Post-its® werden selbst die größten Ideen und Innovationen häufig zunächst abgelehnt. Warum? Weil sie anders sind, weil sie von der Norm und dem Status quo abweichen und ihrer Zeit oft voraus sind – und vor allem letzteres überfordert Menschen, da sie »es« und mögliche Konsequenzen nicht einordnen können. Die meisten Menschen sind skeptisch gegenüber dem Unbekanntem. Erinnern Sie sich an die mittelalterlichen, handgezeichneten Weltkarten? Am Rande, da wo die Welt zu dem Zeitpunkt noch unergründet war, waren schaurige Riesenschlangen und Seeungeheuer gemalt. Warum? Weil diese Gegenden dem Menschen unbekannt waren und er deshalb annahm, dass da etwas ganz Schreckliches hausen müsste. Ein bekanntes Beispiel hierfür ist Galileo Galilei, der wegen seiner kühnen Behauptung, die Erde sei rund, nicht nur belächelt, sondern ernsthaft bedroht und fast gehängt wurde. Eine solche Angst, gepaart mit mangelnder Offenheit Neuem gegenüber, verwehrt interessante Wege zu neuen Innovationen.

Innovation ist Reduktion

Ich wiederhole mich: Der beste (und vielleicht einzige) Garant für eine gute Idee sind zunächst sehr viele Ideen. Dr. Spencer Silver musste mit vielen Klebstoffen experimentieren, bevor er einen fand, der sich repositionieren lässt. Gute Innovator:innen kreieren ständig. Eine Menge. Und dann picken sie sich die wirklich guten Ideen heraus.

Innovation braucht Zeit

Rom wurde nicht in einer Nacht erbaut – und die meisten guten Innovationen auch nicht. Denken Sie an die Inkubationszeit im Kreativitätsprozess. Neuerungen, ob im kleinen oder großen Kontext, brauchen Zeit, um sich zu entwickeln, zu verwirklichen und akzeptiert zu werden. Im Fall der Post-its®, die auf den ersten Blick eine recht einfache Innovation darstellen, dauerte es von der ersten Idee bis zum tatsächlichen Produkt über sechs Jahre. Ein anderes prominentes Beispiel sind Lithium-Ion Batterien, die schon in den 1970er-Jahren erfunden wurden, aber erst 40 Jahre später zu millionenfacher Massenanwendung in modernen Smartphones kommen sollten (Hallonsten, 2023).

Innovation ist Kooperation

Vielfalt und Teamwork schaffen Innovation. Das Zusammenkommen verschiedener Menschen mit unterschiedlichen Expertisen, Ideen und Meinungen kann Magisches hervorbringen. Dr. Spencer und Art Fry hätten im Alleingang die Post-it®-Zettel nicht erfunden, aber durch ihre Zusammenarbeit und den Austausch von Ideen und die Einbindung anderer Mitarbeitenden und ersten Nutzenden ihrer Prototypen haben sie es geschafft.

Das einsame Genie ist ein Mythos. Tatsächlich bauen wir alle auf den Errungenschaften und Inspirationen früherer Generationen und Innovatoren auf. Unsere Leistungen sind das Ergebnis von Zusammenarbeiten, Anregungen und Beiträgen von Kolleginnen, Kunden und Konkurrentinnen. Kreative Arbeit geschieht fast nie in einem Vakuum und profitiert von vielfältigen sozialen Interaktionen, seien sie formal wie Verträge oder informell wie Ratschläge von Freundinnen oder Kollegen. Unternehmen interagieren ebenfalls mit einer Vielzahl von Beteiligten, von Arbeitnehmenden über Lieferanten bis zu den Kundinnen, von Finanziers bis zu Behörden (Mokyr, 2016). Auch wenn Innovation oft Pioniergeist verlangt, ist sie ebenso ein Prozess der kritischen Zusammenarbeit. Zahlreiche herausragende Kunstschaffende betonen den Wert eines »kritischen Freundes« – jemand, der ehrliches Feedback gibt, während er gleichzeitig unterstützt (Tharp, 2003; 2009).

Innovation ist Pragmatismus und Experimentieren

Sie müssen sich so früh wie möglich im Spiel »die Hände schmutzig machen«. Spielen Sie mit Ihrer Idee, experimentieren Sie mit ihr. Wenn Sie zu lange auf der theoretischen Ebene bleiben, erreichen Sie nichts Greifbares. Nassim Nicholas Taleb hat es radikaler formuliert, indem er behauptete, dass »fast keine Entdeckung, keine nennenswerte Technologie, über reines Design und Planung führte«, sondern im Gegenteil aus dem »Unerwarteten« und dem ständigen Experimentieren mit der Materie. Seine Schlussfolgerung: Innovatorinnen und Unternehmer sollten sich »weniger auf die ›Top-Down‹-Planung verlassen sondern vielmehr auf Experimente, Tüfteln und sich auf das Erkennen von Chancen konzentrieren, wenn sie sich bieten« (Taleb, 2007).

Innovation ist Einbindung der Kunden und Nutzenden

Ihr Kunde ist letztendlich derjenige, der Ihr Produkt oder Ihre Dienstleistung nutzen »muss«. Je früher Sie ihn in den Prozess einbeziehen, desto besser, denn er hat seine eigenen Bedürfnisse und eine Meinung, wie ein Produkt gestaltet sein sollte und was noch fehlt oder geändert werden könnte. Holen Sie ihre Kund:innen so früh wie möglich ins Boot. Aus diesem Ansatz sind im agilen Arbeiten Innovationsmethoden wie Design Thinking entstanden, bei denen der Kunde buchstäblich Teil des Innovationsprozesses ist. Oder das Vorgehen, ein minimal funktionsfähiges (Teil-)Produkt, Minimum Viable Product (MVP), auf den Markt zu bringen, um zu testen, ob es tatsächlich genutzt wird und es kleinen Schritten und kurzer Zeit immer wieder anpassen und optimieren zu können.

Innovation ist Misserfolg

Obwohl dies wahrscheinlich auf die meisten Lebensbereiche zutrifft, ist die Untrennbarkeit von Erfolg und Misserfolg in der wissenschaftlichen Forschung und der damit verbundenen Arbeit zur Verbesserung des menschlichen Verständnisses und der Kontrolle der physischen und sozialen Welt – mit anderen Worten: der Innovation – besonders offensichtlich. Wissenschaft und technologische Entwicklung leben zu einem großen Teil vom Scheitern. Ohne Rückschläge gäbe es keine Wissenschaft und keinen technischen Fortschritt, und zwar aus zweierlei Gründen. Erstens muss man viele Male scheitern, um erfolgreich zu sein. Zweitens sind Innovationen anfangs häufig verborgen und können nur durch Scheitern aufgedeckt werden (Firestein, 2016). Für gute Innovator:innen sind Fehler nie wirklich Fehler, sondern Markierungen auf einer Landkarte, die anzeigen, wohin man nicht gehen sollte. Solche Markierungen sind letztendlich genauso wichtig wie jene, die in die richtige Richtung weisen können (Farson und Keyes, 2002).

5.3 Divergenz und Konvergenz

Es gibt nicht den einen, einzig richtigen Innovationsprozess, aber es existiert ein grundlegendes Muster, das vielen erfolgreichen Ansätzen gemein ist. Innovation, ähnlich wie kreative Prozesse, verläuft in zwei Hauptphasen: einer divergenten und einer konvergenten Phase, die sich oft überschneiden und wiederholen können.

In der divergenten Phase werden Ideen offen und frei entwickelt. Hier steht das Erkunden von Möglichkeiten und das Ausbreiten eines breiten Spektrums an Ideen im Vordergrund. In der darauf folgenden konvergenten Phase werden die zuvor entwickelten Ideen kritisch bewertet und weiterentwickelt. Hier geht es darum, die Ideen zu verfeinern und auf ihre Umsetzbarkeit zu überprüfen.

Diese beiden Phasen – Divergenz und Konvergenz – sind gegensätzliche, aber sich ergänzende Kräfte im Innovationsprozess. Sie sind beide notwendig für eine erfolgreiche Innovation. Diese Dualität wurde auch von dem bekannten Kreativitätsforscher Mihály Csíkszentmihályi betont. Er wies darauf hin, dass die wichtigste Eigenschaft kreativer Menschen ihre Fähigkeit ist, einerseits offen und empfänglich zu sein und andererseits konzentriert und zielgerichtet zu arbeiten (Csíkszentmihályi, 2013).

Divergenzphase – Ideen wertfrei zulassen

In einer Divergenzphase liegt der Schwerpunkt auf der Entwicklung einer Vielzahl unterschiedlicher Ideen, Hypothesen und Lösungen. Es geht darum, so viele Optionen wie möglich zu erforschen, ohne deren Wert oder Machbarkeit vorschnell zu beurteilen. Sie können sich die Divergenzphase wie ein Brainstorming vorstellen, bei dem Sie Ihrer Fantasie freien Lauf lassen, um auf neue Ideen zu kommen. Das Wichtigste dabei ist, dass Sie alle Ideen zulassen (müssen). Ganz gleich, wie albern sie zunächst erscheinen.

Aus psychologischer Sicht geht es in dieser Phase um Aufgeschlossenheit und Risikobereitschaft. Sie fordert das Verlangen der Menschen, Neues zu erschaffen, ebenso heraus wie ihre Fähigkeit, Verbindungen zwischen unterschiedlichen Elementen herzustellen. Hier kommen das kreative Denken und die Problemlösungsfähigkeiten eines Menschen ins Spiel.

Stellen Sie sich einen Baum vor, der im Frühling wächst. Neue Äste und Blätter (Ideen) sprießen in alle Richtungen, ohne dass man sich darum kümmert, welche davon am stärksten sind oder am ehesten überleben werden. Lassen Sie die Ideen einfach sprießen und wachsen. Amazon-Gründer Jeff Bezos beschrieb diese einmal als »Setzlinge«. Das sind all die kleinen Ideen und Innovationsprojekte in frühen Entwicklungsphasen. Einige von ihnen sterben einen plötzlichen oder langsamen Tod, andere wachsen zu riesigen Bäumen heran, also zu marktreifen Innovationen.

Praktische Anwendung

Eine Divergenzphase kann in jeder Situation nützlich sein, in der eine neue Lösung benötigt wird, sei es in einem Unternehmen, das ein neues Produkt entwickeln will, oder in einer gemeinnützigen Organisation, die nach einem neuen Ansatz für die Mittelbeschaffung sucht. Durch die Förderung von Divergenz können Organisationen sicherstellen, dass sie nicht die gleichen alten Muster wiederholen, sondern stattdessen die Grenzen des Möglichen verschieben. Und auch hier gilt das Mantra des Buches: Je mehr Ideen, desto besser!

Wie KI in Divergenzphasen helfen kann

In einer Divergenzphase des Innovationsprozesses, in der es darum geht, eine Fülle von Ideen zu generieren und den kreativen Horizont zu erweitern, kann künstliche Intelligenz eine zentrale Rolle spielen. Durch die Analyse riesiger Datensätze kann KI schnell eine Vielzahl potenzieller Lösungen hervorbringen und dabei oft (komplexe) Muster oder Zusammenhänge erkennen, die von der menschlichen Wahrnehmung übersehen werden könnten, beziehungsweise gar nicht zu leisten sind. Beim Produktdesign kann KI beispielsweise zunächst unzählige Designvarianten auf der Grundlage von Benutzerpräferenzen oder ästhetischen Trends generieren und dadurch dem

Innovator viele Lösungen anbieten. In ähnlicher Weise können KI-gesteuerte Tools bei der Erstellung von Inhalten zahlreiche Handlungsstränge, Charakterbögen oder thematische Erkundungen auf der Grundlage historischer Daten und aufkommender Trends vorschlagen und so die erste Brainstormingphase exponentiell bereichern.

Konvergenzphase

In der zweiten Phase des Innovationsprozess, der Konvergenzphase, liegt der Schwerpunkt auf der Eingrenzung der Optionen, der Analyse der Ideen und der Entscheidung, welche weiterverfolgt werden sollten. Ziel ist es, die besten Ideen auf der Grundlage ihrer Machbarkeit, Relevanz und potenziellen Wirkung auszuwählen. Hier kommt die linke Seite unseres Gehirns ins Spiel. Aus psychologischer Sicht geht es in dieser Phase um kritisches Denken, Entscheidungsfindung und Urteilsvermögen. Sie erfordert, dass Menschen ihre Emotionen beiseitelassen und Ideen auf der Grundlage ihrer rationalen Vorzüge bewerten.

Um der Analogie des Baumes zu folgen, ist die Konvergenzphase wie die Herbstzeit im Lebenszyklus eines Baumes. Nicht alle Blätter (Ideen) können überleben. Der Baum muss sich von einigen trennen, um seine Energie und Gesundheit zu erhalten.

Zusammengefasst

Konvergenzphasen sind entscheidend, um Fortschritte zu machen und Ergebnisse zu erzielen. Während es bei Divergenz darum geht, Optionen zu schaffen, geht es bei Konvergenz darum, Entscheidungen zu treffen. Sie hilft Organisationen, ihre Ressourcen auf die vielversprechendsten Ideen zu konzentrieren und zu vermeiden, dass sie Zeit und Energie für weniger effektive Ansätze verschwenden.

Wie KI in Konvergenzphasen helfen kann

In einer Konvergenzphase des Innovationsprozesses, in der Ideen eingegrenzt und für die Umsetzung verfeinert werden, kann künstliche Intelligenz entscheidend dazu beitragen, Effizienz und Präzision zu gewährleisten. Durch die Analyse großer Datenmengen und Rückmeldungen kann KI die Durchführbarkeit jeder Idee objektiv bewerten und ihre potenziellen Auswirkungen und Machbarkeit vorhersagen. Im Bereich der Produktentwicklung kann KI beispielsweise Simulationen durchführen, um die Leistung verschiedener Prototypen zu testen, und Teams bei der Auswahl der vielversprechendsten Entwürfe unterstützen. Bei Marketingkampagnen können KI-Algorithmen schnell das Verbraucherfeedback von Testgruppen analysieren und feststellen, welche Werbekonzepte am besten ankommen und weiterverfolgt werden sollten. Durch solche Fähigkeiten rationalisiert KI die Entscheidungsfindung, indem sie Innovator:innen auf die vielversprechendsten Wege lenkt und gleichzeitig Risiken und Unsicherheiten minimiert.

Eine der Hauptaufgaben der KI im Innovationssystem besteht darin, die Folgen neuer Kombinationen vorherzusagen. Wo wir uns früher auf wissenschaftliche Theorien oder Trial-and-Error verlassen haben, können wir jetzt (wenn wir genügend Daten haben, um Modelle zu trainieren) KI-Vorhersagen nutzen, um Hypothesen zu erstellen und zu verifizieren oder falsifizieren.

Erneut: Innovation ist kein linearer Prozess. Diese Phasen überschneiden sich und können sich im Laufe des Prozesses mehrfach wiederholen. Ein Unternehmen kann mehrere Runden der Divergenz und Konvergenz durchlaufen, bevor es zu einer endgültigen Lösung kommt. Die Fähigkeit, zwischen diesen beiden Phasen zu balancieren und zu wechseln – freie Kreativität und kritisches Denken –, ist der Schlüssel zu erfolgreicher Innovation.

Zudem sollten Divergenz und Konvergenz nicht als individuelle Aufgaben, sondern als Gruppen- oder Organisationsverhalten betrachtet werden. Die Förderung der kognitiven Vielfalt innerhalb des Teams kann diese Prozesse bereichern. Unterschiedliche Perspektiven können die Divergenzphase durch ein breiteres Spektrum an Ideen beflügeln und die Konvergenzphase durch einen reichhaltigeren Satz an Bewertungskriterien schärfen.

Zusammengefasst

Divergenz und Konvergenz stehen im Mittelpunkt aller Innovationsprozesse. Gute Innovator:innen und erfolgreiche Unternehmen kultivieren beide Prozesse und stellen dafür die nötigen Ressourcen und Expertise zur Verfügung.

Im Folgenden betrachten wir die in Forschung und Praxis derzeit gängigsten Innovationsprozesse und wie KI sinnvoll in diesen eingesetzt werden kann.

Discover, Design and Deliver

Ähnlich wie das, was wir gerade besprochen haben, gibt es den Prozess »Discover, Design and Deliver«, eine Methodik, die üblicherweise zur Steuerung des Innovationsprozesses verwendet wird. Sie zielt darauf ab, einen kundenorientierten und iterativen Ansatz für die Entwicklung neuer Produkte, Dienstleistungen oder Lösungen zu gewährleisten.

1. Discover (Entdecke)

Die Discover-Phase ist der Zeitraum, in dem das Konzept des Produkts, der Dienstleistung oder der Lösung auf der Grundlage eines tiefen Verständnisses der Kundenbedürfnisse definiert wird. Sie umfasst die Identifizierung des zu lösenden Problems, das Verständnis der Benutzer-Persona und die Entwicklung eines Produktentwurfs oder Prototyps.

Die Rolle der KI: KI kann diese Phase auf verschiedene Weise unterstützen. KI-gestützte Analysetools können Kundendaten analysieren, um Muster, Trends und Erkenntnisse zu ermitteln und so zu einem besseren Verständnis der Kundenbedürfnisse und -verhaltensweisen beizutragen. Das Schöne an der KI ist, dass sie der perfekte Trendspotter ist: Sie kann in kürzester Zeit umfangreiche soziale Daten sowie die Bedürfnisse und Wünsche der Menschen in Bezug auf eine bestimmte Produktkategorie analysieren und dann daraus extrapolieren, wie die Wünsche und Bedürfnisse in Zukunft aussehen könnten. KI kann auch beim Rapid Prototyping eingesetzt werden, indem Algorithmen des maschinellen Lernens verwendet werden, um Entwürfe anhand bestimmter Kriterien zu optimieren. Generative Designtools beispielsweise nutzen KI, um auf der Grundlage vordefinierter Parameter optimierte Designlösungen vorzuschlagen.

Dies ist auch die Phase, in der Sie Hypothesen über das gewünschte Ergebnis aufstellen. Eine durch die KI gestützte automatisierte Hypothesenbildung kann die Innovationsproduktivität erheblich steigern, weil sie nicht nur den Prozess beschleunigt, sondern auch, im besten Falle, Hypothesen anbietet, die wir ohne KI-Unterstützung nicht in Betracht gezogen hätten.

2. Design (Entwerfe)
In dieser wird das ursprüngliche Konzept oder der Prototyp getestet und validiert. Dazu gehören in der Regel das Einholen von Feedback potenzieller Nutzender und die Durchführung von Iterationen auf der Grundlage dieses Feedbacks. Je schneller Sie diese Feedbackschleife durchlaufen, desto besser, da Sie schneller zu Ergebnissen kommen.

Die Rolle der KI: KI kann in der Design-Phase eine wichtige Rolle spielen, indem sie dabei hilft, Nutzerfeedback zu sammeln, zu analysieren und zu interpretieren. So können KI-Tools soziale Medien und andere Onlineplattformen überwachen, um die Stimmung der Nutzenden zu erfassen, Trends zu erkennen und verwertbare Erkenntnisse zu liefern. KI kann auch eingesetzt werden, um Benutzerinteraktionen mit einem Prototyp zu simulieren und mithilfe von maschinellem Lernen Benutzerreaktionen auf der Grundlage früheren Verhaltens vorherzusagen. Dies kann wertvolle Daten zur Verbesserung des Designs liefern, bevor es in Serie geht. Auch hier wird KI den Prozess beschleunigen und muss sich nicht in langwierigen Kundenbefragungen erschöpfen.

3. Deliver (Liefere)
In der Lieferphase wird das Produkt entwickelt, auf den Markt gebracht und vertrieben. Sie umfasst die Herstellung (bei physischen Produkten), das Marketing, den Vertrieb und die Kundenbetreuung.

Die Rolle der KI: KI kann die Effizienz und Effektivität der Lieferphase erheblich verbessern. In der Fertigung kann KI Produktionsprozesse optimieren, um Kosten zu senken und die Qualität zu verbessern. In Marketing und Vertrieb kann KI Kundeninteraktionen auf der Grundlage von Datenanalysen personalisieren und so die Kundenbindung und die Konversionsraten verbessern.

Zusammengefasst

KI kann in jeder Phase des Design-, Discover- und Deliver-Prozesses eine wichtige Rolle spielen. Durch die Verbesserung der Fähigkeit, Kunden zu verstehen, Designs zu iterieren und effiziente und personalisierte Kundenerlebnisse zu liefern, kann KI den Erfolg von Innovationsbemühungen erheblich steigern.

Wie bei jedem Tool ist es jedoch wichtig, dass der Mensch mit seinem Urteilsvermögen weiterhin eine zentrale Rolle spielt. Vor allem am Ende jeder Phase, wenn es darum geht, die Entwürfe für die nächste Phase auszuwählen, ist Entscheidungskompetenz auf Grundlage menschlicher Fachkenntnisse und Erfahrungen auf dem Markt von unschätzbarem Wert.

Das Designprozessmodell »Double-Diamond«
In der Handlungsweise ähnlich dem Discover-Design-Deliver-Modell, aber komplexer in der Anwendung, ist der sogenannte »Double-Diamond«. Das Double Diamond Design Process Model ist eine visuelle Darstellung des Designprozesses, die vom British Design Council im Jahr 2005 eingeführt wurde. Das Modell unterstreicht die Bedeutung eines ausgewogenen Verhältnisses zwischen divergentem und konvergentem Denken im Innovations- und Designprozess, wobei jeder »Diamant« eine bestimmte Phase des Prozesses darstellt. Es wird weithin als Rahmen für das Verständnis und die Diskussion von Designprozessen verwendet, da es in verschiedenen Bereichen und Maßstäben angewendet werden kann – vom Produkt- und Dienstleistungsdesign bis hin zu Architektur und Stadtplanung.

Der Doppelte Diamant wird für seine Einfachheit und Vielseitigkeit gelobt und dafür, dass er die Bedeutung nutzerzentrierter Forschung und iterativer Entwicklung hervorhebt. Kritische Stimmen argumentieren, dass er den Designprozess zu sehr vereinfache und den iterativen Charakter des Designs nicht berücksichtige, bei dem die Designer:innen aufgrund neuer Erkenntnisse möglicherweise zu früheren Phasen zurückkehren müssten. Der Prozess ist in der Praxis aber sehr gängig und kann zu sehr guten Ergebnissen führen, wie auch das Airbnb-Beispiel am Ende dieses Kapitels zeigt, deshalb lohnt es sich im Folgenden, anzusehen, wie KI diesen Prozess unterstützen kann.

Das Modell unterteilt den Entwurfsprozess in vier Phasen.

Entdecken (1. Teil des ersten Diamanten)
Dies ist eine divergente Phase, in der es darum geht, ein breites Spektrum an Ideen zu erkunden und Erkenntnisse zu sammeln. Es geht darum, das Problem zu verstehen, den Kontext und die Nutzenden zu erforschen und Möglichkeiten für die Gestaltung zu identifizieren.

Rolle der KI: In dieser explorativen Phase kann KI dabei helfen, umfangreiche Daten zu sammeln, Nutzerverhalten, Bedürfnisse und Schmerzpunkte der Kunden zu verstehen und Markttrends zu analysieren. KI kann Muster und Erkenntnisse erkennen, die für menschliche Forschende nicht ohne Weiteres ersichtlich sind.

Beispiel: Im Gesundheitswesen können KI-gesteuerte Stimmungsanalysetools Patientenforen, Bewertungen und Feedback durchforsten, um häufige Beschwerden oder unerfüllte Bedürfnisse in Bezug auf medizinische Geräte, Behandlungen oder die Patientenversorgung zu ermitteln. Die Ergebnisse können dann die Richtung für neue Innovationen vorgeben.

Definieren (2. Teil des ersten Diamanten)
Dies ist eine konvergente Phase, in der die breit angelegten Erkundungen aus der Entdeckungsphase zu einer spezifischen Problemstellung oder Designherausforderung verfeinert werden. Sie beinhaltet die Interpretation der gesammelten Informationen, die Identifizierung von Mustern und die Erstellung eines gezielten Projektbriefings.

Rolle der KI: KI-gestützte Tools können dabei unterstützen, Forschungsergebnisse zusammenzufassen und zu interpretieren und so den Teams helfen, klare und fokussierte Problemstellungen zu definieren. Sobald ein umfassendes Verständnis erreicht ist, kann KI helfen, den Problembereich zu verfeinern und zu fokussieren, indem Erkenntnisse kategorisiert und priorisiert werden, um sie umsetzbar zu machen. Algorithmen des maschinellen Lernens können Muster und Korrelationen in Daten finden, die für Forschende nicht sofort erkennbar sind, und somit diesen Prozessschritt vereinfachen und beschleunigen.

Beispiel: Wenn Kundenfeedback im E-Commerce auf Unzufriedenheit mit dem Checkout-Prozess hindeutet, kann KI bestimmte Touchpoints (Berührungspunkte mit der Marke/dem Produkt) der Kundeninteraktion analysieren, um zu bestimmen, wo genau die Nutzenden Probleme haben, beispielsweise bei der Bezahlung, der Benutzeroberfläche oder den Versandoptionen. Aufgrund dieser Analyseergebnisse kann der Innovationsprozess verfeinert werden.

Entwickeln (1. Teil des zweiten Diamanten)
Dies ist eine weitere divergente Phase, die sich jedoch auf die Entwicklung von Lösungen für das zuvor definierte Problem konzentriert. Dazu gehören Ideenfindung,

Prototyping und das Testen mehrerer Lösungen. Das Entscheidende in dieser Phase: Sie experimentieren, probieren und bewerten die Ideen so lange, bis sie so gut sind, wie sie nur sein können.

Rolle der KI: KI kann beim Rapid Prototyping und bei der Simulation eingesetzt werden, wobei maschinelles Lernen zur Optimierung von Entwürfen und zur Vorhersage ihrer Leistung genutzt wird. In dieser divergenten Phase kann KI für das Brainstorming, die Simulation von Ergebnissen und die sofortige Rückmeldung zu Ideen eingesetzt werden. Generative Designtools können auf der Grundlage festgelegter Parameter Hunderte von Designvarianten vorschlagen und KI-gesteuerte Marktsimulationen können vorhersagen, wie neue Produktideen aufgenommen werden könnten.

Beispiel: Im Automobildesign können KI-Tools mehrere Designvarianten für ein neues Automodell erstellen und dabei Faktoren wie Aerodynamik, Materialkosten und Sicherheitsvorschriften berücksichtigen. Die Designerinnen können diese Optionen dann auf der Grundlage von Ästhetik und Markenidentität verfeinern.

Deliver (2. Teil des zweiten Diamanten)

Dies ist die letzte konvergente Phase, in der sich das Team für eine endgültige Lösung entscheidet, die auf den Markt gebracht werden soll. Sie umfasst die Fertigstellung des Entwurfs, die Ausführung und die Bewertung der Lösung.

Rolle der KI: Dies ist die Umsetzungsphase, in der die Ideen getestet, verfeinert und zur Marktreife gebracht werden. KI kann diese Phase optimieren, indem sie A/B-Tests in Echtzeit durchführt, den Produktionsbedarf prognostiziert, logistische Aufgaben automatisiert und Marktreaktionen vorhersagt.

Beispiel: Bei einer neuen Softwareanwendung können KI-Algorithmen die Benutzerinteraktionen während der Betatests in Echtzeit überwachen, schnell Bereiche identifizieren, in denen die Nutzenden Probleme haben und Verbesserungen der Benutzeroberfläche vorschlagen. Darüber hinaus können KI-gesteuerte prädiktive Analysetools die potenzielle Marktgröße, optimale Preisstrategien und Marketingkanäle analysieren, um die Produkteinführung zu optimieren.

Dass KI-gestützte Double-Diamond-Prozesse sich auch in der Praxis bewährt haben, zeigt das folgende Beispiel von Airbnb.

Case Study

Airbnb, ein Vorreiter in der Shared Economy, setzt KI in allen Phasen ein, von der Verbesserung der Nutzererfahrung bis hin zur Optimierung der Backend-Prozesse.

1. **Entdecken (Problemidentifizierung):** Airbnb nutzt KI zur Analyse von Nutzerdaten, um neue Reisetrends, beliebte Reiseziele oder Veränderungen im
   Nutzerverhalten zu erkennen. So kann Airbnb beispielsweise feststellen, wie
   saisonale Trends, globale Ereignisse oder sogar das politische Klima das Rei-
   severhalten beeinflussen.

   Vorteile durch KI: Durch die Ermittlung von Trends und Mustern in Echtzeit kann Airbnb Nachfrageschübe an bestimmten Orten vorhersehen
   oder den Aufstieg neuer beliebter Reiseziele vorhersehen. So können
   Marketingstrategien angepasst, mehr Gastgebende in stark nachgefrag-
   ten Gebieten aufgenommen oder bei der Preisgestaltung beraten werden.

2. **Definieren (Problemdefinition):** Mithilfe von maschinellem Lernen wertet
   Airbnb Kundenfeedback, Bewertungen und das Nutzerverhalten auf seiner
   Plattform aus. Sie identifizieren Schmerzpunkte oder Bereiche, in denen die
   Nutzenden vor Herausforderungen stehen, wie Buchungsprozesse, Suchme-
   chanismen oder die Kommunikation mit Gastgebenden.

   Vorteile durch KI: Ein klareres Verständnis der Herausforderungen der
   Nutzenden ermöglicht es Airbnb, sein Angebot zu verfeinern und die
   Nutzererfahrung zu verbessern. So wird sichergestellt, dass die Plattform
   intuitiv, effizient und nutzerorientiert ist, was die Zufriedenheit und die
   Treue zur Plattform erhöht.

3. **Entwickeln (Lösungsidee):** Airbnb nutzt KI zur Optimierung der Suchergebnisse, zur Personalisierung der Nutzererfahrung und auch im Designprozess.
   Algorithmen für maschinelles Lernen schlagen Angebote vor, die auf dem
   bisherigen Verhalten, den Bewertungen und den Vorlieben der Nutzenden
   basieren. Außerdem werden KI-Tools wie maschinelles Sehen eingesetzt, um
   Fotos von aufgelisteten Objekten zu scannen und die Art der verfügbaren
   Ausstattung zu bestimmen, was zu einer genauen Kategorisierung der Angebote führt.

   Vorteile durch KI: Personalisierte Suchergebnisse führen zu einer höheren Buchungswahrscheinlichkeit, einer verbesserten Nutzererfahrung
   und einer besseren Abstimmung zwischen Gastgeberin und Gast. Indem
   Airbnb sicherstellt, dass Gäste schnell und effizient das finden, wonach
   sie suchen, erhöht es seine Konversionsraten.

4. **Liefern (Lieferung der Lösung):** Das Backend von Airbnb wird von komplexen KI-Algorithmen unterstützt, um Gastgebenden auf der Grundlage von
   Nachfrage, Standort, Jahreszeit und anderen Angeboten Preisvorschläge
   in Echtzeit zu unterbreiten. Außerdem werden KI-gesteuerte Betrugserken-
   nungssysteme eingesetzt, um die Sicherheit von Transaktionen und die Echt-
   heit von Nutzerprofilen zu gewährleisten.

   Vorteile durch KI: Die dynamische Preisgestaltung sorgt dafür, dass Gastgebende ihre Einnahmen maximieren und gleichzeitig wettbewerbsfähige
   Preise beibehalten können, wodurch ein stetiger Buchungsfluss gewähr-

leistet wird. Robuste Sicherheitsmaßnahmen erhöhen das Vertrauen in die Plattform, eine entscheidende Komponente in einem Peer-to-Peer-Sharing-Modell.

Die Integration von KI in den Double-Diamond-Prozess hat Airbnb in die Lage versetzt, agil, nutzerorientiert und innovativ zu bleiben. Es geht nicht nur um Automatisierung, sondern insbesondere um ein tiefes Verständnis der Nutzerbedürfnisse, die Vorhersage von Markttrends und die Bereitstellung von Mehrwert an jedem Berührungspunkt des Kunden mit dem Unternehmen.

Da die KI-Technologie weiter voranschreitet, können wir erwarten, dass wir mehr Beispiele für ihre Integration in den Double-Diamond-Prozess und andere Designmethoden sehen werden.

5.4 KI in der Produktentwicklung

In einer aktuellen Studie von Prof. Piller et al. ist zu lesen, wie künstliche Intelligenz bei einem neuen Produktentwicklungsprozess helfen kann, der ähnlich dem Double-Diamond-Prozess in vier Phasen abläuft (Piller et al., 2023).

1. Identifizierung von Anforderungen

Herausforderungen: Die schiere Menge und Komplexität potenziell relevanter Daten und Informationen über technologische, marktbezogene und regulatorische Anforderungen sowie die begrenzten kognitiven Fähigkeiten und eine potenzielle Voreingenommenheit des Menschen, um das angehäufte Recherchewissen zu priorisieren und zu interpretieren.

Wie KI hilft: Die Möglichkeiten von KI in dieser Phase sind vielfältig: Sie kann Markteinblicke aus großen Mengen von Social-Media-Streams oder Kundenfeedbacks finden. Sie kann technische Möglichkeiten aus großen Mengen technischer Dokumente wie Patentdaten, Projektberichten und wissenschaftlicher Literatur identifizieren. Darüber hinaus kann sie durch die Analyse von Daten aus der Vergangenheit und von akademischen Zukunftstrends Vorhersagen über die technologische Entwicklung treffen (Technologieprognose und Roadmapping). Auf der generativen Seite kann KI auf der Grundlage der Identifizierung von »blinden Flecken« im aktuellen Stand der Technik Lösungsvorschläge erstellen.

2. Ideenfindungsphase

Herausforderungen: Die Kreativitätswerte menschlicher Ideenfindungsaufgaben während des Prozesses können begrenzt sein und aufgrund mangelnder fachlicher Kompetenz könnte es nur einen begrenzten Spielraum geben.

Wie KI hilft: KI kann leichter Muster in den großen Ideenpools finden und Expert:innen/Nutzende mit spezifischen Merkmalen als sogenannte Lead User identifizieren. Zudem kann die KI durch die relevanten Inputs Ideen oder Konzepte entwickeln und visuelle Darstellungen oder Stimuli generieren.

3. Entwicklungsphase

Herausforderungen: Materielle und zeitliche Ressourcen sind häufig begrenzt. Die Komplexität der mehrdimensionalen Anforderungsräume nimmt ständig zu und gleichzeitig wächst die technologische Unsicherheit.

Wie KI hilft: KI kann den Lösungsraum vergrößern, indem sie relevantes externes technisches Wissen aus einem riesigen Datenpool schneller identifiziert. KI kann auch Nutzungsmuster in Datenströmen erkennen, die von vernetzten (intelligenten) Produkten erzeugt werden. Um das Produkt schneller zu verfeinern, kann künstliche Intelligenz Reaktionen oder Leistungsergebnisse bei technischen Problemlösungen simulieren. Auf der generativen Seite kann sie durch Engineering und Design von Komponenten mit spezifischen Eigenschaften helfen, zum Beispiel Leichtbaukonstruktionen oder Materialoptimierung, und sie kann selbstständig Softwarecode generieren.

4. Marktphase

Herausforderungen: Es kann Unsicherheit über die Marktakzeptanz und die Verbreitungspartner bestehen. Oft ist es schwierig, relevante Meinungsführende, Influencerinnen zu finden. Es ist schwierig, genaue Vorhersagen über die Marktnachfrage zu treffen. Dazu gesellt sich die zunehmende Komplexität der gesetzlichen Vorschriften und Dokumentationsanforderungen.

Wie KI hilft: KI kann in der Marktphase die Tiefe der sozialen Medien zeitnah durchforsten und relevante Meinungsbildner und Early Adopters in den sozialen Medien identifizieren. Sie kann die Marktakzeptanz und Nutzerakzeptanz sowie den potenziellen Wert einer Patentanmeldung vorhersagen.

Abschließend lässt sich festhalten, dass die von Prof. Piller durchgeführte Studie deutlich macht, wie wertvoll künstliche Intelligenz in Produktentwicklungsprozessen sein kann. KI bietet innovative Ansätze für Design, Effizienzsteigerung und Kundenanpassung, die traditionelle Methoden ergänzen und übertreffen können. Die Studie unterstreicht die transformative Kraft der KI in der Produktentwicklung, betont jedoch auch die Notwendigkeit einer sorgfältigen Integration und Anwendung, um ihr volles Potenzial auszuschöpfen.

5.5   Wie KI Innovationsfunktionen unterstützt

Nachdem wir gelernt haben, wie KI bei verschiedenen Innovationsprozessen helfen kann, ist es wichtig, die verschiedenen Rollen zu betrachten, die Teil eines jeden Innovationsprozesses sind und wie sie durch KI ergänzt werden können. Ein Innovationsprozess innerhalb einer Organisation ist komplex und erfordert die Zusammenarbeit vieler Personen und Bereiche, um ihren Erfolg zu gewährleisten. Im Folgenden sehen wir uns an, was die neuen Herausforderungen der einzelnen Funktionen sind und wie KI sie dabei unterstützen und gar augmentieren kann. Eine Rolle kann selbstverständlich auch von mehreren Mitarbeitenden ausgeführt werden.

Innovator
Der Innovator ist in der Regel die Person, die die erste Idee oder das erste Konzept entwickelt. Er ist der kreative Denker und Problemlöser, der in der Divergenzphase für die Entwicklung neuer Ideen verantwortlich ist. Der Innovator ist die Hauptquelle für neue Ideen und Perspektiven, die das Lebenselixier der Innovation sind.

Beispiel: Thomas Alva Edison war der Inbegriff eines Innovators. Er hatte sowohl die Idee für den Phonographen als auch die moderne elektrische Glühbirne.

Wie KI unterstützt: Künstliche Intelligenz (KI) bietet Innovatoren eine Vielzahl an Werkzeugen, die den gesamten Prozess der Ideenfindung, Datenanalyse und Inspiration unterstützen können. Insbesondere Large Language Models (LLMs), sind in dieser Hinsicht sehr effektiv um innovative Ideen zu generieren oder bestehende Ideen weiterzuentwickeln. Sie tun dies, indem sie umfangreiche Informationsmengen analysieren und Muster erkennen, die für menschliche Innovatoren möglicherweise nicht offensichtlich sind. LLMs können beispielsweise Trends aus großen Datensätzen extrahieren, Vorschläge für Produktverbesserungen machen oder sogar ganz neue Produktkonzepte vorschlagen, die auf aktuellen Markttrends und Verbraucherpräferenzen basieren.

Projekt-/Innovationsmanagerin
Die Projekt- oder Innovationsmanagerin ist für die Überwachung des Innovationsprozesses verantwortlich. Sie sorgt dafür, dass das Team den Projektplan einhält, die Meilensteine erreicht, sie verwaltet Ressourcen und hält die Beteiligten auf dem Laufenden. Die Projektmanagerin sorgt für Struktur im Innovationsprozess, der aufgrund der ihm innewohnenden Ungewissheit oft chaotisch sein kann.

Beispiel: Bei der Entwicklung eines Produkts müssen die Projektmanagerinnen die verschiedenen Aspekte der Entwicklung, wie Design, Softwareentwicklung und Herstellung, überwachen und Ordnung in das Chaos bringen.

Wie KI unterstützt: KI kann das Projektmanagement durch intelligente Zeitplanung, Risikoerkennung, vorausschauende Analysen für eine bessere Entscheidungsfindung und die Automatisierung von Verwaltungsaufgaben unterstützen. Der menschliche Aspekt des Projektmanagements, zum Beispiel das Beziehungsmanagement und der Umgang mit Unvorhergesehenem, ist für KI derzeit jedoch unerreichbar.

Fachexperte

Der Fachexperte (auch SME, »Subject Matter Experts«) verfügt über fundierte Kenntnisse und Erfahrungen in dem spezifischen Bereich, in dem die Innovation stattfindet. Er versteht die technischen Herausforderungen und Möglichkeiten und kann den Innovationsprozess entsprechend lenken. Der Fachexperte stellt sicher, dass die Innovation durchführbar und praktisch ist und mit bestehenden Praktiken und Standards übereinstimmt.

Beispiel: In einem Biotech-Unternehmen, das an einem neuen Impfstoff arbeitet, ist der Virologe ein Fachexperte. Er hat im Laufe der Jahre eine Menge Wissen angesammelt, die es ihm ermöglichen, sein Fachwissen einzubringen und so Prozesse zu vertiefen und zu beschleunigen.

Wie KI unterstützt: KI, insbesondere Expertensysteme, können einige Funktionen eines Experten nachahmen, indem sie Erkenntnisse auf der Grundlage umfangreicher Datenanalysen liefern. Aber das intuitive menschliche Verständnis, das implizite Expertenwissen und die differenzierte Entscheidungsfindung liegen derzeit jenseits der Möglichkeiten der KI.

Endnutzerin

Eine Endnutzerin vertritt die Interessen der Menschen, die das Produkt oder die Dienstleistung in Anspruch nehmen sollen. Ihre Aufgabe ist es sicherzustellen, dass die Innovation den Bedürfnissen, Wünschen und Erwartungen der Zielgruppe entspricht. Diese Befürworterinnen sorgen dafür, dass die Innovation benutzerfreundlich, wertvoll und marktfähig ist.

Beispiel: In einem Unternehmen, das eine neue Fitness-App entwickelt, wird eine Gruppe von Fitness-Enthusiastinnen sowie eine User-Experience-Designerin (UX), die die Perspektive der Nutzenden kennt, rekrutiert, um das Produkt zu testen und konstruktives Feedback zu geben.

Wie KI unterstützt: KI kann diese Rolle bis zu einem gewissen Grad nachahmen, indem sie Nutzerdaten analysiert, Simulationen durchführt und das Nutzerverhalten vorhersagt. KI-gestützte Chatbots können auch Nutzerfeedback sammeln. Allerdings kann KI die emotionalen und subjektiven Elemente der Nutzererfahrung nicht vollständig erfassen. Hier müssen Mitarbeitende, die nah an der Endkundin sind, das dringend nötige Einfühlungsvermögen mitbringen.

Investor/Finanzberater

Der Investor oder Finanzberater ist für die Finanzierung der Innovation und die finanzielle Beratung zuständig. Er bewertet die potenzielle Kapitalrendite und entscheidet, wo die Mittel eingesetzt werden sollen. Diese Person (auch Unternehmensbereich oder Einrichtung denkbar) stellt die Mittel zur Verfügung, die für die Umsetzung einer Idee erforderlich sind. Sie stellt auch sicher, dass die Innovation finanziell sinnvoll ist.

Beispiel: Risikokapitalfirmen (Venture Capitals, VCs) spielen diese Rolle bei vielen Innovationsbemühungen, da sie Startkapital und Beratung bereitstellen, um die Ideen auf den Weg zu bringen.

Wie KI unterstützt: KI kann bei der Finanzmodellierung, der Vorhersage von Markttrends und der Ermittlung von Anlagemöglichkeiten helfen und so die Arbeit von Finanzberatern effizienter machen. Die Aspekte der Risikobereitschaft und des Beziehungsaufbaus bei Investitionen sind jedoch nach wie vor einzigartig menschlich.

Entscheidungsträgerin

Die Entscheidungsträgerin ist die Person, die das letzte Wort hat, wenn es darum geht, eine Innovation voranzutreiben. Sie bewertet die Innovation auf der Grundlage ihrer strategischen Eignung, ihrer potenziellen Auswirkungen und ihrer Durchführbarkeit und stellt sicher, dass die Innovation mit der Strategie und den Zielen des Unternehmens übereinstimmt.

Beispiel: In einem großen Unternehmen könnte dies die CEO oder Vorständin sein, in kleineren Organisationen die Gründerin und/oder Eigentümerin des Unternehmens.

Wie KI unterstütz: KI kann Entscheidungsträgerinnen durch datengestützte Erkenntnisse und vorausschauende Analysen unterstützen. Die letztendliche Entscheidung, insbesondere wenn es um komplexe Kompromisse oder ethische Erwägungen geht, muss jedoch immer noch von Menschen getroffen werden.

Schlussfolgerung

Viele Studien deuten darauf hin, dass bahnbrechende Innovationen heute viel seltener sind als noch vor einigen Jahrzehnten (siehe z. B. Erixon und Weigel, 2016; Gordon, 2016: 566 ff; Heyman et al., 2019; Douthat, 2020). Insgesamt hat die »Innovations-Produktivität« über die letzten Jahrzehnte stetig abgenommen: Eine ganze Reihe von Studien beweisen, dass »Ideen und Innovationen immer schwieriger zu finden sind«, das heißt, dass heutzutage mehr Geld und Ressourcen für den gleichen oder sogar geringeren Output in Form technologischer Durchbrüche und marktfähiger Produkte und Dienstleistungen ausgegeben wird als früher (Bloom et al., 2020; Griliches, 1994; Kortum, 1993; Jones 2009, 2010; Kogan et al., 2017).

Hier hat künstliche Intelligenz das Potenzial, wieder deutlich mehr innovativen Schwung ins Spiel zu bringen, weil sie die Ideenfindung und damit auch Innovationsprozesse schneller und produktiver macht. Mit ähnlichen zeitlichen und monetären Ressourcen kann die Anzahl der durchgeführten Analysen und Experimente drastisch erhöht werden.

Das bemerkenswerteste Merkmal von KI-gestützter Innovation ist ihr enormes Potenzial, tiefgreifende Auswirkungen auf die gesamte Wirtschaft zu haben. Große Innovationen, die durch KI ermöglicht werden, können einen Dominoeffekt auslösen, der weit über ihren unmittelbaren Anwendungsbereich hinausgeht und die gesamte Wirtschaftslandschaft beeinflusst. Tatsächlich könnten die Auswirkungen der KI auf den Innovationsbereich sogar stärker sein als ihre Effekte in anderen Anwendungsgebieten.

Da Innovation ein zentraler Treiber für Produktivität und Wirtschaftswachstum ist, könnte die Rolle der KI in diesem Bereich weitreichendere Konsequenzen haben als die von früheren Schlüsseltechnologien wie der Dampfmaschine oder dem Internet. KI hat das Potenzial, als eine Art »Brandbeschleuniger« für menschlichen Fortschritt zu fungieren, indem sie Innovationsprozesse nicht nur beschleunigt, sondern auch qualitativ verbessert. Diese Verbesserungen können sich in einer schnelleren Entwicklung neuer Produkte, effizienteren Lösungen für komplexe Probleme und generell in einem beschleunigten Fortschritt manifestieren.

Wie Agrawal, Gans und Goldfarb in ihrem Buch »Power and Prediction« schreiben: »Wenn wir einen Bereich nennen müssten, in dem die KI das größte Potenzial hat, die Wirtschaft zu verändern, dann liegt er weit vor den meisten gewöhnlichen Geschäftsaktivitäten: im System der Innovation und Erfindung.« (Agrawal et al., 2023)

Ein historisches Beispiel zeigt deutlich, wie Innovationen Kaskadeneffekte auf viele andere Bereiche haben können: Fortschritte in der Technologie des Linsenschleifens führten nicht nur zu Verbesserungen in der persönlichen Optik, wie bei Brillen, sondern auch in Forschungswerkzeugen, wie Mikroskopen. Die Entwicklung des Mikroskops war wiederum ein entscheidender Faktor für die Entstehung der Keimtheorie der Krankheit. Diese Theorie revolutionierte das Verständnis und die Bekämpfung von Viren und Bakterien und hatte weitreichende Auswirkungen auf verschiedene Aspekte der Medizin.

Durch das verbesserte Verständnis von Krankheitserregern konnte die Chirurgie zu einem effektiven medizinischen Instrument werden. Geburten wurden sicherer, da die Infektionsrisiken besser verstanden und kontrolliert werden konnten. Zudem verwandelten sich Krankenhäuser von Orten, an denen Menschen starben, zu Orten, an denen sie geheilt wurden. Somit führte eine einzige technologische Innovation – die Verbesserung der Linsenschleiftechnik – zu bedeutenden Fortschritten in zahlreichen anderen Bereichen, insbesondere in der medizinischen Wissenschaft.

Ein aktuelles Beispiel dafür, wie KI große Auswirkungen auf die Gesellschaft als Ganzes haben kann, ist die Software »AlphaFold« des Londoner KI-Unternehmens DeepMind.

Case Study: Alpha Fold

AlphaFold ist ein Programm für künstliche Intelligenz, das von DeepMind, einer auf KI-Forschung spezialisierten Tochtergesellschaft von Alphabet Inc., entwickelt wurde. AlphaFold soll die 3-D-Struktur von Proteinen allein auf der Grundlage ihrer Aminosäuresequenz vorhersagen. In biologischen Systemen erfüllen Proteine eine Vielzahl von Funktionen und die Funktion eines Proteins ist eng mit seiner 3-D-Struktur verbunden. Die Vorhersage dieser Struktur allein aus der Aminosäuresequenz – oft als »Proteinfaltungsproblem« bezeichnet – ist jedoch eines der schwierigsten Probleme auf dem Gebiet der Molekularbiologie.

AlphaFold arbeitet mit maschinellem Lernen, insbesondere mit einer Art von KI-Modell, dem sogenannten »Deep Learning Neural Network«. AlphaFold wurde anhand eines umfangreichen Datensatzes bekannter Proteinstrukturen aus der Protein Data Bank (PDB) sowie multipler Sequenz-Alignments (Sammlungen von Sequenzen, die sich aus einem gemeinsamen Vorfahren entwickelt haben) trainiert und lernt dabei, Aspekte der Proteinstruktur wie die Abstände zwischen Aminosäurepaaren und die Winkel zwischen chemischen Bindungen, die diese Aminosäuren verbinden, vorherzusagen. Auf der Grundlage der erlernten Muster sagt das System die 3-D-Struktur des Proteins voraus und verfeinert dann diese Vorhersage und optimiert die Struktur, um sicherzustellen, dass sie physikalisch plausibel und stabil ist. Die endgültige Vorhersage wird als Modell der 3-D-Struktur des Proteins bezeichnet.

Die Fähigkeiten von AlphaFold wurden im Jahr 2020 hervorgehoben, als es von CASP (Critical Assessment of Techniques for Protein Structure Prediction), ein Experiment, das den Stand der Technik bei der Vorhersage von Proteinstrukturen bewertet, als Lösung für das Problem der Proteinfaltung anerkannt wurde.

Die Auswirkungen der Lösung des Problems der Proteinfaltung sind immens:
- **Entdeckung von Arzneimitteln:** Das Verständnis der Form eines Proteins kann Forschenden bei der Entwicklung von Medikamenten helfen, die an dieses Protein binden – ein grundlegender Bestandteil der Entwicklung neuer Medikamente.

- **Verständnis von Krankheiten:** Fehlgefaltete Proteine spielen eine Rolle bei Krankheiten wie Alzheimer, Parkinson und Mukoviszidose. AlphaFold könnte Wissenschaftlern helfen, diese und andere Krankheiten auf molekularer Ebene zu verstehen.
- **Biologische Forschung:** Bei vielen Funktionen im Körper stehen Proteine in Wechselwirkung miteinander. Das Verständnis von Proteinstrukturen kann Forschenden helfen, diese Wechselwirkungen besser zu verstehen.
- **Entwicklung neuer Enzyme:** Wissenschaftlerinnen könnten AlphaFold nutzen, um neue Enzyme für die industrielle Nutzung zu entwickeln, z. B. Katalysatoren zur Umwandlung von Abfall in Biokraftstoffe.

Zusammenfassend lässt sich sagen, dass AlphaFold einen bedeutenden Durchbruch in der computergestützten Biologie darstellt und das Potenzial hat, Forschung und Entwicklung in verschiedenen Bereichen wie Medizin, Biotechnik und Ökologie zu beschleunigen. Mit AlphaFold ist die Vorhersage der Zielproteinstruktur nicht länger ein mühsamer Prozess der Iteration zwischen Theorie und Experiment. Dieses Stadium ist nun gegeben. Damit können die Innovationsziele ehrgeiziger sein. Es können mehr Wirkstoff-Protein-Reaktionen getestet werden. KI kann die Produktivität der Entdeckungspipeline beeinflussen, indem sie eine bessere Priorisierung der Innovationen ermöglicht, die durch diese Pipeline fließen. KI kann den erwarteten Wert einer Innovation erhöhen und je nach Innovation die Anzahl der nachgeschalteten Tests erhöhen oder verringern. KI kann die Kosten senken, die mit genau definierten Engpässen in der Entdeckungspipeline verbunden sind. AlphaFold wird die Medizin, die Forschung und die Biotechnik verändern. Und das mithilfe der in Innovationsprozessen angewandten KI.

Umdenken der Innovationsprozesse

Eine wichtige Frage, die sich stellt, ist, ob wir die in diesem Kapitel vorgestellten »traditionellen« Innovationsprozesse grundsätzlich umdenken und anders strukturieren müssen, um KI am effizientesten einzusetzen. Meine Einschätzung: KI hat das Potenzial, den Innovationsprozess als solches zu verändern. Die Datenanalyse war und ist ein wesentlicher Bestandteil des Innovationsprozesses. KI würde diese allerdings deutlich besser, schneller und billiger machen. Sie würde neue Arten von Vorhersagen ermöglichen. Dies eröffnet neue Wege der Forschung und verbessert die Produktivität im Labor. Da es sich um eine neue Art der Produktentwicklung und nicht um eine Verbesserung eines bestimmten Produkts handelt, beschränken sich die wirtschaftlichen Auswirkungen von Forschungsinstrumenten nicht auf ihre Fähigkeit, die Innovationskosten zu senken. Vielmehr verändern sie den Spielplan für Innovationen.

Zusammengefasst

KI ist eine Schlüsseltechnologie und aus diesem Grund erfordert KI einen Systemwandel.

Das Potenzial der KI scheint dabei paradox: Innovation bedeutet klassischerweise einen strukturierten Prozess von Trial and Error. Die Innovationsabteilung legt ein Ziel fest und stellt Hypothesen darüber auf, wie dieses Ziel erreicht werden kann. Dann entwirft sie ein Experiment und führt es durch, um die Leithypothese zu testen. Oft schlägt dieses Experiment fehl. Im besten Falle führt dieses Scheitern zu Lernprozessen und neuen Hypothesen, von denen eine zu einem erfolgreichen Experiment führt. Die Abteilung führt dann ein Pilotprojekt durch – und wenn dieses erfolgreich ist, kann die Innovation für den Markt umgesetzt werden. Und genau hier setzt das Paradox ein: Eine bessere Vorhersage in der Phase der Hypothesenentwicklung könnte zu einem völlig neuen System führen, bei dem aufgrund der präzisen Vorhersage der KI viel weniger Wert auf die Experimentierphase gelegt wird, dafür aber mehr auf die Phase der Umsetzung und den Vertrieb. Künstliche Intelligenz würde den klassischen Innovationsprozess nicht nur beschleunigen, sondern auch verkürzen.

Wie KI Innovationsprozesse in der Praxis jetzt schon verändert, sehen wir am Ende des Kapitels in der Case Study zu IPSOS.

Die Demokratisierung der Innovation

Ein weiterer Vorteil ist, dass KI Innovationsprozesse nicht nur einfacher, produktiver und kostengünstiger machen, sondern sie demokratisieren kann.

Zugänglichkeit und Skalierbarkeit: KI-Tools können Innovationsprozesse leichter zugänglich und skalierbarer machen. So kann KI beispielsweise große Datenmengen analysieren, Erkenntnisse gewinnen und Lösungen vorschlagen, sodass jede Person, die Zugang zu diesen Werkzeugen hat, an der Innovation teilnehmen kann. Dadurch wird Innovation über eine ausgewählte Gruppe von Expert:innen oder spezielle F&E-Abteilungen hinaus auf potenziell jede Person mit einer guten Idee ausgeweitet.

Niedrigere Kosten: KI kann die Innovationskosten senken, indem sie bestimmte Aufgaben automatisiert, Daten effizienter analysiert und die für Forschung und Entwicklung benötigte Zeit verkürzt. Dies kann Innovationen erschwinglicher machen, insbesondere für Start-ups oder kleinere Unternehmen mit begrenzten Ressourcen.

Schnelles Prototyping und Testen: KI kann das Rapid Prototyping und die Erprobung von Ideen erleichtern, sodass Ideen schneller und kostengünstiger iteriert und verbessert werden können. So kann ein breiteres Spektrum an Ideen erforscht und getestet werden, was die Chance auf innovative Lösungen erhöht.

Crowdsourcing und offene Innovation: KI kann Eingaben aus einer Vielzahl von Quellen verwalten und analysieren (Crowdsourcing) und so offene Innovation ermöglichen. Dazu können Ideen von Kundinnen, Partnern oder der breiten Öffentlichkeit gehören, was zu einer größeren Vielfalt an Perspektiven und potenziell innovativeren Lösungen führt.

Personalisierte Innovation: Die Fähigkeit der KI, personalisierte Erfahrungen zu liefern, kann zu individuelleren oder maßgeschneiderten Innovationen führen, die auf bestimmte Bedürfnisse oder Vorlieben der Nutzenden zugeschnitten sind.

Demokratisierung der Bildung: KI-gesteuerte Plattformen können Zugang zu Lernressourcen, Werkzeugen und Gemeinschaften bieten, die Innovationen fördern. Sie können personalisierte Lernerfahrungen unterstützen und es erleichtern, das für Innovationen erforderliche Wissen und die entsprechenden Fähigkeiten zu erwerben.

Das Schöne an Ideen ist, dass sie von überall kommen können. Wir haben bereits gelernt, dass Innovation sich durch Diversität verbessert. Doch jetzt, mit der weiteren Digitalisierung und der zunehmenden Präsenz von KI-Tools, kann buchstäblich jede Person Innovationsprozesse angehen und durchführen und ihre eigene datengesteuerte Innovatorin sein.

Auf der anderen Seite: KI hat das Potenzial, Innovationen zu demokratisieren, ist aber mitnichten eine Garantin dafür. Herausforderungen im Zusammenhang mit dem Datenschutz, der KI-Ethik, der digitalen Kluft und dem Risiko der Voreingenommenheit in KI-Systemen müssen angegangen werden. Darüber hinaus sollten die Vorteile der KI-getriebenen Innovation gerecht verteilt werden, um zu verhindern, dass sich die Kluft vergrößert zwischen denjenigen, die Zugang zu diesen leistungsstarken Werkzeugen haben, und denjenigen, die keinen Zugang haben.

5.6 Grenzen der KI – inkrementelle vs. radikale Innovation

Bei aller Nützlichkeit der KI für die Innovation gibt es aber auch Limitationen: Künstliche Intelligenz wie ChatGPT hat eine »inkrementelle Grenze« in ihrer Kreativität. Sie kann nur von ihrem »vorhandenen Wissen« extrapolieren, das durch Trainingsdaten definiert ist und ist daher nicht in der Lage, wirklich radikale Ideen zu generieren. Menschen können hingegen über das bestehende Wissen hinausgehen, wodurch wir einen kreativen Vorteil gegenüber KI behalten.

Ein Beispiel, das verdeutlicht, wie Menschen über die inkrementelle Grenze der KI hinausgehen können, ist die Geschichte von Ignaz Semmelweis. In den 1840er-Jahren entdeckte er, dass schlechte Hygiene, insbesondere das mangelnde Händewaschen der Ärzte, das Kindbettfieber verursachte. Seine radikale Lösung, Ärzte zum Händewaschen aufzufordern, reduzierte dramatisch die Sterblichkeitsrate bei Gebärenden, obwohl sie zu seiner Zeit umstritten war. Wenn menschliche Kreativität ausschließlich auf vorhandenem Wissen basieren würde, hätte Semmelweis die Ursache nie entdeckt. Er hätte wie die meisten Ärzte nur Lösungen auf Grundlage des bestehenden Wissens in Betracht gezogen.

> **Der elementare Unterschied von Mensch und KI**
>
> Kreative Menschen besitzen die Fähigkeit, vorhandenes Wissen zu ignorieren und radikal neue Lösungen zu entwickeln – künstliche Intelligenz nicht.

Wenn generative KI in den 1840er-Jahren verfügbar gewesen wäre, hätte sie wahrscheinlich auch nur inkrementelle Lösungen generiert, basierend auf dem vorhandenen Wissen. Die inkrementelle Grenze der KI, definiert durch statisches Wissen, begrenzt ihre Fähigkeit, radikale Innovationen zu schaffen.

Denkende wie Semmelweis mögen selten sein, aber sie sind unerlässlich für die Welt, die nach radikaler Kreativität strebt. KI ist (bisher) algorithmisch nicht in der Lage, dies zu liefern.

Die Zukunft ist hybrid

Auch im Zusammenspiel von Innovation und KI ist die Zukunft hybrid. Durch den Einzug künstlicher Intelligenz in unsere Welt haben wir eine neue fähige Mitarbeiterin, Mitinnovatorin, Kritikerin und sogar eine begabte Trendspürnase gefunden. Wenn wir sie klug einsetzen und uns nicht von ihr abhängig machen, kann sie unsere Innovationsbemühungen erheblich verstärken und verbessern, beschleunigen und verbilligen.

Ähnlich wie in der kreativen Arbeit bilden auch im Bereich der Innovation KI und Mensch ein außergewöhnliches Team, in dem die jeweiligen Stärken genutzt und die Lücken gefüllt werden, die ihre jeweiligen Schwächen hinterlassen haben. Doch trotz ihrer immensen Stärken kann KI nicht die einzigartigen Fähigkeiten, die der Mensch mitbringt, vollständig ersetzen. Die menschliche Kreativität mit ihrer Fähigkeit, intuitive Sprünge zu machen und völlig neue Konzepte zu entwickeln, übertrifft die datengesteuerte Ideengenerierung der KI. Moralische und ethische Urteile sind ebenfalls eindeutig menschlich und ermöglichen es uns, die gesellschaftlichen Auswirkungen von Innovationen zu berücksichtigen und Entscheidungen zu treffen, die mit den gesellschaftlichen Normen und Werten übereinstimmen. Durch unser Verständnis komplexer sozialer und kultureller Zusammenhänge können wir sicherstellen, dass eine Innovation sachdienlich, wirksam und nützlich ist. Nicht zu vergessen sind unsere Anpassungsfähigkeit und unsere Fähigkeit, aus Fehlern zu lernen, was uns befähigt, mit neuen Situationen und Kontexten umzugehen, die für KI eine Herausforderung darstellen könnten.

In der Innovationslandschaft sind KI und Menschen Partner, die sich gegenseitig in ihrer Leistung verstärken. Die Datenverarbeitungs- und Analysefähigkeiten der KI, gepaart mit ihrer Objektivität und Schnelligkeit, dienen als Grundlage, auf der sich menschliche Kreativität, ethisches Urteilsvermögen, kontextbezogenes Verständnis und emotionale Intelligenz entfalten können. Stellen Sie sich den Ideenfindungsprozess vor, bei dem KI mit ihrer Datenbank ein Spektrum von Ideen generiert, auf denen der Mensch aufbaut, indem er seine kreativen Erkenntnisse einbringt, die vielversprechendsten auswählt und ihre ethischen und gesellschaftlichen Auswirkungen abwägt. Das Testen folgt einem ähnlichen Muster, wobei die KI-Fähigkeit zum schnellen Prototyping und Testen den Menschen dabei unterstützt, die Ergebnisse zu interpretieren, ihre umfassenderen Auswirkungen zu verstehen und fundierte Entscheidungen über die weitere Vorgehensweise zu treffen.

In Zukunft werden die erfolgreichsten Ideen wahrscheinlich nicht nur von klugen Köpfen kommen, sondern insbesondere von denjenigen, die intelligente Maschinen am besten steuern können, ohne dabei das Steuer aus der Hand zu geben.

In dieser Mischung aus künstlicher Intelligenz und menschlichen Fähigkeiten sehen wir ein Modell hybrider Intelligenz, dass das Beste aus beiden Welten vereint, indem es die Leistung der künstlichen Intelligenz nutzt und gleichzeitig die menschliche Note bewahrt, die Innovationen sinnvoll und erfolgreich macht.

Ein Unternehmen, das künstliche Intelligenz bereits hervorragend in seinen Innovationsprozessen einsetzt, ist IPSOS, ein führendes Marktforschungsunternehmen aus der Schweiz.

Case Study: Ipsos Synthesio

Bei Ipsos geht man davon aus, dass die Lead User die besten heimlichen Innovator:innen sind. Lead User sind diejenigen, die schon früh mit Produkten experimentieren und basteln, die ihnen gefallen, und die dafür bekannt sind, dass sie Pionierarbeit für neue Arten von Produkten und Dienstleistungen leisten, die sich später für ein breiteres Publikum als wertvoll erweisen (vgl. Urban und von Hippel, 1988; Franke et al, 2006). Diese innovativen Nutzenden haben einen Vorsprung bei der Übernahme von Trends, sie sind die ersten, die unbefriedigte Bedürfnisse haben – und nach Lösungen suchen. Einige tolle Dinge wie Skateboarding, Windsurfen und Mountainbiking wurden von begeisterten Lead Usern erfunden, nicht von Unternehmen. Auch einige Konsumgüter wie Windeln zum Wechseln und technische Gadgets wie 3-D-Drucker haben sich Lead User ausgedacht.

Der Grundgedanke von Ipsos ist, dass Organisationen, die in der Produktentwicklung tätig sind, neue Wege entwickeln sollten, um von Nutzenden entwickelte

Innovationen, die irgendwo im gigantischen World Wide Web in riesigen sozialen Strömen und Interaktionen versteckt sind, systematisch zu finden, zu prüfen und zu vermarkten. Und genau hier kommt künstliche Intelligenz ins Spiel: Mithilfe der KI durchforstet Ipsos kontinuierlich die Daten der Nutzerinnen und Kunden, immer auf der Jagd nach der nächsten großen Idee. Die KI tut das, was sie am besten kann: Sie erkennt Muster, unerfüllte Bedürfnisse und Hacks in den riesigen sozialen Daten, die sie in wertvolle Erkenntnisse umwandelt. In der Phase der Ideengenerierung entwickelt eine maßgeschneiderte generative KI Produktideen, die dann ausgewählt und durch menschliche Finesse verfeinert werden.

Der Prozess sieht im Detail so aus:

1. Scrapen durch das benutzergenerierte Datenuniversum
Der KI-Engine durchforstet mehrere Kanäle, um wertvolle und relevante Daten zu sammeln:
- soziale Daten: Meinungen der Verbraucher:innen,
- Daten suchen: Bedürfnisse der Verbraucher:innen,
- Umfragedaten: Einstellung der Verbraucher:innen,
- digitale Verhaltensdaten: Verbraucherverhalten.

2. Anwendung von KI-Modellen zur Ermittlung von Bedürfnissen und Innovationen
Die KI-Engine findet Cluster, Muster und »Signale« in den Daten, die auf neue Innovationspotenziale hinweisen.

Die KI-Engine übersetzt die aufgedeckten Daten in umsetzbare Trenderkenntnisse:
- Kartierung des ungedeckten Bedarfs: vertiefte Untersuchung der Landschaft des (ungedeckten) Bedarfs,
- Identifizierung von Lösungslücken: Findet die Lösungslücken als Nutzerinnovationen oder Hacks,
- Trendlandschaft: vorhersagbare Trendeinblicke finden.

Die KI-Engine ist auch in der Lage, die Trends in Meta-, Mikro- und Nanotrends zu klassifizieren, um Prioritäten für künftige Innovationsbemühungen zu setzen. Der Innovations-Sweetspot liegt an der Schnittstelle von Verbraucherbedürfnissen, Trends und Lösungslücken.

3. Entwicklung von Produktideen
Ein maßgeschneidertes Inhouse-GPT (Synthesio) generiert Produkt-/Dienstleistungsideen auf Grundlage der gewonnenen Datenerkenntnisse.

4. Auswahl der Ideen durch den Menschen

Der letzte Schritt ist eine menschliche Prüfung der riesigen Liste von Ideen, bis eine kleine Auswahl von Ideen übrig bleibt, die nun zur Marktreife entwickelt werden können.

Der Prozess ist somit ein perfektes Beispiel für die Zusammenarbeit von Mensch und KI, wobei die Stimme der Kund:innen stets im Mittelpunkt steht. Durch die Auswertung von Live-Nutzerdaten in einer sich immer schneller verändernden Verbraucherkultur kann Ipsos mit seiner KI aktuelle Trends viel schneller aufspüren, als es Menschen können. Anstatt die Innovationsbemühungen auf vergangene Erfolge zu konzentrieren oder sich in langwierigen Nutzerinterviews zu erschöpfen, konzentriert sich dieser KI-gesteuerte Innovationsprozess auf die Lösung aktuell aufkommender, realer Verbraucherprobleme und Erkenntnisse.

6 Auswirkungen von KI auf die wichtigsten Branchen

»Jede große Entdeckung ist ein Akt des Zaubers, gleich dem Herausziehen eines Kaninchens aus einem leeren Hut«, sagte einst der Wissenschaftshistoriker James Burke (Burke, 2007). Künstliche Intelligenz ist das Kaninchen unserer Zeit, das aus dem Hut der modernen Technologie gezogen wurde. Aber im Gegensatz zu einem einzigen Kaninchen offenbart jede Entdeckung in der KI eine Fülle von Möglichkeiten, die sich über verschiedene Branchen und Industrien erstrecken. Jedes »Ziehen an den Ohren« der KI offenbart neue Chancen und Anwendungen, weit mehr als nur eine einzelne Überraschung oder Lösung.

KI ist nicht nur ein Trend, sondern eine Revolution, die mal leiser, mal lauter an unsere Türen klopft und sich anschickt, jede Branche und Industrie zu transformieren.

»Alles, was automatisiert werden kann, wird automatisiert.« (Bailey, Barley, 2020 – aus ihrer Studie »Beyond design and use«). Dieses Zitat fasst die unvermeidliche Welle der Veränderung zusammen, die auf uns zukommt. In diesem Kapitel werden wir uns mit der Frage beschäftigen, wie diese Automatisierung und einhergehende Produktivitätssteigerung durch KI aussehen könnte – und zwar branchenübergreifend. Von Algorithmen, die Finanzmärkte überwachen, bis zu virtuellen Assistenten, die in der Kundendienstbranche den Ton angeben: KI ist bereit, die Spielregeln zu ändern. Aber es geht nicht nur um Effizienz und Gewinne. Es geht auch viel mehr: Wie wird KI unsere Entscheidungsfindung beeinflussen, unsere Kreativität herausfordern und unsere ethischen Grenzen testen?

Es gibt zahlreiche Studien darüber, wie sich KI auf die künftige Arbeit, den Arbeitsmarkt und einzelne Branchen auswirken wird (u.a. Deranty et al., 2023; Arntz et al., 2019; Bruun et al., 2018; Ford, 2021; Halal et al., 2017; van Rijmenam, 2019). Alle diese Studien kommen in letzter Konsequenz zu dem gleichen Ergebnis: KI wird sich auf (fast) alle Industriezweige und Funktionen auswirken. Einige Branchen werden stärker (z.B. Software, Recht, Finanzen) und andere weniger stark (z.B. Landwirtschaft, Konsumgüter, Bergbau) betroffen sein.

Im Folgenden betrachten wir den Einsatz von KI in spezifischen Branchen und Industrien, die Chancen und Veränderungen – insbesondere das Innovationspotenzial – sowie potenzielle Risiken und Gefahren. Um Redundanzen und Wiederholungen zu vermeiden, fokussieren wir zunächst die Chancen und Risiken einer breiten KI-Einführung, die branchen- und industrieübergreifend gelten.

Chancen

- Künstliche Intelligenz revolutioniert die Geschäftswelt durch kontinuierliche Effizienz und Produktivität, indem sie Aufgaben schneller und genauer als Menschen erledigt.
- Sie senkt langfristig die Betriebskosten, indem sie menschliche Arbeitskräfte in repetitiven Aufgaben ersetzt.
- Ihre Fähigkeit, komplexe Datenmuster zu analysieren, ermöglicht es, verborgene Einsichten zu gewinnen und fundierte Entscheidungen zu treffen, was in der Medizin und im Finanzsektor besonders wertvoll ist.
- KI treibt die Personalisierung voran, verbessert die Kundenerfahrung und fördert die Kundenbindung durch maßgeschneiderte Empfehlungen.
- Sie ist ein Katalysator für Innovation, der neue Forschungspfade eröffnet und zu unerwarteten Durchbrüchen führt.
- Mit präzisen Vorhersagemodellen unterstützt KI Entscheidungsträger und verbessert die Entscheidungsfindung.
- Zudem ist sie skalierbar, sodass Unternehmen mit der Nachfrage wachsen können, ohne proportional mehr Personal einstellen zu müssen.

Risiken

- **Arbeitsplatzverlust:** Die Automatisierung durch KI kann kurzfristig zu einem signifikanten Verlust von Arbeitsplätzen führen, insbesondere in Bereichen, die durch Routinearbeit gekennzeichnet sind. Dies kann zu sozialen Spannungen und einer Umstrukturierung des Arbeitsmarktes führen sowie soziale und kulturelle Auswirkungen haben: KI kann die Art und Weise, wie wir arbeiten und interagieren, verändern und traditionelle Berufe und Industrien überflüssig machen. Dies kann zu einer Entfremdung bestimmter Bevölkerungsgruppen führen.
- **Datenschutz:** KI-Systeme, die große Mengen an persönlichen Daten verarbeiten, können bei unzureichenden Sicherheitsmaßnahmen zum Ziel von Datenschutzverletzungen werden. KI-Systeme sind allerdings auf große Mengen sensibler Daten angewiesen, um effektiv zu funktionieren. Die Sammlung und Analyse dieser Daten könnten die Privatsphäre der Bürger:innen gefährden, wenn sie nicht ordnungsgemäß gehandhabt werden. Gerade in der Pharmaindustrie und im Gesundheitswesen sind diese Daten oftmals sehr sensibel und persönlich.
- **Verzerrung und Diskriminierung:** Wenn KI-Systeme mit verzerrten Daten trainiert werden, können sie diskriminierende Entscheidungen treffen, die bestimmte Gruppen benachteiligen. Dies kann zu einer Verstärkung sozialer Ungleichheiten führen. Wenn künstliche Intelligenz mit Daten trainiert wird, die eine Diskriminierung beispielsweise bestimmter Bevölkerungsschichten oder historischer Vorgänge beinhalten, wird KI diese Diskriminierung ungefiltert in ihren Output integrieren.
- **Transparenzmangel:** Die Komplexität von KI-Algorithmen kann es schwierig machen, ihre Entscheidungsfindung nachzuvollziehen. Das ist das sogenannte »Black-Box-System«. Dies kann in kritischen Bereichen wie der Medizin oder dem

Rechtswesen zu Problemen führen, wenn Entscheidungen nicht erklärt werden können. Generell: Wenn KI-basierte Entscheidungsfindung nicht transparent und nachvollziehbar ist, kann das Vertrauen der Öffentlichkeit untergraben werden und zu Widerstand gegen technologische Initiativen führen.

Black Blox

Bei einer Black Box sind gewisse Abläufe und innere Funktionsweise nicht bekannt, relevant ist nur das Verhalten. Auch bei künstlicher Intelligenz sind ihre »internen Arbeitsweisen« der KI nicht transparent. Die KI nimmt Daten auf, verarbeitet sie und liefert Ergebnisse, ohne dass klar ist, wie sie zu diesen Ergebnissen kommt. Das ist vergleichbar mit einem Zaubertrick, bei dem man das Ergebnis sieht, aber nicht weiß, wie der Zauberer es vollbracht hat. Dies kann bei komplexen KI-Systemen wie tiefen neuronalen Netzen der Fall sein, wo selbst die Entwickler nicht genau erklären können, warum die KI eine bestimmte Entscheidung getroffen hat. Die Herausforderung besteht darin, KI-Systeme zu entwickeln, die leistungsfähig und gleichzeitig transparent sind, sodass ihre Entscheidungen von Menschen verstanden, nachvollzogen und überprüft werden können.

- **Abhängigkeit von Technologie:** Eine zu starke Abhängigkeit von KI kann zu Problemen führen, wenn diese Systeme ausfallen. Die Abhängigkeit von komplexen KI-Systemen kann auch zu neuen Formen der Verwundbarkeit führen. Fehler in der Software oder bösartige Cyberangriffe könnten zu weitreichenden Ausfällen in der Infrastruktur führen. Unternehmen müssen sicherstellen, dass sie Notfallpläne und redundante Systeme haben.
- **Ethische Bedenken:** Der Einsatz von KI wirft Fragen auf, wie weit Maschinen Entscheidungen treffen sollten, insbesondere wenn es um Leben und Tod geht, wie in der Medizin oder im autonomen Fahren. Wenn KI die Wahl hat zwischen verschiedenen Menschenleben, welches soll sie priorisieren? Das sind Fragen und Themen, die ungelöst sind und eines gesellschaftlichen kontroversen Diskurses bedürfen.
- **Regulierungs- und Compliance-Herausforderungen:** KI entwickelt sich derzeit viel schneller als die zugehörige Gesetzgebung und Regulierung. Dies kann zu einem rechtlichen Graubereich führen, in dem unklar ist, wie KI eingesetzt werden darf. Die Frage der Verantwortung und Haftung bei Fehlern oder Schäden durch KI ist besonders kompliziert. Wenn ein KI-System fehlerhafte Entscheidungen trifft, ist oft nicht klar, wer – oder was – verantwortlich gemacht werden kann. Dies wirft komplexe rechtliche Fragen auf und erfordert neue Rahmenbedingungen für die Haftung in solchen Fällen. Die Integration von KI stellt insbesondere Herausforderungen in Bezug auf die Produkthaftung dar. Wenn ein KI-gesteuerter Prozess zu einem fehlerhaften Produkt führt, kann es schwierig sein, die Haftung zu bestimmen. Ist es der Hersteller, die KI-Entwicklerin oder der Lieferant des KI-Systems, der verantwortlich ist?
- **Marktkonzentration:** Große Unternehmen, die in KI investieren können, könnten kleinere Konkurrenten verdrängen, was zu weniger Wettbewerb und Innovation führen

kann. Es gibt insbesondere die Herausforderung der Integration und Skalierbarkeit. Die Implementierung von KI-Systemen in allen Branchen erfordert eine erhebliche Vorabinvestition und technisches Know-how, was für kleinere Unternehmen eine Hürde darstellen kann. Darüber hinaus müssen KI-Systeme kontinuierlich an sich ändernde Marktanforderungen angepasst werden, was eine fortlaufende Investition in Zeit und Ressourcen bedeutet. Hier besteht die Gefahr, dass es zu größerer Marktkonzentration oder Monopolstrukturen kommen kann, weil große Unternehmen schneller und mehr in KI investieren können und sich so exponentielle Wettbewerbsvorteile verschaffen können. Dies wäre keine gute Nachricht für die Verbrauchenden und die Gesellschaft. Wir brauchen und wollen kein Szenario, wie es der Sci-Fi Autor Frank Herbert in seiner Dystopie »Dune« einmal beschrieb: »Einst überließen die Menschen ihr Denken den Maschinen, in der Hoffnung, dadurch frei zu werden. Aber die Folge war, dass andere Menschen mit Maschinen sie versklavten.«

- »**Moral Hazard**«: Moral Hazard beschreibt eine Situation, in der eine Person oder Organisation ein erhöhtes Risiko eingeht, weil sie weiß, dass sie nicht die vollen Konsequenzen dieses Risikos tragen muss. Im Sinne von KI, könnte eine Abhängigkeit von und das blinde Vertrauen in KI-Entscheidungen könnte dazu führen, dass Menschen weniger Verantwortung für ihre eigenen Handlungen übernehmen, und deshalb mehr Risiken eingehen, was in Bereichen wie Medizin oder Transportwesen fatale Folgen haben könnte.

Neben diesen branchenübergreifenden Aspekten erfahren Sie in den folgenden Kapiteln, wie KI spezifische Branchen verbessern kann, insbesondere vom Innovationsstandpunkt aus betrachtet.

6.1 Gesundheitswesen

Im Gesundheitswesen verspricht künstliche Intelligenz starke und nachhaltige Verbesserungen zu leisten und diese Branche gar zu revolutionieren, indem sie sie effizienter, personalisierter und demokratischer macht. Die Verschmelzung von KI mit neuen Technologien und datengesteuerten Erkenntnissen wird Innovationen vorantreiben, die auf individuelle Bedürfnisse der Patient:innen besser eingehen kann.

Die wichtigsten KI-Anwendungsfelder im Gesundheitswesen
Medizinische Bildgebung: Modelle des maschinellen Lernens, insbesondere faltungsneuronale Netze (Convolutional Neural Networks, CNNs), werden häufig für die Analyse medizinischer Bilder wie Röntgenaufnahmen, MRTs und CT-Scans verwendet. DeepMind von Google hat zum Beispiel eine KI entwickelt, die Augenkrankheiten in Scans erkennen kann. Indem das Modell mit unbearbeiteten Augenscans trainiert wird, lernt es, subtile Veränderungen zu erkennen, die zu potenziellen Risikofaktoren werden könnten.

Prädiktive Analyse: Erinnern Sie sich daran, wie gut KI in der Lage ist, Vorhersagen zu treffen? Vor allem im Gesundheitswesen kann dies sehr nützlich sein, da KI die Gesundheitsdaten eines Patienten analysieren und potenzielle künftige Krankheiten vorhersagen kann, was Präventivmaßnahmen ermöglicht. Voraussetzung dafür ist, dass sie saubere und umfassende Daten aus den Patientenakten erhält.

Behandlungsempfehlungen: IBMs Watson kann die Bedeutung und den Kontext strukturierter und unstrukturierter Daten in klinischen Aufzeichnungen und Berichten analysieren und so Ärztinnen bei der Auswahl geeigneter Behandlungen unterstützen.

Verwaltung von Krankenakten: KI kann die alltäglichen Aufgaben erheblich beschleunigen, z. B. die automatische Eingabe von Patientendaten und die sprachgestützte Datenabfrage, wodurch menschliche Fehler reduziert werden und Zeit gespart wird.

Virtuelle Gesundheitsassistenten: Chatbots können auf der Grundlage der eingespeisten medizinischen Informationen medizinische Beratung leisten und sind damit wertvolle Helfer aller Mediziner auf diesem Planeten. Ebenso können KI-gesteuerte tragbare Geräte Vitalwerte überwachen und Einzelpersonen oder medizinisches Fachpersonal über alarmierende Veränderungen informieren.

KI-unterstützte Chirurgie und Ergebnisvorhersage: Das KI-gestützte Chirurgiesystem ermöglicht es Chirurgen, Operationen mit einem Roboter mit höchster Präzision durchzuführen. Darüber hinaus können KI-Modelle die Ergebnisse von Operationen vorhersagen und Ärztinnen helfen, fundierte Entscheidungen über die potenziellen Vorteile und Risiken einer Operation zu treffen.

Ausbildung: In Verbindung mit anderen Hilfsmitteln wie Virtual Reality (VR) und Augmented Reality (AR) Training können KI-gesteuerte Tools Operationen und andere Verfahren simulieren und Medizinstudierenden selbst in den entlegensten Gebieten der Welt eine praxisnahe Ausbildung bieten. Nicht nur medizinisches Wissen, sondern auch praktische medizinische Fertigkeiten könnten demokratisiert und allgegenwärtig verfügbar gemacht werden.

KI-gesteuerte Innovation im Gesundheitswesen

Genomik: Die Entschlüsselung von Genen ist eine gute Nachricht für uns alle. KI-Tools analysieren riesige Datensätze zu Genen und deren Ausprägung. Damit treibt KI die Entwicklung einer personalisierten Medizin auf der Grundlage genomischer Daten voran. Durch die Identifizierung genetischer Mutationen, die mit bestimmten Krankheiten in Verbindung stehen, können KI-gestützte Diagnostik und Therapeutika entwickelt werden, die den Patientinnen wirksamere Behandlungen bieten. Einfach ausgedrückt: Wenn wir unsere DNA besser verstehen, können wir die Krankheitsanfälligkeit vorhersagen und auch personalisierte Medikamente entwickeln.

Repurposing von Arzneimitteln: Anstatt neue Medikamente zu finden, kann KI durch die Analyse von Datensätzen und Krankheitsverläufen helfen, neue Verwendungszwecke für bestehende Medikamente zu finden. Repurposing verkürzt die Entwicklungszeit, da in den meisten Fällen die Sicherheit eines Wirkstoffs bereits getestet wurde. KI verschafft den Forschenden Einblicke in die Fähigkeit, verschiedene Targets zu beeinflussen, die mit einer oder mehreren Krankheiten in Verbindung stehen. In Verbindung mit Big Data kann KI Beziehungen zwischen Genen, Krankheiten und Arzneimitteln aufdecken und so bisher unbekannte Zusammenhänge vorhersagen.

Psychische Gesundheit: Start-ups wie Woebot verfügen über Chatbots, die als digitale Therapeuten fungieren und Einzelpersonen kognitive Verhaltenstherapietechniken anbieten. KI-gesteuerte Chatbots, die mit etwas (künstlichem) Einfühlungsvermögen und therapeutischen Fähigkeiten ausgestattet sind, können ein guter Begleiter für Menschen sein, die eine leichte psychologische Behandlung benötigen. Dabei können Chatbots je nach Krankengeschichte und Bedürfnissen der Patient:innen personalisiert werden und sich an das Gesagte erinnern. Selbstverständlich ersetzt kein Chatbot der Welt den Wunsch nach persönlicher menschlicher Nähe – daher ist dies als (technisch mögliche) Option zu sehen.

Integrierte Versorgung: Da KI-gesteuerte Geräte immer intelligenter und vernetzter werden, ist eine Welt zu erwarten, in der Wearables, also tragbare Computersysteme wie eine Datenbrille oder Smartwatch, kontinuierlich unsere Gesundheit überwachen, mit anderen Geräten zu Hause vernetzt werden und Echtzeitdaten, wenn gewünscht, an Gesundheitsdienstleister liefern.

Personalisierte Behandlungen: Behandlungen werden wie nie zuvor auf eine Person zugeschnitten sein, von maßgeschneiderten Medikamentenkombinationen bis hin zu personalisierten Physiotherapieroutinen, die durch KI-Analysen gesteuert werden.

Bessere Zugänglichkeit: KI kann eine hochwertige Gesundheitsversorgung in abgelegenen oder unterversorgten Gebieten zugänglich machen, entweder durch Telemedizin oder durch KI-gesteuerte Diagnoseinstrumente, die keine speziellen menschlichen Fachkenntnisse erfordern. Dies könnte die wahre Demokratisierung der Gesundheitsversorgung sein, auf die wir alle gewartet haben.

Wie verändert sich der Beruf des Arztes durch die KI?

Die praktische Arbeit des Arztes wird durch den Einsatz von KI grundlegend innovativer. KI-Tools werden Diagnoseverfahren beschleunigen und verfeinern, indem sie aus medizinischen Bildern und Patientendaten schnell relevante Informationen extrahieren. Dies ermöglicht Ärztinnen, schneller zu einer genauen Diagnose zu kommen und Therapien zielgerichteter auszuwählen. In der Chirurgie könnten KI-gestützte Roboter präzise Eingriffe durchführen, die das menschliche Handgeschick übertreffen. Die KI wird auch die Forschung beschleunigen, indem sie aus der Fülle wissenschaftlicher Literatur und klinischer Studien neue Behandlungsmöglichkeiten identifiziert. Ärzte werden dadurch in die Lage versetzt, an der Spitze medizinischer Innovationen zu arbeiten und fortschrittliche Therapien in ihre Praxis zu integrieren. Insgesamt wird die KI dem Arzt als ein mächtiges Instrument dienen, das nicht nur die Effizienz steigert, sondern auch innovativer, weil es die Tür zu neuen medizinischen Erkenntnissen und fortschrittlichen Behandlungsmethoden aufstößt.

Risiken und Herausforderungen

Eine zentrale Sorge beim Einsatz künstlicher Intelligenz im Gesundheitswesen ist die Datenintegrität und -sicherheit, da personenbezogene, medizinische Daten besonders sensibel sind und ihre unsachgemäße Handhabung die Privatsphäre von Patient:innen gefährden und missbrauchen kann. Zudem besteht die Gefahr von Bias und Diskriminierung: Nicht repräsentative Trainingsdaten können zu verzerrten oder diskriminierenden Diagnosen führen. Auch besteht die Gefahr der Fehlinterpretation von Daten durch KI, was zu falschen Diagnosen führen kann, insbesondere wenn Ärzte sich zu sehr oder gar ausschließlich auf die Technologie verlassen.

Ein weiteres großes Problem ist die Frage der Verantwortung bei einer falschen Diagnose oder Behandlungsempfehlung durch KI: Ist die Ärztin, der KI-Entwickler und/ oder das Krankenhaus verantwortlich? Zudem könnte die Einführung von KI einige medizinische Berufe verändern oder sogar überflüssig machen. Die Interoperabilität zwischen verschiedenen KI-Systemen und Datensätzen stellt ebenfalls eine Herausforderung dar. Ein zu starker Fokus auf KI kann auch das Gesundheitssystem bei Technologieausfällen (viel zu) verwundbar machen.

Die Entscheidungen von KI-Systemen werden oft in einer Black Box getroffen und sind deshalb oft schwer nachzuvollziehen, was nicht nur zu ethischen Fragen, sondern auch zu Akzeptanzproblemen führen wird. Wer will schon eine Diagnose oder Handlungsempfehlung bekommen, ohne dass diese vernünftig begründet werden kann?

Regulatorisch könnte es Herausforderungen geben, wie und in welchem Umfang KI im Gesundheitswesen reguliert werden sollte. Die juristische Lage im Falle von Personenschaden durch KI ist auch noch nicht geklärt. Auf einer pragmatischeren Ebene schließlich erfordert die Einführung von KI eine ständige Weiterbildung des medizinischen Personals, um mit den Entwicklungen Schritt zu halten.

Zusammengefasst

Die Einführung von KI in das Gesundheitswesen verspricht eine Revolution in der Art und Weise, wie wir Gesundheitswissen erfassen, verarbeiten und nutzen. KI-Systeme werden in der Lage sein, große Mengen an medizinischen Daten zu analysieren, um Muster zu erkennen, die für menschliche Forscher zu komplex oder subtil sind. Dies könnte zu präziseren Diagnosen, personalisierten Behandlungsplänen und der Entwicklung neuer Medikamente führen. KI könnte auch die prädiktive Medizin vorantreiben, indem sie Risikofaktoren für Krankheiten identifiziert, bevor Symptome auftreten, und somit präventive Gesundheitsstrategien ermöglicht.

Allerdings birgt der Einsatz von KI auch Risiken und Gefahren. Die Qualität der KI-Entscheidungen hängt stark von der Qualität der verwendeten Daten ab. Verzerrte oder unvollständige Datensätze können zu fehlerhaften Schlussfolgerungen führen, die Patient:innen schaden könnten. Die ethischen Implikationen des Einsatzes von KI im Gesundheitswesen sind ebenfalls komplex. Entscheidungen über Leben und Tod könnten zunehmend von Algorithmen beeinflusst werden, was Fragen nach der Verantwortlichkeit und den moralischen Grundlagen solcher Entscheidungen aufwirft.

6.2 Finance

Aufgrund ihres zahlen- und datengesteuerten Charakters wird KI schon seit einiger Zeit im Finanzsektor eingesetzt. In ihrer einfachsten Form kann KI viele grundlegende Bankgeschäfte wie Zahlungen, Einzahlungen, Überweisungen und Kundendienstanfragen automatisieren. KI kann auch Antragsprozesse für Kreditkarten und Kredite abwickeln, einschließlich der Annahme oder Ablehnung von Antragstellern. KI-Modelle können die Kreditwürdigkeit von Personen bewerten, indem sie nicht traditionelle Datenquellen wie Aktivitäten in sozialen Medien oder Onlineverhalten analysieren.

Zukunftsperspektiven der KI-gestützten Innovation im Finanzsektor
Prozessautomatisierung: Robotic-Process-Automation-Tools (RPA-Tools) können sich wiederholende Aufgaben wie Datenextraktion, -validierung und -verarbeitung übernehmen und so Zeit sparen und Fehler reduzieren.

Handel: KI-Modelle zur Vorhersage von Aktienkursen und Marktbewegungen auf der Grundlage riesiger Datenmengen, von Marktindikatoren bis zu globalen Nachrichten. Mit dem KI-gesteuerten Hochfrequenzhandel (HFT) kann sie Geschäfte mit übermenschlicher Geschwindigkeit abwickeln und winzige Marktineffizienzen ausnutzen. Übliche Boni an Händler:innen können entfallen.

Verhaltensanalyse für Investitionen: KI kann riesige Datensätze menschlicher Emotionen in den sozialen Medien und in den Nachrichten analysieren und so Einblicke in die von der menschlichen Psychologie gesteuerten Marktbewegungen geben. Mit NLP-Tools (Natural Language Processing) könnte beispielsweise eine allgemeine

Stimmung in sozialen Medien zu einer Industrie oder einem Unternehmen analysiert werden und daraus Kaufempfehlungen für die jeweiligen Aktien dieses Unternehmens abgeleitet werden – in Echtzeit.

Verbesserte Sicherheit: Da Cyber-Bedrohungen immer raffinierter werden, werden KI-gesteuerte Sicherheitslösungen eine entscheidende Rolle bei der Erkennung und Bekämpfung dieser Bedrohungen in Echtzeit spielen.

Wie wird sich der Beruf des Buchhalters und Wirtschaftsprüfers durch KI ändern

Buchhaltung und Wirtschaftsprüfung sind Bereiche, die aufgrund ihres datenintensiven Charakters erheblich von der Integration von KI profitieren werden. Das Interessante daran ist, dass beide Berufe bereits durch die Erfindung von Excel einen seismischen Wandel erfahren haben. Wurden Buchhalter dadurch arbeitslos? Nein, aber es beschleunigte den mühsamen Prozess des Sortierens und Addierens von Zahlen und gab ihnen mehr Zeit für kreative und strategische Arbeit. Jetzt, mit der Einführung leistungsfähiger KI-Tools, vollzieht sich ein weiterer Wandel.

KI-Systeme werden große Mengen an Finanzdaten effizienter verarbeiten und analysieren können, was die Genauigkeit der Buchhaltung und die Geschwindigkeit von Abschlussarbeiten erhöht. Dies reduziert die Zeit für Routineaufgaben wie Datenabgleich und ermöglicht es den Fachkräften, sich auf komplexere und beratungsintensive Aspekte ihrer Arbeit zu konzentrieren.

Insbesondere für Wirtschaftsprüfer eröffnet KI das Potenzial, fortgeschrittene Analytik für die Prüfung zu nutzen, wodurch Anomalien und Risiken schneller identifiziert werden können. Dies führt zu einer präziseren Risikobewertung und einer wertorientierteren Beratung für Unternehmen.

Innovationspotenziale liegen insbesondere in der Entwicklung neuer Finanzdienstleistungen wie Echtzeitbuchhaltung oder prädiktive Finanzanalysen, die Unternehmen helfen, zukünftige Trends und finanzielle Herausforderungen vorauszusehen. Buchhalter und Wirtschaftsprüfer könnten sich zu strategischen Partnern entwickeln, die datengestützte Einsichten liefern, um Geschäftsentscheidungen zu formen und die finanzielle Gesundheit von Organisationen zu stärken.

Risiken und Herausforderungen

Die Verwendung von KI bei der Kreditbewertung könnte zudem bestehende Diskriminierungen verstärken und den Zugang zu Finanzdienstleistungen einschränken, weil diese KI-Systeme oft auf historischen Daten trainiert werden. Wenn in diesen Daten Vorurteile oder Ungleichheiten vorhanden sind – beispielsweise, wenn bestimmte Bevölkerungsgruppen in der Vergangenheit systematisch weniger Kredite erhalten haben –, könnte KI diese Muster lernen und fortsetzen. Das bedeutet, dass Menschen, die zu diesen Gruppen gehören, weiterhin benachteiligt werden könnten, da die KI voreingenommene Entscheidungen trifft, die auf der ungleichen historischen Verteilung von Krediten basieren.

KI-Systeme könnten Handelsmuster erkennen und ausnutzen, was zu Marktmanipulationen führen kann. Algorithmen könnten unbeabsichtigt (oder absichtlich) manipulative Strategien einsetzen. Zudem könnten KI-Systeme, die ähnliche Strategien verfolgen, zu einer Marktinstabilität beitragen, indem sie gleichzeitig ähnliche Handlungen ausführen und so Feedbackschleifen erzeugen, die zu Flash Crashes (schnelle und tiefe Einbrüche im Wert von Finanzinstrumenten) oder anderen Marktstörungen führen können.

Auch steigt potenziell die Gefahr systemischer Risiken: KI-Systeme im Finanzsektor sind oft miteinander vernetzt und abhängig von ähnlichen Datenquellen und Algorithmen. Dies kann zu einer Homogenisierung der Marktreaktionen führen und systemische Risiken verstärken, da viele Akteure gleichzeitig ähnliche Entscheidungen treffen könnten.

Regulatorische Herausforderungen werden zunehmend komplexer, da bestehende Finanzvorschriften möglicherweise nicht ausreichen, um die einzigartigen Risiken, die von KI ausgehen, zu adressieren. Dies könnte neue regulatorische Rahmenbedingungen und möglicherweise die Schaffung neuer Aufsichtsbehörden erfordern. Insbesondere kann die Nutzung von KI zur Risikobewertung und Entscheidungsfindung zu einem moralischen Risiko führen, bei dem die Akteure sich auf die Technologie verlassen und dabei ihre eigenen Urteilsfähigkeiten vernachlässigen oder risikoreichere Entscheidungen treffen, da sie glauben, dass die KI sie vor negativen Konsequenzen schützen wird.

Die ethische Nutzung von KI im Finanzwesen ist ebenfalls ein wachsendes Anliegen. Finanzinstitutionen müssen sicherstellen, dass ihre KI-Systeme mit gesellschaftlichen Werten und ethischen Prinzipien übereinstimmen.

Die Finanzindustrie muss diese Herausforderungen sorgfältig navigieren, um die Vorteile der KI zu nutzen und gleichzeitig die Risiken zu minimieren. Dies erfordert eine fortlaufende Zusammenarbeit zwischen Technologinnen, Finanzexperten, Ethikerinnen und Regulierungsbehörden.

Zusammengefasst

Die Konvergenz der innovativen Nutzung von KI und Finanzen gestaltet die Art und Weise neu, wie Institutionen arbeiten, Kund:innen bedienen und Entscheidungen treffen. Die Zukunft verspricht eine noch stärkere Integration von KI, was zu einem effizienteren, integrativeren und innovativeren Finanzökosystem führen wird.

Die Einführung von KI in die Finanzindustrie birgt aber auch große Risiken und Gefahren wie potenzielle Marktmanipulationen durch Algorithmen, Verstärkung systemischer Risiken durch homogenes Handeln, Verzerrungen und Diskriminierung durch voreingenommene Daten, erhöhte Anfälligkeit für Cyberangriffe, mangelnde Transparenz und Verantwortlichkeit in KI-Entscheidungen, Verlust von Arbeitsplätzen durch Automatisierung und eine zunehmende Abhängigkeit von wenigen Technologieanbietern, was zu Macht- und Kontrollkonzentrationen führen kann.

6.3   Unterhaltung und Medien

Künstliche Intelligenz ist schon seit geraumer Zeit eine treue Begleiterin für große datengesteuerte Unterhaltungsunternehmen. Plattformen wie Netflix und Spotify nutzen KI, um Content, also Filme, Sendungen oder Musik, auf der Grundlage von Nutzerpräferenzen vorzuschlagen. Digitale Tools wie DALL-E und Midjourney generieren kreative visuelle Inhalte. In ähnlicher Weise existieren KI-Tools für die Musikproduktion, die Kunstschaffenden zur Seite stehen und Inspiration bieten.

KI ist auch ein Eckpfeiler bei der Entwicklung von Videospielen, indem sie das Verhalten von Nicht-Spieler-Charakteren (NPC), die prozedurale Generierung von Inhalten und dynamische Handlungsbögen steuert. Dies wird sich nur noch verstärken, wenn die meisten Spielenden in die Welt der virtuellen Realität eintauchen:

Personalisierte Avatare: In Spielen oder virtuellen Welten kann KI den Nutzenden helfen, Avatare zu erstellen, die auf ihren Vorlieben oder sogar realen Vorbildern basieren.

Virtual Reality-Umgebungen (VR-Umgebungen): KI hilft bei der Schaffung reaktionsfähiger, dynamischer VR-Umgebungen, die auf das Nutzerverhalten reagieren.

Charakterbewegungen: KI kann langwierige Animationsprozesse automatisieren und natürliche Bewegungen oder Gesichtsausdrücke von Figuren erzeugen.

Zukunftsaussichten für KI-gesteuerte Innovationen in der Unterhaltungs- und Medienbranche
Deepfakes: Die Deepfake-Technologie kann lebensechte (Medien-)Inhalte erzeugen, um es neutral zu formulieren. Negativ betrachtet ändern sie ab oder verfälschen, Stichwort Medienmanipulation. Dieses Vorgehen könnte beispielsweise Bereiche wie

die Synchronisation verändern, bei der die Lippen von Schauspieler:innen mit jeder beliebigen Sprache synchronisiert werden können. Eine »Neuverfilmung« von Casablanca mit der Originalbesetzung, selbstverständlich inklusive Humphrey Bogart und Ingrid Bergman, würde dann allerdings in Farbe und mit Happy End zu sehen sein. Es gibt dabei eine Menge ethischer und rechtlicher Überlegungen: Kann oder sollte man tote Darstellende wieder zum Leben erwecken? Wem gehören die Urheberrechte und wer bekommt die Tantiemen? Sollen wir auch rechtlich verbindlich festlegen, dass eine tiefe Fälschung als solche zu kennzeichnen ist? Viele Fragen müssen geklärt werden, bevor wir weiter in den Kaninchenbau der Verzerrungen und Fälschungen hinabsteigen.

Netflix' »Bandersnatch«, ein interaktiver Film von 2018, ermöglichte es dem Publikum, die Richtung der Geschichte selbst zu bestimmen. Dabei ist KI in der Lage, Inhalte auf der Grundlage der Entscheidungen der Zuschauenden dynamisch darzustellen. In Zukunft wird es möglich sein, dass die KI den Verlauf der Geschichte in Echtzeit ändern kann, je nach den Reaktionen und Vorlieben der Nutzenden. Das ist individualisiertes und hochgradig immersives Geschichtenerzählen auf einem neuen Niveau, das mit Virtual-Reality-Welten noch weiter gesteigert werden kann.

Hyperpersonalisierte Inhalte: Künftige Streaming-Plattformen könnten nicht nur Inhalte empfehlen, sondern diese auf Grundlage der Vorlieben der Nutzenden leicht anpassen und so ein individuelles Seherlebnis schaffen.

Virtuelle Lebewesen: Virtuelle Influencerinnen wie Lil Miquela, die über drei Millionen Follower:innen allein auf Instagram hat, sind nur der Anfang. Wir könnten vollständig KI-gesteuerte virtuelle Schauspieler oder Musikerinnen mit Persönlichkeiten und Geschichten sehen.

Verbesserte Co-Kreation: KI-Tools werden für die breite Öffentlichkeit zugänglicher werden und es Laien ermöglichen, Inhalte mitzugestalten oder zu verändern, seien es Videospiele, Filme oder Musik. Wenn sich die generative KI mit der derzeitigen Geschwindigkeit weiterentwickelt, kann in ihrer endgültigen Form jede Person ein Regisseur sein und mit einfachen Sprachanweisungen Filme in seinem Wohnzimmer drehen.

Wie wird sich der Beruf des Medienschaffenden durch KI verändern?

Die Arbeit von Medienschaffenden wird durch den Einsatz von KI umgestaltet, indem sie neue Formen der Contenterstellung und -distribution ermöglicht. Künstliche Intelligenz kann dabei helfen, personalisierte Nachrichtenfeeds zu erstellen, die auf den individuellen Vorlieben der Nutzenden basieren und so die Reichweite und den Einfluss von Medieninhalten erhöhen.

Für Journalisten bietet KI das Potenzial, bei der Recherche zu assistieren, indem sie große Datenmengen durchsucht und relevante Informationen und Muster identifiziert. Dies kann zu tiefergehenden und datengestützten Geschichten führen. KI-gestützte Analysetools können auch dabei helfen, die Leserbindung zu verstehen und zu verbessern, indem sie Einblicke in das Nutzerverhalten geben.

In der Werbung können Medienschaffende KI nutzen, um zielgerichtete Werbekampagnen zu entwickeln, die eine höhere Personalisierung und Effektivität aufweisen. Die Innovationspotenziale für Medienschaffende liegen somit in der Erweiterung ihrer kreativen Möglichkeiten, der Effizienzsteigerung in der Produktion und der Verfeinerung ihrer Zielgruppenansprache.

Risiken und Herausforderungen

Die Nutzung von KI in der Medien- und Unterhaltungsbranche steht vor Herausforderungen, insbesondere im Hinblick auf die Verbreitung von Falschinformationen durch Deepfakes, die die öffentliche Meinung manipulieren und das Vertrauen in Medieninhalte untergraben können. Es besteht auch die Sorge, dass KI kreative Berufe ersetzen und zu einer Homogenisierung des Inhaltsangebots führen könnte, da Algorithmen dazu neigen, Inhalte basierend auf vergangenen Präferenzen zu erstellen.

Die Verwendung von KI zur Inhaltsmoderation kann zu übermäßiger Zensur oder voreingenommener Durchsetzung von Gemeinschaftsrichtlinien führen, da KI die Feinheiten der Sprache und des Kontextes oft nicht vollständig erfassen kann.

Um diese Herausforderungen zu bewältigen, ist eine gemeinsame Anstrengung von Branchenakteurinnen, politischen Entscheidungsträgern und der Zivilgesellschaft erforderlich. Dies umfasst die Entwicklung ethischer Richtlinien für KI in den Medien, Investitionen in Bildung und Schulungen sowie die Schaffung von Regulierungsrahmen, die Datenschutz fördern und den Wettbewerb schützen. Speziell die Experten im Urheberrecht sind gefragt, weil künstliche Intelligenz auf urheberrechtsgeschützte Werke zurückgreift, um Inhalte zu produzieren, aber noch nicht geklärt ist, ob und wie die Urheberinnen dafür vergütet werden.

Zusammengefasst

KI wird die Grenzen der Kreativität und des Konsums im Unterhaltungssektor neu definieren. Von der Art und Weise, wie Inhalte produziert und bis hin dazu, wie sie konsumiert werden, bietet KI Werkzeuge, die unsere traditionellen Vorstellungen von Unterhaltung verbessern, personalisieren und infrage stellen können. Während die Technologie ein enormes Potenzial verspricht, werden ethische Überlegungen eine entscheidende Rolle bei ihrer breiten Einführung spielen. Es besteht die Gefahr, dass KI-generierte Inhalte wie Deepfakes zur Desinformation oder

Manipulation eingesetzt werden. Auf kreativer Ebene könnte die Automatisierung durch KI originelle Inhalte vermindern und zu einer (un)gewollten Homogenisierung von Medieninhalten führen.

6.4 Einzelhandel und E-Commerce

KI ist im Einzelhandel und im E-Commerce seit Langem eine wichtige Helferin. KI-Technologie hilft dem Einzelhandel bereits, intelligentere Entscheidungen über Kundennachfrage, Bestandsmanagement, Produktplatzierung, Preisgestaltung und Kundenservice zu treffen. Sie nutzt Daten aus den Einkaufsgewohnheiten der Kund:innen, um automatisch Produkte vorzuschlagen und den Kaufvorgang zu personalisieren. Dieses Wissen ermöglicht es, gezielte Strategien und personalisierte Angebote zu entwickeln, um sich von der Konkurrenz abzuheben und den Umsatz zu steigern. Auf Angebotsseite kann KI-gestützte prädiktive Analytik die Nachfrage vorhersagen, den Bestand optimieren und die Lieferlogistik verbessern.

Anwendungsfelder von KI im Einzelhandel
Virtuelle Anproben: Unternehmen wie Warby Parker bieten mithilfe von Augmented Reality (AR) und KI virtuelle (Brillen-)Anproben an.

Automatisierung von Lagern: Robotik und künstliche Intelligenz arbeiten in Lagern zusammen, um Aufgaben wie Kommissionierung, Verpackung und Sortierung zu automatisieren.

24/7-Unterstützung: KI-gesteuerte Chatbots wie der Chatbot-Assistent von Sephora übernehmen rund um die Uhr Kundenanfragen, Produktempfehlungen und Support. Sprachassistenten wie Amazons Alexa ermöglichen ein freihändiges Einkaufserlebnis durch Sprachbefehle.

Dynamische Preisgestaltung: KI-Algorithmen analysieren die Marktnachfrage, die Preise des Wettbewerbs und weitere externe Faktoren in Echtzeit, um die Preise automatisch anzupassen, wie dies bei Transportunternehmen wie Uber oder bei Fluggesellschaften der Fall ist.

Zukunftsaussichten für innovative KI-Anwendungen im Einzelhandel und E-Commerce
Hyperpersonalisiertes Einkaufserlebnis: Die mobile App von IKEA ermöglicht es den Nutzenden mithilfe von AR zu visualisieren, wie die Möbel in ihrem Zuhause aussehen würden und bietet so ein interaktives und immersives Einkaufserlebnis. Mit In-Store-Monitoring geht es auf eine neue Ebene: Mithilfe von KI können Einrichtungshäuser Kundenbewegungen, Interaktionen und Verhaltensweisen analysieren, um das Ladenlayout zu optimieren oder Werbeaktionen in Echtzeit anzubieten.

Personalfreie Läden: Wir könnten eine Zunahme vollautomatisierter, kassenloser Läden wie Amazon Go erleben, in denen die Kund:innen die Ware einpacken und einfach gehen können, wobei KI die Bestandsverfolgung und Rechnungsstellung übernimmt. Hier kommt die IoT-Integration (Internet of Things, Internet der Dinge) ins Spiel: Über das IoT verbundene intelligente Geräte können Produkte nachbestellen, wenn sie zur Neige gehen. Der Kühlschrank merkt beispielsweise rechtzeitig, dass die Milch fast leer ist und ordert Nachschub.

Nachhaltiger und ethischer Einzelhandel: KI kann Einzelhändlern dabei helfen, nachhaltige Praktiken in der Lieferkette zu überprüfen und umweltbewussten Verbrauchenden mehr Transparenz zu bieten. Die gesamte Lieferkette und der Weg eines Produkts können mit der Blockchain-Technologie transparent nachverfolgt werden.

Erweitertes Realitäts-Shopping: Virtuelle Realität in Kombination mit künstlicher Intelligenz könnte vollständig virtuelle Einkaufszentren ermöglichen, in denen die Nutzenden bequem von zu Hause aus ein nahezu greifbares Einkaufen erleben.

Wie verändert sich die Rolle des Marketers und Vertrieblers durch KI?

Da es scheinbar unendlich viele digitale Kundendaten über Online-Such- und Einkaufsgewohnheiten gibt, bieten Vertrieb und Marketing für den Einsatz von KI einen fruchtbaren Boden.

Laut einer aktuellen Umfrage von Forrester Consulting (Intuit, 2023), glauben 88 Prozent der Vermarkter:innen, dass ihr Unternehmen den Einsatz von Automatisierung und KI verstärken muss, um die Kundenerwartungen zu erfüllen und wettbewerbsfähig zu bleiben. Das McKinsey Global Institute schätzt die Auswirkungen des Einsatzes von KI auf die Marketing- und Vertriebsfunktion über alle Branchen hinweg auf 1,4 bis 2,6 Billionen US-Dollar (Chui et al., 2019).

In der täglichen Arbeit von Vertriebs- und Marketingexperten wird KI Routineaufgaben wie die Qualifizierung von Leads, Kundensegmentierung und die Personalisierung von Kommunikationsmaßnahmen übernehmen. Vertriebsmitarbeitende könnten beispielsweise durch KI-gestützte CRM-Systeme erfahren, welche Kundin wann am besten zu kontaktieren ist und welche Produkte am ehesten ihren Bedürfnissen entsprechen.

Im Marketing können KI-Programme automatisch A/B-Tests durchführen und die erfolgreichsten Inhalte in Echtzeit anpassen, um die Nutzerbindung zu maximieren. Ein praktisches Beispiel wäre ein KI-Tool, das die Performance von Onlinewerbekampagnen überwacht und selbstständig Budgets zwischen den Kampagnen verteilt, um den Return on Investment (ROI) zu optimieren.

Die direkte Kundeninteraktion wird ebenfalls durch KI unterstützt, etwa durch Chatbots, die Kundenanfragen beantworten und so den Kundenservice entlasten. Diese Technologien ermöglichen es Vertriebs- und Marketingteams, sich auf strategische Aufgaben und die persönliche Beratung von Schlüsselkunden zu konzentrieren.

Risiken und Herausforderungen

In der Einzelhandels- und E-Commerce-Branche führt die zunehmende Verwendung von KI zu Bedenken hinsichtlich Arbeitsplätzen, Datenschutz und Datensicherheit. Eine zunehmend KI-gesteuerte Personalisierung von Werbung und Produktangeboten könnte einen ungewünschten Nebeneffekt haben: Personalisierung durch KI in der Einzelhandels- und E-Commerce-Branche basiert auf Algorithmen, die das Verhalten und die Vorlieben der Nutzenden analysieren, um ihnen Produkte und Inhalte vorzuschlagen, die ihren bisherigen Interaktionen entsprechen. Diese Technologie kann sehr effektiv sein, um die Kundenzufriedenheit zu erhöhen und den Verkauf von Produkten zu steigern, die den bekannten Präferenzen der Kunden entsprechen. Das Problem dabei ist jedoch, dass diese Algorithmen dazu neigen, Nutzenden immer wieder ähnliche Produkte oder Inhalte zu empfehlen, basierend auf dem, was sie bereits angesehen, gekauft oder mit »gefällt mir« markiert haben. Dies kann dazu führen, dass Nutzende in einer sogenannten »Filterblase« enden, in der sie nur noch eine eingeschränkte Auswahl an Produkten sehen, die stark ihren bisherigen Aktivitäten ähnelt. Neue oder abweichende Produkte, die außerhalb ihrer üblichen Auswahl liegen, werden seltener oder gar nicht angezeigt, selbst wenn sie interessant oder wünschenswert sein könnten.

Diese Filterblasen können die Entdeckung und das Ausprobieren neuer Produkte einschränken, da Nutzende weniger wahrscheinlich mit Artikeln konfrontiert werden, die ihre Sichtweise oder ihre gewohnten Präferenzen herausfordern. Langfristig kann dies zu einer Homogenisierung des Konsumerlebnisses führen, bei dem Innovationen und unerwartete Produkte schwerer zu finden sind, was die Vielfalt des Marktes einschränkt.

Schließlich könnte die Verwendung von KI in der Logistik und Lieferkette zu einer Überoptimierung führen, die die Systeme anfällig für unvorhergesehene Ereignisse macht. Eine zu starke Abhängigkeit von Just-in-time-Lieferungen, die durch KI-Algorithmen gesteuert werden, könnte bei geringfügigen Störungen zu erheblichen Verzögerungen führen.

Um diese Herausforderungen zu bewältigen, ist eine sorgfältige Planung und Regulierung erforderlich. Einzelhändler müssen in Cybersicherheit und Datenschutz investieren, Transparenz in KI-getriebenen Entscheidungen gewährleisten und die ethischen Implikationen ihres KI-Einsatzes berücksichtigen.

Zusammengefasst

KI-Innovationen gestalten die Einzelhandels- und E-Commerce-Landschaft um, indem sie das Kundenerlebnis verbessern, betriebliche Abläufe verfeinern und den Weg für innovative Ansätze beim Einkaufen ebnen. Die Weiterentwicklung der KI wird eine entscheidende Rolle bei der Gestaltung interaktiver, personalisierter und effizienter Einkaufserlebnisse spielen. Gleichzeitig können solche Personalisierungsstrategien zu Datenschutzbedenken führen, da sie auf umfangreichen Kundendaten basieren. Das Übermaß an personalisierten Empfehlungen kann auch dazu führen, dass Kund:innen immer wieder ähnliche Produkte vorgeschlagen werden, was die Entdeckung neuer Produkte einschränkt. Es besteht auch die Gefahr, dass die Abhängigkeit von KI-Systemen zu Fehlentscheidungen führen kann, wenn die Datenbasis nicht korrekt ist. Schließlich können durch Automatisierung Arbeitsplätze, insbesondere in Bereichen wie Kundenservice oder Lagerverwaltung, gefährdet sein.

6.5 Automobil und Transport

Zum einen sind KI-Systeme das Herzstück der Technologie für selbstfahrende Autos, die riesige Datenmengen von Sensoren in Echtzeit verarbeiten, um uns sicher zu unserem Ziel zu bringen. Die andere große Anwendung ist das Verkehrsmanagement: Intelligente Städte können KI nutzen, um Verkehrsmuster zu analysieren, Ampelschaltungen zu optimieren oder Routenänderungen vorzuschlagen.

Die wichtigsten KI-Anwendungen in der Automobilindustrie
Navigation und Steuerung: KI-Algorithmen verarbeiten Daten von Fahrzeugsensoren und treffen in Sekundenbruchteilen Entscheidungen, die helfen können, Unfälle zu vermeiden und durch Straßen zu navigieren.

Überwachung des Fahrzeugzustands: Auch hier kommt wieder die Vorhersagekraft der KI zum Tragen. Künstliche Intelligenz kann vorhersagen, wann Teile eines Fahrzeugs ausfallen oder gewartet werden müssen, indem sie historische Daten und Leistungskennzahlen in Echtzeit analysiert.

Lieferkette: KI-gestützte visuelle Inspektionssysteme können Defekte oder Unstimmigkeiten in Teilen und Endprodukten erkennen. KI prognostiziert den Nachschubbedarf, optimiert den Bestand und stellt sicher, dass die Produktion nicht aufgrund von Teilemangel unterbrochen wird.

Dynamische Preisgestaltung: Unternehmen wie Uber nutzen KI, um die Preise für Mitfahrgelegenheiten in Echtzeit an die Nachfrage anzupassen.

KI-Innovationen in der Automobil- und Transportbranche
Vehicle-to-Everything-Kommunikation (V2X-Kommunikation): Autos werden nicht nur untereinander kommunizieren (Vehicle to Vehicle, V2V), sondern auch mit der Infrastruktur (Vehicle to Infrastructure, V2I), Fußgängern (Vehicle to Pedestrian, V2P) und Netzwerken (Vehicle to Network, V2N). Diese Vernetzung, die durch KI unterstützt wird, kann das Verkehrsmanagement und die Sicherheit erheblich verbessern.

Personalisierung des Fahrzeugs: Fortgeschrittene KI-Algorithmen lernen aus dem Verhalten und den Vorlieben der Fahrerinnen, um das Fahrerlebnis zu personalisieren und Einstellungen für Musik, Sitze, Klima und mehr vorzunehmen.

Autonomie: Der derzeitige Schwerpunkt auf teilautonomen Fahrzeugen wird sich langfristig auf vollautonome Fahrzeuge verlagern, das heißt, Autos werden komplett von KI gesteuert. Das wird nicht nur den Individualverkehr, das Ride-Sharing und die Logistik revolutionieren, sondern im besten Fall die Zahl der Autounfälle erheblich reduzieren.

Umweltfreundlicher Transport: KI wird eine zentrale Rolle bei der Optimierung der Batterieleistung von Elektrofahrzeugen (Electronic Vehicle, EV), der Reichweitenvorhersage und der Integration von EVs in intelligente Netze spielen.

Die Einführung leistungsstarker KI in den Transportsektor, insbesondere durch autonome Fahrzeuge, wird die Berufe von Taxi- und Fernfahrern erheblich verändern. Autonome Fahrtechnologien könnten die Notwendigkeit menschlicher Eingriffe im Fahren reduzieren, was zu einer Verschiebung der Rolle des Fahrers von der manuellen Steuerung hin zu Überwachungs- und Sicherheitsaufgaben führt.

Wie wird sich der Beruf des (Fern-)Fahrers durch KI verändern?
Für Taxifahrer könnte die Einführung immer leistungsstärkerer KI bedeuten, dass sie mehr zu Koordinatoren und Betreuern werden, die den Fahrgästen ein qualitativ hochwertiges Serviceerlebnis bieten, während das Fahrzeug selbstständig navigiert. Sie könnten sich auf die Verbesserung des Kundenservice konzentrieren, zusätzliche Dienstleistungen anbieten und sich als lokale Experten positionieren, die Reisenden Mehrwert bieten.

Fernfahrer:innen könnten in einem von KI gesteuerten Transportwesen eine Rolle übernehmen, in der sie die Logistik und den Betrieb der Lieferkette überwachen, anstatt selbst zu fahren. KI könnte ihnen dabei helfen, Routen zu optimieren, Lieferzeiten zu verkürzen und die Effizienz zu steigern. Dies könnte auch zu neuen Geschäftsmodellen führen, bei denen Fernfahrer:innen als Teil eines integrierten Logistikteams agieren, das sich auf die Wartung und Koordination autonomer Lkw-Flotten spezialisiert.

Insgesamt bieten sich durch KI Innovationspotenziale in Form von neuen Serviceleistungen, Geschäftsmodellen und einer effizienteren Gestaltung der Arbeitsabläufe. Die Fahrer könnten sich zu Spezialisten für Fahrzeugtechnologie und Kundenmanagement entwickeln, während die KI die Sicherheit und Effizienz des Transports erhöht.

Risiken und Herausforderungen

Die Automobilindustrie steht vor Herausforderungen durch die Integration von KI, insbesondere bei der Entwicklung autonomer Fahrzeuge. Sicherheit und Zuverlässigkeit von KI-Systemen sind entscheidend, da sie in Sekundenbruchteilen lebenswichtige Entscheidungen treffen müssen. Die Komplexität von KI-Systemen macht es schwierig, alle möglichen Szenarien im Straßenverkehr zu antizipieren und zu programmieren.

Cybersecurity ist ebenfalls ein großes Anliegen, da vernetzte Fahrzeuge anfälliger für Hackerangriffe sind. Technische Fehler oder Manipulationen von KI-Systemen können zu (bewusst herbeigeführten) Unfällen führen. Ein erfolgreicher Cyberangriff könnte nicht nur einzelne Fahrzeuge, sondern ganze Flotten lahmlegen und somit eine Bedrohung für die öffentliche Sicherheit darstellen. Die Abhängigkeit von KI in der Transportinfrastruktur erfordert robuste Cybersicherheitsmaßnahmen, um Hacking zu verhindern.

Ethische Fragen bei Entscheidungen autonomer Fahrzeuge, wie die Wahl der Handlung in unausweichlichen Kollisionssituationen, sind komplex und noch nicht gelöst – ebenso wie Fragen zur rechtlichen Haftung bei Unfällen mit autonomen Fahrzeugen. Wer haftet bei durch KI verursachten Personenschaden? Die Fahrzeughalterin? Der Hersteller? Oder gar das Fahrzeug, also die KI selbst?

Die Industrie muss mit Regulierungsbehörden zusammenarbeiten, um Sicherheit und Datenschutz zu gewährleisten, in Cybersecurity investieren, ethische Implikationen berücksichtigen, Jobverluste abmildern und öffentliches Vertrauen in die KI-Technologie aufbauen. Fortlaufende Forschung und Entwicklung sind notwendig, um diese Herausforderungen effektiv anzugehen.

Zusammengefasst

KI wird den Automobil- und Transportsektor neu definieren, indem sie mehr Sicherheit, Effizienz und Personalisierung bietet. Das Potenzial einer Welt mit weniger Verkehrsunfällen, optimierten Verkehrsflüssen und umweltfreundlicherem Transport kann durch einen sinnvollen, geplanten Einsatz von KI ermöglicht werden. Diese KI-Revolution ist jedoch nicht ohne Herausforderungen, insbesondere in Bezug auf Vorschriften, öffentliche Akzeptanz und ethische Überlegungen, etwa in Bezug auf Entscheidungsfindung von autonomen Fahrzeugen in kritischen Situationen.

6.6 Herstellung und Produktion

Das Schlagwort der letzten Jahre, vor allem in Deutschland, war Industrie 4.0, die vor allem durch neue Technologien wie KI vorangetrieben wird und die die Fähigkeit von Maschinen unterstützt, miteinander zu kommunizieren und zu lernen. Einige der größten KI-gesteuerten Fortschritte sind die vorausschauende Wartung (»Predictive Maintenance«) – bei der KI vorhersagen kann, wann Maschinen wahrscheinlich ausfallen werden, wodurch die Wartung geplant und kostspielige Ausfallzeiten vermieden werden können – sowie die Qualitätssicherung. Automatisierte visuelle Inspektionssysteme, die von künstlicher Intelligenz unterstützt werden, können Fehler in Produkten schneller und genauer erkennen als Menschen.

KI-gesteuerte Anwendungen in der Fertigung und Produktion
Konsistenz in der Produktion: KI sorgt für eine gleichbleibende Qualität der Produkte, indem die Fertigungsprozesse kontinuierlich überwacht und angepasst werden.

Nachfrageprognose: KI-Modelle können riesige Datenmengen analysieren, um die Nachfrage zu prognostizieren und die Herstellenden bei der Optimierung der Lagerbestände zu unterstützen.

Prozessautomatisierung: Roboter, die von KI angetrieben werden, können sich wiederholende Aufgaben übernehmen und die Produktionslinien rationalisieren.

Energieverbrauch: KI kann den Energieverbrauch in Fabriken überwachen und optimieren, wodurch die Fertigungsprozesse umweltfreundlicher und kostengünstiger werden.

KI-gesteuerte Innovationen im Bereich der Fertigung
Cobots (kollaborative Roboter): Im Gegensatz zu herkömmlichen Robotern arbeiten Cobots an der Seite des Menschen, unterstützen ihn bei seinen Aufgaben und sorgen für Sicherheit. Unternehmen wie Universal Robots sind in diesem Bereich führend.

Generatives Design: KI kann auf der Grundlage vorgegebener Einschränkungen Designlösungen vorschlagen und so das Produktdesign durch innovative Lösungen revolutionieren.

Digitaler Zwilling: Beim digitalen Zwilling wird ein digitales Abbild einer physischen Anlage erstellt, mit dem die Herstellenden simulieren und vorhersagen können, wie die Maschinen unter verschiedenen Bedingungen funktionieren.

Intelligente Fabriken: Dies ist die Spitze der künftigen KI-gesteuerten Fertigung: Fabriken, die buchstäblich lernen und sich mit wenigen menschlichen Eingriffen weiterentwickeln können. Dabei handelt es sich um hochgradig digitalisierte und vernetzte Produktionsanlagen, die KI nutzen, um Fertigungsprozesse aus der Ferne zu überwachen und zu steuern.

Nachhaltigkeit und Kreislaufwirtschaft: KI wird eine zentrale Rolle bei der Gewährleistung nachhaltiger Produktionsprozesse spielen: von der Optimierung des Ressourcenverbrauchs bis hin zur Erleichterung von Recyclingprozessen.

Neue Arbeitsfelder für Beschäftigte: Da KI und Automatisierung in der Fertigung immer mehr Aufgaben übernehmen, müssen sich Arbeitskräfte auf neue Bedingungen einstellen. Der Schwerpunkt wird auf der Verwaltung von und der Arbeit mit KI-Systemen liegen, was kontinuierliches Lernen und Anpassung erfordert.

Wie werden sich Berufe in der Produktionslandschaft durch KI ändern?

In der zukünftigen Produktionslandschaft werden KI-Systeme die physische Arbeit in der Fertigung ergänzen und umgestalten. Arbeiter werden sich vermehrt auf die Feinabstimmung und Optimierung von KI-gesteuerten Produktionsprozessen konzentrieren, was ihnen ermöglicht, ihre Fähigkeiten in Richtung Prozessmanagement und technische Feinjustierung zu erweitern. Die Kreativität der Mitarbeitenden wird gefordert, wenn es darum geht, maßgeschneiderte Lösungen für komplexe Produktionsherausforderungen zu entwickeln, die über die Standardfunktionen der KI hinausgehen.

Für Führungskräfte wird künstliche Intelligenz zu einem zentralen Werkzeug für die strategische Planung und Prozessoptimierung. Sie werden innovative Produktionsmethoden entwickeln, die auf den von KI bereitgestellten Daten und Analysen basieren. Dies eröffnet Potenziale für die Entwicklung neuer Produkte und Dienstleistungen, die mit traditionellen Methoden nicht realisierbar wären.

Der Zukunftsausblick zeigt eine Produktionswelt, in der KI und menschliche Kreativität Hand in Hand gehen, um maßgeschneiderte und innovative Produkte effizient und nachhaltig herzustellen.

Risiken und Herausforderungen

Die Fertigungsindustrie integriert zunehmend leistungsstarke KI, um Effizienz zu steigern, Kosten zu senken und die Produktqualität zu verbessern. Diese Entwicklung bringt jedoch eine Reihe von zukünftigen Herausforderungen und Gefahren mit sich, die sorgfältig bewältigt werden müssen.

Die Abhängigkeit von KI für kritische Entscheidungen in der Fertigung wirft Bedenken hinsichtlich des Verlusts von menschlichem Fachwissen auf. Wenn KI-Systeme komplexere Aufgaben übernehmen, kann das menschliche Verständnis dieser Prozesse abnehmen, was zu einer Wissenslücke führen kann, falls KI-Systeme ausfallen und menschliches Eingreifen erforderlich ist.

Ein weiteres Risiko ist die Flexibilität der Produktion. Während KI die Effizienz steigern kann, könnte sie auch zu einer stärkeren Standardisierung führen, die es schwierig macht, auf individuelle Kundenwünsche oder plötzliche Marktveränderungen zu reagieren. Die Fertigungsindustrie muss einen Weg finden, KI so zu integrieren, dass sie die Flexibilität nicht einschränkt, sondern vielmehr die Anpassungsfähigkeit an neue Bedingungen und Anforderungen verbessert.

Sicherheit ist ebenfalls ein kritisches Thema: In einer Umgebung, in der KI-Systeme physische Maschinen steuern, können Softwarefehler oder Cyberangriffe zu gefährlichen Situationen führen. Die Sicherheit der Mitarbeitenden und die Integrität der Produktionsanlagen müssen oberste Priorität haben.

Schließlich gibt es die Herausforderung, KI in bestehende Fertigungssysteme zu integrieren. Viele Fertigungsanlagen verfügen über Altsysteme, die sich möglicherweise nicht leicht mit der neuesten KI-Technologie integrieren lassen, was bedeutende Investitionen und potenziell störende Veränderungen in den Betriebsabläufen erfordert. Dazu kommt das Risiko der sogenannten Obsoleszenz: Die rasante Entwicklung von KI-Technologien kann dazu führen, dass Fertigungsanlagen schnell veralten. Unternehmen könnten gezwungen sein, kontinuierlich in neue Technologien zu investieren, um wettbewerbsfähig zu bleiben, was zu einem Zyklus ständiger Kapitalinvestitionen führen würde.

Um diese Herausforderungen anzugehen, muss sich die Fertigungsindustrie auf die Entwicklung und Umschulung der Belegschaft konzentrieren, ethische KI-Praktiken sicherstellen, in robuste Cybersicherheitsmaßnahmen investieren, Daten verantwortungsbewusst verwalten, rechtliche Rahmenbedingungen bezüglich KI-Haftungsfragen klären, die Umweltauswirkungen von KI-Technologien berücksichtigen und die Integration von KI in bestehende Systeme sorgfältig planen. Die Zusammenarbeit zwischen Branchenführerinnen, politischen Entscheidungsträgern, Technologinnen und Arbeitnehmenden wird entscheidend sein, um die Komplexität der KI in der Fertigung zu navigieren und ihr Potenzial zu nutzen, während ihre Risiken gemindert werden.

Zusammengefasst

KI kann den Fertigungssektor revolutionieren, die Effizienz steigern und die Innovation fördern. Sie verspricht intelligentere, also sich selbst optimierende Fabriken, bessere Produkte und einen nachhaltigeren Produktionsansatz. Durch Predictive Maintenance kann sie Ausfälle vorhersagen und somit Wartungskosten senken. Wie in anderen Sektoren wird die Integration von KI in der Fertigung Herausforderungen mit sich bringen, die insbesondere dann lauern, wenn es zu Abhängigkeiten von komplexen KI-Systemen kommt, die bei Fehlfunktionen die Produktion lahmlegen könnten. Ebenso kann die Implementierung von KI hohe Investitionskosten verursachen. Sicherheitsbedenken sind ebenfalls relevant, da KI-Systeme Ziel von Cyberangriffen werden können. Zudem besteht die Gefahr, dass durch Automatisierung traditionelle Arbeitsplätze verdrängt werden, was soziale und wirtschaftliche Implikationen mit sich bringt.

6.7 Landwirtschaft

Auch im kriselnden Agrarsektor kann KI potenziell für große Verbesserungen sorgen: KI-gesteuerte Innovationen können den anhaltenden Arbeitskräftemangel und den Preisdruck in der Landwirtschaft verringern.

KI-basierte Innovationen in der Landwirtschaft
Überwachung von Pflanzen und Erkennung von Krankheiten: Die Verwendung von KI in der Landwirtschaft revolutioniert die Art und Weise, wie Pflanzen überwacht und gepflegt werden. Durch den Einsatz von KI-Algorithmen, die mit Bildern von Drohnen oder Satelliten kombiniert werden, können Landwirtinnen den Zustand ihrer Felder präzise analysieren. Diese Technologie ermöglicht es, Anzeichen von Pflanzenkrankheiten, Nährstoffmangel oder Schädlingsbefall zu erkennen, bevor diese mit dem bloßen Auge sichtbar sind. Dies ermöglicht gezielte Behandlungen und reduziert den Bedarf an Pestiziden.

Bodenanalyse: KI kann Bodendaten analysieren, um Erkenntnisse über den Zustand, die Fruchtbarkeit und den pH-Wert des Bodens zu gewinnen. Auf Grundlage dieser Analysen können Landwirte fundiertere Entscheidungen über Bewässerung, Düngung und Fruchtfolge treffen.

Vorhersage der Nachfrage: Künstliche Intelligenz unterstützt Landwirte dabei, zukünftige Nachfragen besser vorherzusagen, indem sie große Mengen an Daten aus unterschiedlichsten Quellen analysiert. Sie erkennt Verbrauchertrends durch die Auswertung von Onlineverhalten und sozialen Medien, was Hinweise auf sich ändernde Konsumentenpräferenzen gibt. Durch die Marktanalyse kann KI Preisentwicklungen und Nachfragetrends vorhersagen, was Landwirten ermöglicht, ihre Anbaustrategien entsprechend zu planen. Auch Verkaufsdaten aus der Vergangenheit werden genutzt, um Muster und Trends zu erkennen, die für zukünftige Anbauplanungen relevant sind. Darüber hinaus berücksichtigt KI globale Ereignisse und Entwicklungen, die Einfluss auf die Nachfrage haben könnten, und verbessert durch Lieferkettenanalysen die Effizienz von Lagerhaltung und Transport. All diese Informationen zusammen helfen, Überproduktion zu vermeiden, Ressourcen effizienter zu nutzen und Gewinne zu maximieren.

Gesundheitsüberwachung: Mit KI kombinierte tragbare Sensoren können den Gesundheitszustand von Nutztieren überwachen und Krankheiten frühzeitig erkennen, sodass rechtzeitig eingegriffen werden kann. KI-Algorithmen können das Verhalten der Tiere analysieren, um Fütterung, Zucht und Gesundheitsversorgung zu optimieren.

Genomanalyse und Verbesserung von Kulturpflanzen: Wie bei der Entschlüsselung des menschlichen Genoms kann die KI auch bei der Genomanalyse helfen und zur Entwicklung von Pflanzensorten führen, die resistenter gegen Krankheiten, Schädlinge oder extreme Wetterbedingungen im Kontext des fortschreitenden Klimawandels sind.

Landwirtschaftliche Drohnen: Mit künstlicher Intelligenz ausgestattete Drohnen können große Felder überwachen und Einblicke in die Pflanzengesundheit, den Bodenzustand und den Bewässerungsbedarf geben. Man spricht hier von der Präzisionslandwirtschaft. Die Drohnen werden eingesetzt, um mit hochauflösenden Kameras, teils mit speziellen Sensoren, Bilder und Daten von den Feldern zu sammeln. Diese Daten werden von KI-Algorithmen analysiert, um Muster zu erkennen, die auf Probleme wie Pilzbefall, Bakterieninfektionen oder Insektenbefall hinweisen können. Auch Satelliten können große Flächen regelmäßig erfassen und so Veränderungen in der Vegetation über die Zeit hinweg aufzeigen. KI-Algorithmen werten diese Bilder aus, um Bereiche zu identifizieren, die Anzeichen von Stress zeigen, was auf Krankheiten oder Wassermangel hindeuten kann.

Nachhaltiger und effizienter Landbau: Da die Welt mit dem Klimawandel und den Herausforderungen der Nachhaltigkeit zu kämpfen hat, wird KI eine zentrale Rolle bei der Förderung umweltfreundlicher landwirtschaftlicher Praktiken, der Optimierung der Ressourcennutzung und der Reduzierung von Energie und Abfall spielen. Es gibt bereits Systeme, die maschinelles Lernen verwenden, um die optimale Menge und Verteilung von Düngemitteln und Pestiziden zu bestimmen. Solche Systeme können dazu beitragen, den Einsatz von Chemikalien zu minimieren, indem sie genau dort angewendet werden, wo sie benötigt werden, was sowohl Kosten spart als auch die Umwelt schont. Ein konkretes Beispiel für ein Unternehmen, das solche Technologien anbietet, ist Plantix. Plantix hat eine App entwickelt, die es Landwirten ermöglicht, Fotos von kranken Pflanzen hochzuladen. Die App basiert auf künstlicher Intelligenz, um die Krankheit zu diagnostizieren und Behandlungsempfehlungen zu geben.

Rückverfolgbarkeit vom Bauernhof bis zum Esstisch: Künstliche Intelligenz kann die Rückverfolgbarkeit von Produkten für die Verbrauchenden verbessern, indem sie komplexe Daten aus der gesamten Lieferkette analysiert und zugänglich macht. KI-Systeme können Informationen aus verschiedenen Stufen der Produktion und Distribution erfassen und verarbeiten, um ein transparentes Bild der Produktgeschichte zu erstellen. Verbrauchende können per App oder Webseite diese Informationen abrufen, oft durch das Scannen eines QR-Codes auf der Produktverpackung. Die KI kann dabei helfen, Echtheitszertifikate zu verifizieren, die Einhaltung von Nachhaltigkeitsstandards zu bestätigen und sicherzustellen, dass alle Informationen korrekt und aktuell sind. So können die Konsumierenden jederzeit den Ursprung und die nachhaltigen Zwischenschritte des Endproduktes nachvollziehen.

Kollaborative Landwirtschaft: Mithilfe von KI können sich Kleinbäuerinnen und -bauern zusammenschließen und Daten und Ressourcen gemeinsam nutzen, um Erträge und Gewinne zu optimieren.

Wie wird sich der Beruf des Landwirts durch die KI verändern?
Die Zukunft der Landwirtschaft wird durch den Einsatz von KI tiefgreifend verändert. Landwirte werden sich zunehmend zu Managern und Analysten ihrer Betriebe entwickeln, die KI nutzen, um Ernteerträge zu maximieren, Ressourcen effizient einzusetzen und nachhaltige Anbaumethoden zu implementieren. KI-gestützte Systeme werden die Überwachung von Feldern übernehmen, Pflanzengesundheit analysieren und präzise Bewässerung sowie Düngung ermöglichen. Dies führt zu einer Präzisionslandwirtschaft, bei der jeder Quadratmeter optimal genutzt wird.

Innovationspotenziale ergeben sich durch die Möglichkeit, große Datenmengen zu analysieren, um Erntevorhersagen zu verbessern und Krankheiten frühzeitig zu erkennen. Landwirte können KI einsetzen, um neue Pflanzensorten zu züchten, die widerstandsfähiger gegen Klimaveränderungen sind. Die Kreativität der Landwirte wird gefordert, wenn es darum geht, KI-Lösungen an lokale Gegebenheiten anzupassen und neue Anbaumethoden zu entwickeln.

Der Zukunftsausblick für Landwirte in einer von KI unterstützten Agrarwirtschaft ist einer, in dem sie weniger Zeit mit manuellen Tätigkeiten verbringen und mehr Raum für strategische Planung und Innovation haben. Sie werden zu Pionieren einer effizienten, nachhaltigen und hochproduktiven Landwirtschaft, die von datengesteuerten Entscheidungen und automatisierten Prozessen geprägt ist.

Risiken und Herausforderungen

Ein spezifisches Risiko für die Agrarindustrie ist die Verstärkung von Monokulturen. KI-Systeme könnten dazu neigen, die effizientesten und profitabelsten Anbaumethoden zu fördern, was zu einer geringeren Biodiversität führen und die Ökosysteme schädigen könnte. Dies könnte auch die Anfälligkeit für Schädlinge und Krankheiten erhöhen, da genetisch ähnliche Pflanzen tendenziell gleich auf Bedrohungen reagieren.

Die Verwendung von KI in der Landwirtschaft muss sich ebenfalls mit ethischen Bedenken auseinandersetzen, insbesondere in Bezug auf die Tierhaltung. KI-gesteuerte Überwachung und Management von Nutzvieh wirft spätestens Fragen zum Tierwohl auf, wenn die Technologie dazu verwendet wird, die Produktion auf Kosten des Wohlergehens der Tiere zu maximieren.

Die Datenhoheit ist ebenfalls ein kritisches Thema. Große Agrartechnologieunternehmen könnten die Kontrolle über die landwirtschaftlichen Daten erlangen, was zu einer Machtverschiebung weg von den Landwirten hin zu den Technologieanbietern führen könnte.

Um diese Herausforderungen und Gefahren zu bewältigen, ist es wichtig, dass die Entwicklung und Implementierung von KI in der Landwirtschaft von klaren Richtlinien und Standards begleitet wird, die Datenschutz, ethische Grundsätze, Umweltschutz und soziale Auswirkungen berücksichtigen. Eine enge Zusammenarbeit zwischen Landwirtinnen, Technologieanbietern, Wissenschaftlerinnen und politischen Entscheidungsträgern ist entscheidend, um sicherzustellen, dass die Vorteile der KI voll ausgeschöpft werden können, während die Risiken minimiert werden.

Zusammengefasst

KI spielt in der Landwirtschaft eine transformative Rolle und macht den Sektor von einem weitgehend traditionellen Bereich zu einem technologiegetriebenen Kraftwerk. Der Einsatz von KI kann zu höheren Erträgen, mehr Nachhaltigkeit und effizienteren Abläufen führen. Sie ermöglicht Präzisionslandwirtschaft, wodurch Pflanzen und Tiere gezielter versorgt werden können. Das Schöne an Mutter Natur ist, dass sie keinen Abfall kennt. Abfall ist rein menschengemacht. In der Natur wird buchstäblich alles verwendet, sei es in kompostierter Form. Mit der Fähigkeit der künstlichen Intelligenz, Ressourcen zuzuweisen und eine Vorauswahl der richtigen Zutaten in der Produktion und der Nachfrage auf der Verkaufsseite zu treffen, besteht eine realistische Chance, dass die Verschwendung weiter minimiert wird. Es werden durch KI aber auch große Herausforderungen auftauchen, insbesondere im Hinblick auf die Akzeptanz der Technologie bei Kleinbäuerinnen und – bauern und Bedenken hinsichtlich des Datenschutzes. Hohe Anfangsinvestitionen für KI-gesteuerte Technologien werden für kleinere Betriebe eine Hürde darstellen. Zudem besteht die Gefahr, dass bei einer zu starken Abhängigkeit von KI-Systemen traditionelles landwirtschaftliches Wissen verloren geht.

6.8 Bildung

Aktuell diskutieren Lehrkräfte und weitere Akteure in der Bildungsbranche, dass Large Language Models das Ende der Bildung, wie wir sie kennen, einläuten könnten. Studierende, mit einer Internetverbindung und einem Computer ausgestattet, könnten ChatGPT dazu nutzen, ihre Semesterarbeiten zu schreiben und Schüler:innen ihre Hausaufgaben per Knopfdruck automatisiert erledigen. Und ja, die Gefahr ist präsent, dass sich eine heranwachsende Generation zu sehr auf KI verlässt und es dadurch verpasst, eigene (Lern-)Fähigkeiten zu entwickeln. Aber KI bietet auch fantastische Möglichkeiten und Tools, die die Bildung nicht nur unterstützen und verbessern, sondern auch, und dies ist vielleicht am positivsten zu bewerten, zu mehr Chancengleichheit in der Bildung führen können.

KI-Anwendungen im Bildungswesen
Adaptive Lernplattformen: KI-gesteuerte Plattformen wie DreamBox und Knewton nutzen fortschrittliche Algorithmen, um das Verhalten und die Leistung der Lernenden während des Lernprozesses zu analysieren. Sie erfassen Daten wie die Zeit, die ein Schüler für eine Aufgabe benötigt, die Antworten, die sie geben, und wie oft sie Hilfe anfordern oder zusätzliche Ressourcen nutzen. Diese Daten werden dann verwendet, um ein tiefgreifendes Verständnis der Stärken, Schwächen und Lernstile jedes einzelnen Schülers zu entwickeln. Auf der Grundlage dieser Informationen passen die Plattformen die Lerninhalte dynamisch an. Wenn ein Schüler beispielsweise bei einem bestimmten Mathematikthema Schwierigkeiten hat, kann die Plattform zusätzliche Übungen für dieses Thema bereitstellen, die Erklärungen auf andere Weise darstellen oder das Thema in kleineren, verdaulichen Schritten aufbrechen. Wenn ein Schüler in einem Bereich besonders kompetent ist, kann die Plattform herausforderndere Materialien anbieten, um Langeweile zu vermeiden und Engagement zu fördern.

Maßgeschneiderte Lernpfade: Auf den letzten Punkt aufbauend, kann KI auch die Stärken und Schwächen einer lernenden Person analysieren und einen »Lernpfad« erstellen, der sich auf die verbesserungsbedürftigen Bereiche konzentriert. Diese Art von personalisiertem Lernen hat mehrere Vorteile. Erstens kann es dazu beitragen, die Lücke zwischen Schülern zu schließen, die unterschiedliche Lerngeschwindigkeiten und -stile haben. Anstatt dass alle Schüler dem gleichen Lehrplan folgen, unabhängig von ihrem Verständnisniveau, ermöglicht die adaptive Lernplattform jedem Schüler, in seinem eigenen Tempo voranzukommen.

Feedback in Echtzeit: KI-gesteuerte Systeme können die Fortschritte der lernenden Person überwachen und zeitnah Rückmeldung geben, das sofortige Kurskorrekturen ermöglicht. Tools wie der »Revisionsassistent« von Turnitin können sofortiges Feedback zu Aufsätzen von Schüler:innen oder Studierenden geben und Bereiche mit Verbesserungsbedarf aufzeigen.

Zulassungsverfahren: KI-Algorithmen können Bildungseinrichtungen dabei helfen, Bewerbungen effizienter und unvoreingenommener zu bearbeiten, den Erfolg der Studierenden vorherzusagen und eine vielfältige Studentenschaft zu gewährleisten.

Virtuelle Labore: KI-gesteuerte Simulationen ermöglichen es den Lernenden, in einer virtuellen Umgebung zu experimentieren, was besonders vorteilhaft ist, wenn die physischen Ressourcen begrenzt sind. Sie können sich frei in virtuellen Räumen bewegen und mit jeder Person auf diesem Planeten spielerisch Neues entdecken. Und Vielfalt, so haben wir gelernt, fördert die Kreativität.

KI-gesteuerte Innovationen im zukünftigen Bildungswesen

Virtual Reality (VR) und Augmented Reality (AR): Mit diesen Technologien, die von KI unterstützt werden, können Lernende in Lernerfahrungen eintauchen, von historischen Nachstellungen bis hin zu wissenschaftlichen Simulationen. Die Einbindung von diesen interaktiven und immersiven Technologien kann die Motivation und das Engagement der Schüler erhöhen. Indem sie eine Erfahrung bietet, die das Gelehrte individuell erleben lässt, fühlen sich die Schüler eher verstanden und unterstützt, was zu einer positiveren Einstellung zum Lernen führen kann.

Sprachgesteuerte Assistenten: Geräte wie Amazons Alexa oder Googles Assistant können in Klassenzimmern und Vorlesungsräumen eingesetzt werden, um Fragen zu beantworten, Erinnerungen zu setzen oder sogar bestimmte Themen zu unterrichten. Amazon hat ein Programm namens »Alexa in the Classroom« gestartet, das Lehrern dabei helfen soll, Alexa als Bildungshilfe zu nutzen. Lehrer verwenden Alexa, um das Klassenzimmer zu managen, Informationen bereitzustellen und sogar, um Lernspiele zu spielen. Es gibt auch spezielle Skills, die für Bildungszwecke entwickelt wurden. Ein ähnliches System namens Watson Education wurde von IBM entwickelt.

Globales Klassenzimmer: KI könnte Lücken in der globalen Bildung schließen, indem sie lernenden Personen überall personalisierte Lernerfahrungen bietet und so Bildungsunterschiede verringert.

Modell des kontinuierlichen Lernens: Traditionelle Modelle, die die Bildung in Grund-, Sekundar- und Hochschulbildung unterteilen, könnten einem kontinuierlichen Modell weichen. KI würde die Ausbildung eines Schülers begleiten und sich auch während des weiteren (Bildungs-)Weges an die sich ändernden Bedürfnisse und Karrierestufen anpassen. Die Umsetzung eines solchen Modells steht vor technischen, pädagogischen und institutionellen Herausforderungen. Technisch müssten KI-Systeme in der Lage sein, komplexe Datenmengen zu verarbeiten und dabei zuverlässig und ethisch zu handeln. Pädagogisch müssten Lehrpläne flexibler gestaltet werden, um individuelle Lernwege zu ermöglichen. Institutionell müssten Bildungseinrichtungen und Arbeitsmärkte eng zusammenarbeiten, um nahtlose Übergänge zwischen Bildung und Beschäftigung zu gewährleisten.

Ganzheitliche Bewertung: Anstelle herkömmlicher Tests kann KI die Leistungen, Projekte und die Teilnahme einer lernenden Person kontinuierlich bewerten, um das Verständnis und die Fähigkeiten zu beurteilen und so einen umfassenderen Überblick über die Fähigkeiten der Person zu erhalten. Dies würde bedeuten, dass das Lernen nicht mehr an starre Stufen oder Altersgruppen gebunden ist, sondern vielmehr individuelle Pfade bietet, die sich mit den Lernenden weiterentwickelt.

Wie wird sich der Beruf des Lehrers durch KI ändern?
Die Rolle von Lehrkräften wird sich mit fortschreitender KI-Integration signifikant wandeln. KI wird Routineaufgaben wie das Bewerten von Tests und das Verwalten von Unterrichtsmaterialien übernehmen, wodurch Lehrer mehr Zeit für individuelle Förderung und kreative Lehrmethoden haben. Sie werden zu Kuratoren von Bildungsinhalten und Mentoren für Schüler, indem sie personalisierte Lernwege gestalten, die von KI-Systemen unterstützt werden.

Innovationspotentiale ergeben sich durch den Einsatz von KI in der Entwicklung und Anpassung von Lehrplänen, die auf die Bedürfnisse und Fähigkeiten jedes Schülers zugeschnitten sind. Lehrer können KI nutzen, um interaktive und immersive Lernerfahrungen zu schaffen, die über traditionelle Lehrmethoden hinausgehen, wie zum Beispiel durch den Einsatz von Virtual Reality im Unterricht.

Die Kreativität der Lehrkräfte wird zunehmend wichtig, um die von KI bereitgestellten Daten und Tools in effektive Lernstrategien umzusetzen. Lehrer werden zu Innovatoren in der Bildungstechnologie, indem sie neue Wege finden, um KI in den Unterricht zu integrieren und die Schüler auf eine zunehmend digitale Welt vorzubereiten.

Der Zukunftsausblick für Lehrer in einer KI-gestützten Bildungswelt ist einer, in dem sie als Designer von Bildungserfahrungen und als Coaches für Schüler agieren, unterstützt durch Technologie, die administrative Lasten reduziert und pädagogische Innovation fördert. Kritisch betrachtet, müssen Lehrer jedoch darauf achten, dass die menschliche Komponente der Empathie und des sozialen Lernens nicht durch die Effizienz der KI-Systeme verdrängt wird. Die Zukunft des Lehrberufes liegt bestenfalls in einer harmonischen Mischung aus KI-Fähigkeiten und menschlichem Austausch, die ganzheitliche, effektive und fesselnde Lernerfahrungen gewährleistet.

Risiken und Herausforderungen

Der Einsatz leistungsstarker künstlicher Intelligenz in der Bildungsindustrie bietet viele Chancen, aber auch Herausforderungen und Gefahren, die in der Zukunft sorgfältig betrachtet werden müssen.

Ein Problem ist die mögliche Abhängigkeit von Technologie, die dazu führen kann, dass grundlegende Fähigkeiten wie kritisches Denken und Problemlösung vernachlässigt werden; speziell dann wenn KI dazu verwendet wird, Antworten zu liefern, anstatt die Schüler dazu zu ermutigen, selbstständig zu denken und zu lernen. Lehrer könnten sich zu stark auf KI-gestützte Systeme verlassen, was die Qualität des Unterrichts beeinträchtigen könnte, wenn die Technologie ausfällt oder nicht wie beabsichtigt funktioniert.

Die ethischen Implikationen des Einsatzes von KI im Bildungsbereich sind ebenfalls komplex. Es gibt Bedenken hinsichtlich der Autonomie der Schüler und der Rolle der Lehrer. Die KI könnte Entscheidungen treffen, die traditionell von Lehrern oder Schülern getroffen werden, was zu einer Verschiebung in der Dynamik des Klassenzimmers führen könnte. Die Abhängigkeit von KI-gestützten Lehrmethoden kann die Rolle des Lehrers im Klassenzimmer untergraben. Lehrer sind nicht nur Wissensvermittler, sondern auch Mentoren und Führungspersonen. Eine übermäßige Abhängigkeit von KI könnte die Entwicklung dieser wichtigen Beziehungen zwischen Lehrern und Schülern beeinträchtigen.

Auch könnte die schnelle Einführung von KI in der Bildung ohne ausreichende Forschung über die langfristigen Auswirkungen dazu führen, dass Bildungspolitiken und -praktiken auf Technologien aufgebaut werden, deren Effektivität und Auswirkungen noch nicht vollständig verstanden sind.

Schließlich gibt es die Herausforderung, die KI-Technologie in bestehende Bildungssysteme zu integrieren. Lehrpläne, Bewertungsmethoden und pädagogische Ansätze müssten möglicherweise überarbeitet werden, um die Vorteile der KI voll ausschöpfen zu können, ohne die Bildungsziele zu kompromittieren.

Um diese Herausforderungen und Gefahren zu bewältigen, ist es wichtig, dass die Entwicklung und Implementierung von KI im Bildungsbereich von klaren Richtlinien und ethischen Standards begleitet wird. Es bedarf einer sorgfältigen Planung und Überlegung, wie KI-Systeme gestaltet und eingesetzt werden, um sicherzustellen, dass sie die Bildung bereichern, ohne unbeabsichtigte negative Konsequenzen zu haben.

Zusammengefasst

Künstliche Intelligenz ist in der Lage, die Bildungslandschaft neu zu definieren beziehungsweise kreativ mitzugestalten. Sie hat das Potenzial, Bildung individueller, zugänglicher und effizienter zu machen. KI bietet ein Bildungsmodell, das sich mit der Zeit weiterentwickelt und auf die individuellen Bedürfnisse der Lernenden eingeht. Der bahnbrechendste Fortschritt sind die KI-Tutoren: Plattformen, die KI-gesteuerte Nachhilfe anbieten und vor allem Schüler:innen zu Beginn ihres Bildungsweges außerhalb der regulären Unterrichtszeiten eine Eins-zu-eins-Betreuung ermöglichen. Der Effekt wäre groß, denn es ist erwiesen, dass 1:1-Nachhilfe den größten Lernerfolg bringt. (Bloom, 1984) Allerdings war diese bisher hauptsächlich für Schüler:innen aus wohlhabenden Haushalten verfügbar. Mithilfe von KI könnten virtuelle Nachhilfelehrer:innen in ein paar Jahren überall und für jede Person verfügbar sein und die Bildung demokratisieren.

Aber auch hier gibt es Gefahren und Herausforderungen: Eine Fokussierung auf KI-gesteuerte Modelle entmenschlicht auch den Bildungsprozess und führt zu einem Mangel an sozialer Interaktion. Datenschutzbedenken können aufkommen, wenn Daten gesammelt und analysiert werden. Die Abhängigkeit von Technologie im Klassenzimmer oder im Vorlesungssaal kann auch Bildungschancen beeinflussen, wenn nicht alle lernenden Personen den gleichen Zugang zu diesen Ressourcen haben. Schließlich besteht die Gefahr, dass Lehrkräfte ihre Rolle durch KI-Systeme marginalisiert sehen und dadurch weniger in den Bildungsprozess eingebunden sind.

Case Study: das Berliner Start-up Elephant Company

Das Berliner Start-up Elephant Company entwickelte eine KI-gesteuerte Lernplattform, die den Mitarbeitenden das gesamte Wissen ihres Unternehmens in maßgeschneiderten Trainings verfügbar macht und dynamisch auf die jeweiligen Bedürfnisse anpasst. Das ermöglicht es Betriebs-, L&D- und HR, ihren Teams interne Prozesse effektiv zu kommunizieren und sie fokussiert weiterzubilden. Mithilfe künstlicher Intelligenz können textlastige Dokumentationen, SOPs und Arbeitsanweisungen mit einem Klick in interaktive Mikrolerninhalte umgewandelt werden, die das Engagement und den Lerneffekt erhöhen. Die Plattform automatisiert auch die Erstellung interaktiver E-Learning-Materialien mit generativer KI mit dem Ziel, die Kosten und die Erstellungszeit um 80 % zu senken. Wenn beispielsweise neue Technologien eingeführt werden, werden E-Learning-Inhalte in kürzester Zeit von der KI erstellt oder aktualisiert und als individualisierte Trainings zur Verfügung gestellt.

6.9 Immobilien und Stadtplanung

KI-Modelle können Immobilienwerte auf der Grundlage verschiedener Faktoren vorhersagen, darunter Lage, Ausstattung und Markttrends. KI kann auch bei der Stadtplanung helfen, indem sie modelliert, wie sich verschiedene Entscheidungen auf das Leben in der Stadt auswirken könnten, vom Verkehr bis zur Umweltqualität. Und auch die Immobilienbewertung kann mithilfe künstlicher Intelligenz effizienter erfolgen.

KI-Anwendungen, die die Immobilienbranche prägen werden
Nachhaltige Entwicklung: KI kann bei der Gestaltung nachhaltiger Stadtlandschaften helfen, indem sie Umweltdaten analysiert, Grünflächen optimiert und den CO_2-Fußabdruck reduziert. Das funktioniert, indem die KI historische und Echtzeit-Umweltdaten analysiert, um Muster zu erkennen, die für die Stadtplanung relevant sind. Dazu gehören Klimadaten, Luftqualitätsmessungen und Wasserressourceninformationen. Diese Daten können verwendet werden, um zu prognostizieren, wie sich bestimmte Entwicklungen auf die Umwelt auswirken werden. Durch die Analyse von Satellitenbildern und geografischen Informationssystemen (GIS) kann KI helfen, die besten Standorte für Grünflächen zu identifizieren. Diese können dann so gestaltet werden, dass sie die Biodiversität fördern, als natürliche Kühlung dienen und zur Verbesserung der städtischen Luftqualität beitragen.

Energieeffizienz: KI-gesteuerte Gebäudemanagementsysteme können den Energieverbrauch in Echtzeit optimieren und so Kosten und Umweltauswirkungen mithilfe eines sogenannten Smart Grids (intelligentes Stromnetz) reduzieren. Dieses Smart Grid nutzt KI, um Stromverbrauch und -erzeugung in Echtzeit zu analysieren und zu optimieren. KI-Algorithmen prognostizieren die Nachfrage nach Strom und passen das Angebot flexibel an, um Effizienz zu steigern und Energieverschwendung zu reduzieren. Sie können auch die Einspeisung erneuerbarer Energien steuern und Stromnetze stabilisieren, indem sie Schwankungen ausgleichen und Lastverteilung intelligent managen.

Innovative KI-Anwendungen in der Immobilien- und Stadtplanungsbranche
Analyse des Charakters von Stadtvierteln: Durch die Datenanalyse von Umwelt und Demografien kann KI die sozioökonomischen, kulturellen und ökologischen Merkmale von Stadtvierteln analysieren und Stadtplanenden und Entwickler:innen helfen, die Bedürfnisse der Gemeinschaft zu verstehen.

Crowdsourcing städtischer Lösungen: KI kann das über Apps oder soziale Medien gesammelte Feedback von Anwohnenden analysieren, um städtische Probleme zu identifizieren und Entwicklungen zu priorisieren.

Resilienzplanung: Angesichts der sich ändernden klimatischen Bedingungen kann KI bei der Planung von Städten helfen, um sich gegen Naturkatastrophen wie Überschwemmungen oder Erdbeben bestmöglich zu wappnen.

Intelligente Infrastruktur: Wenn wir in die Glaskugel blicken, könnten zukünftige Städte über eine intelligente Infrastruktur verfügen. Wir reden hier von den sogenannten »Smart Citys«, die sich selbst reparieren, den Energieverbrauch optimieren und mit den Bewohner:innen interagieren kann – alles gesteuert durch KI-Systeme. KI könnte Stadtbilder und -planung vorantreiben, die Grünflächen, Gewerbegebiete und Wohngebiete nahtlos miteinander verbinden und so ein Gleichgewicht zwischen Stadtentwicklung und Natur fördern.

Smart Citys und Smart Grids

Smart Citys sind Städte, die Informations- und Kommunikationstechnologien einsetzen, um städtische Dienste effizienter zu gestalten und die Lebensqualität der Bewohner zu verbessern. KI unterstützt Smart Citys, indem sie große Datenmengen aus verschiedenen Quellen analysiert – wie Verkehrssensoren, Überwachungskameras und Umweltdaten – und Muster erkennt, die zur Optimierung von Verkehrsflüssen, Energieverbrauch und städtischen Dienstleistungen genutzt werden können. Ein Beispiel für eine Smart City ist Singapur, wo intelligente Systeme zur Verkehrssteuerung und Umweltüberwachung eingesetzt werden.

Smart Grids sind intelligente Stromnetze, die den Energiefluss zwischen Energieerzeugenden und -verbrauchenden überwachen und steuern. KI hilft dabei, den Energiebedarf vorherzusagen und die Energieverteilung in Echtzeit zu optimieren, um Effizienz zu steigern und erneuerbare Energien besser ins Netz zu integrieren. Beispielsweise kann KI dazu beitragen, den Energieverbrauch zu senken, indem sie Haushaltsgeräte automatisch dann betreibt, wenn der Strom günstiger ist. Ein Beispiel für ein Smart Grid ist das Stromnetz in Barcelona, das aktiv Energieflüsse steuert und so zu einer nachhaltigeren Stadt beiträgt.

Wie ändern sich die Berufe von Stadtplanern und Bauingenieuren durch KI?

Die Berufe von Stadtplanern, Architekten und Bauingenieuren werden durch den Einsatz von KI eine Transformation erfahren, die sowohl ihre Arbeitsweise als auch ihre kreativen Prozesse beeinflusst. KI-Tools werden in der Lage sein, komplexe Berechnungen und Modellierungen schneller durchzuführen, was zu einer effizienteren Planungsphase führt.

Für Stadtplaner bietet KI die Möglichkeit, städtische Entwicklungen zu simulieren und die Auswirkungen von Verkehrsflüssen, Bevölkerungswachstum und Umweltveränderungen vorherzusagen. Architekten könnten KI nutzen, um innovative Designkonzepte zu generieren, die sowohl ästhetisch ansprechend als auch funktional sind. Bauingenieure könnten von präziseren Risikoanalysen und Materialoptimierungen profitieren, die durch KI ermöglicht werden.

Die Innovationspotentiale liegen in der Entwicklung von Städten und Gebäuden, die intelligenter, sicherer und nachhaltiger sind. KI kann dabei helfen, neue Materialien und Konstruktionstechniken zu entdecken und zu testen, was zu revolutionären Bauprojekten führen könnte.

Der Zukunftsausblick für diese Berufsgruppen ist geprägt von einer engen Zusammenarbeit mit KI, um die Grenzen des Machbaren zu erweitern. Kritisch gesehen müssen jedoch ethische und soziale Aspekte berücksichtigt werden, um sicherzustellen, dass die durch KI ermöglichten Entwicklungen den Bedürfnissen aller Gesellschaftsschichten gerecht werden und nicht nur einer technokratischen Vision folgen.

Risiken und Herausforderungen

Der Einsatz leistungsstarker KI in der Immobilienindustrie und Stadtplanung birgt eine Reihe von Herausforderungen und Gefahren, die in der Zukunft Beachtung finden müssen.

Ein weiteres Problem ist die Verstärkung bestehender Ungleichheiten. KI-gestützte Systeme könnten dazu neigen, die Interessen von wohlhabenderen Gemeinschaften zu bevorzugen, was zu einer Vernachlässigung benachteiligter Gebiete führen könnte.

Das hat drei Gründe: a) Wohlhabendere Gemeinschaften haben oft einen besseren Zugang zu den neuesten Technologien, einschließlich KI. Sie können sich die Implementierung von Smart-City-Technologien leisten, die ihre Lebensqualität verbessern, während ärmere Gemeinschaften zurückbleiben könnten. b) KI-Systeme lernen aus Daten. Wenn die Daten, die zur Schulung der KI verwendet werden, hauptsächlich aus wohlhabenderen Gebieten stammen oder die Präferenzen und Verhaltensweisen dieser Bevölkerungsgruppen widerspiegeln, könnte die KI lernen, Entscheidungen zu treffen, die diese Gruppen bevorzugen. c) Investitionen in Infrastruktur und Dienstleistungen folgen oft dem Kapital. Wenn KI-gestützte Analysen zeigen, dass Investitionen in wohlhabendere Gebiete höhere finanzielle Renditen versprechen, könnten diese Gebiete bevorzugt behandelt werden, was zu einer Vernachlässigung ärmerer Gebiete führt.

Hier sind die Politik und die öffentliche Hand gefragt, die gewährleisten muss, dass leistungsstarke KI bei der Stadtplanung auch sozial schwächere Gegenden versorgt.

Für die Immobilienindustrie könnte die KI-gestützte Automatisierung von Bewertungs- und Investitionsentscheidungen zu einer Entpersonalisierung des Kauf- und Verkaufsprozesses führen. Die Fähigkeit der KI, Markttrends zu analysieren und Immobilienwerte vorherzusagen, könnte zwar einerseits die Effizienz steigern, andererseits aber auch zu einer Überstandardisierung führen, die lokalen Besonderheiten und nicht quantifizierbare Werte einer Immobilie vernachlässigt.

Ein weiteres Risiko in der Stadtplanung ist die mögliche Entstehung von »Smart Gentrification«. Während die Implementierung von Smart-City-Technologien und die KI-gestützte Optimierung städtischer Dienste das Leben in bestimmten Stadtteilen verbessern kann, könnte dies auch zu einem Anstieg der Mieten und Lebenshaltungskosten führen, der bestehende Bewohner verdrängt.

Schließlich gibt es ethische Bedenken hinsichtlich der Rolle der KI in der Entscheidungsfindung. Während KI dabei helfen kann, effizientere und wirtschaftlichere Lösungen zu finden, könnten menschliche Aspekte wie soziale Gerechtigkeit und kulturelle Werte übersehen werden, wenn sie nicht in die Entscheidungsprozesse integriert werden.

Die Bewältigung dieser Herausforderungen erfordert eine sorgfältige Planung, die Entwicklung robuster ethischer Richtlinien für den Einsatz von KI und die Einrichtung von Sicherheitsmaßnahmen zum Schutz der Daten und der Privatsphäre der Bürger:innen. Es ist auch wichtig, dass die Entwicklung von KI-Systemen inklusiv ist und alle Teile der Gesellschaft berücksichtigt, um sicherzustellen, dass die Vorteile der Technologie weit verbreitet und gerecht verteilt sind.

Zusammengefasst

Künstliche Intelligenz wird immer mehr zu einem Dreh- und Angelpunkt bei der Transformation des Immobilien- und Stadtplanungssektors. Ihre Fähigkeit, große Datenmengen zu analysieren, verwertbare Erkenntnisse zu liefern und komplexe Prozesse zu automatisieren, wird die Städte der Zukunft prägen. In der Immobilienbranche und Stadtplanung kann KI dabei helfen, Marktanalysen zu verfeinern, Immobilienbewertungen zu präzisieren und städtebauliche Entwürfe basierend auf komplexen Datenanalysen zu optimieren. Dies kann zu besseren Investitionsentscheidungen und lebenswerteren städtischen Umgebungen führen. Eine zu starke Abhängigkeit von KI kann allerdings dazu führen, dass menschliche Expertise und lokale Kenntnisse vernachlässigt werden. Datenschutzbedenken können entstehen, wenn KI Systeme auf persönliche Daten von Immobilienbesitzenden oder Bewohner:innen zugreifen. Bei der Stadtplanung besteht das Risiko, dass KI-gestützte Modelle nicht alle sozialen und kulturellen Aspekte berücksichtigen und dadurch nicht inklusiv sind.

6.10 Beratung

Die Beratungsbranche lebt von Erkenntnissen, Fachwissen und Effizienz. Künstliche Intelligenz kann diese Bereiche erheblich unterstützen und erweitern.

Verarbeitung großer Datenmengen: Gerade bei Beratungsprojekten müssen oft große Datenmengen gesichtet bewertet werden. KI kann Daten schnell analysieren und aussagekräftige Schlussfolgerungen daraus ziehen, damit Beratende fundierte Empfehlungen geben können.

Überprüfung von Dokumenten: KI-Tools können große Mengen von Dokumenten überprüfen, relevante Erkenntnisse extrahieren, Anomalien hervorheben und die Ergebnisse zusammenfassen.

Strategieberatung: Durch die Analyse sozialer Medien, von Nachrichtenquellen und anderer digitaler Plattformen kann KI die öffentliche Meinung über eine Marke oder ein Produkt ermitteln und so bei der Strategieentwicklung helfen. Darüber hinaus können KI-gesteuerte Tools die Wettbewerber kontinuierlich überwachen und deren Strategien, Produkteinführungen und öffentliche Resonanz verfolgen.

Die Zukunft der Beratung kann durch KI-Innovation transformiert werden
Simulation von Szenarien: KI kann Geschäftsszenarien für die strategische Planung simulieren und Kund:innen dabei helfen, die Ergebnisse verschiedener Strategien zu visualisieren. Dies ist vergleichbar mit dem »Digitalen Zwilling« in der Fertigung. Ganze Branchen, oder gar Märkte, können mit all ihren Akteuren können in einem virtuellen Raum mit höchster Raffinesse simuliert werden. In Zukunft könnten KI-gestützte, ganzheitliche Plattformen entstehen, die verschiedene Geschäftsfunktionen integrieren, eine ganzheitliche Sichtweise bieten und es den Berater:innen ermöglichen, vernetzte Empfehlungen zu geben.

Entscheidungsunterstützung in Echtzeit: Dank der Fähigkeit von KI, Daten in Echtzeit zu analysieren, können Berater:innen ihren Kund:innen während Besprechungen oder Diskussionen sofortige Einblicke geben, indem sie Live-Datenströme nutzen.

Integration von Augmented Reality (AR) und Virtual Reality (VR): Vor allem in Branchen wie der Einzelhandelsberatung können AR und VR in Kombination mit KI immersive Erfahrungen bieten, indem sie Ladenlayouts, Customer Journeys oder Produktplatzierungen simulieren.

Zusammenarbeit von Mensch und KI: Die Rolle des Beraters wird nicht ersetzt, sondern erweitert. Beratende werden enger mit der KI zusammenarbeiten und deren analytische Fähigkeiten nutzen, während sie gleichzeitig menschliche Intuition, Erfahrung und Soft Skills einsetzen.

Spezialisierte KI-Lösungen: Mit dem Voranschreiten künstlicher Intelligenz werden wir möglicherweise mehr nischen- und branchenspezifische KI-Tools sehen, die auf die besonderen Bedürfnisse von Branchen wie Gesundheitsberatung, Finanzberatung usw. zugeschnitten sind.

Wie ändert sich der Beruf des Beraters durch KI?

Die Rolle des Beraters wird durch KI spezifisch in der Weise verändert, dass sie tiefere Einblicke und eine präzisere Vorhersagefähigkeit bietet. Beispielsweise könnte ein Unternehmensberater KI-Modelle nutzen, um die Auswirkungen von Marktveränderungen auf die Geschäftsstrategie eines Klienten zu simulieren. Statt sich auf Standardindustriemodelle zu verlassen, könnte die KI individuelle, auf den Klienten zugeschnittene Modelle entwickeln, die eine viel genauere Vorhersage der Geschäftsentwicklung ermöglichen.

Ein weiteres Beispiel ist die Nutzung von KI in der Risikoberatung. KI-Systeme könnten komplexe Algorithmen verwenden, um Risikofaktoren zu identifizieren und zu bewerten, die für menschliche Analysten zu komplex wären. Dies ermöglicht es Beratern, spezifische Empfehlungen zur Risikominderung zu geben, die auf hochdetaillierten Datenanalysen basieren.

Die kreativen Potentiale für Berater liegen darin, dass KI ihnen erlaubt, über die Grenzen traditioneller Datenanalyse hinauszugehen. Sie könnten beispielsweise KI verwenden, um innovative Geschäftsmodelle zu entwerfen oder um kreative Lösungen für betriebliche Herausforderungen zu entwickeln. KI könnte auch dabei helfen, personalisierte Trainings- und Entwicklungsprogramme für Mitarbeiter der Klienten zu erstellen, basierend auf der Analyse ihrer Fähigkeiten und Leistungen.

Zukünftig könnten Berater KI als Werkzeug nutzen, um kreative und innovative Lösungen zu entwickeln, die nicht nur auf Daten und Trends basieren, sondern auch auf prognostizierten Zukunftsszenarien. Sie könnten KI einsetzen, um »Was-wäre-wenn«-Analysen durchzuführen und so neue Möglichkeiten für Wachstum und Effizienzsteigerung zu entdecken.

Risiken und Herausforderungen

In der Beratungsindustrie stellt die Einführung von KI eine tiefgreifende Veränderung dar, die weit über die bloße Automatisierung hinausgeht. Die Kernkompetenz der Beratung liegt im menschlichen Urteilsvermögen, der Fähigkeit, komplexe Probleme zu lösen, und im Aufbau von Beziehungen, die auf Vertrauen basieren. KI könnte diese Grundpfeiler der Branche ins Wanken bringen.

Die Beratung lebt von der individuellen und maßgeschneiderten Beratung. KI, die auf Algorithmen und Datenanalyse basiert, könnte dazu führen, dass die Lösungen, die Beratern zur Verfügung stehen, standardisiert und weniger auf den einzelnen Klienten zugeschnitten sind. Dies könnte die Qualität der Beratung beeinträchtigen, da die Nuancen und der Kontext, die für die Entwicklung von Strategien entscheidend sind, möglicherweise übersehen werden.

Ein weiteres tiefgreifendes Problem ist die mögliche Überbewertung von quantitativen Daten. Berater ziehen oft qualitative Einsichten und Erfahrungen heran, um ihren Klienten einen Mehrwert zu bieten. KI-Systeme könnten dazu neigen, Entscheidungen zu treffen, die stark auf Daten basieren, und dabei die weniger greifbaren, aber oft ebenso wichtigen Aspekte der Beratung außer Acht lassen.

Die Abhängigkeit von KI könnte auch dazu führen, dass Berater ihre eigenen Fähigkeiten zur Problemlösung und kritischen Analyse vernachlässigen. Wenn KI-Tools zu einem unverzichtbaren Bestandteil des Beratungsprozesses werden, könnten Berater beginnen, sich auf vorgefertigte Lösungen zu verlassen, anstatt eigene, innovative Ansätze zu entwickeln.

Darüber hinaus könnte das Vertrauen der Klienten in die Beratungsleistungen beeinträchtigt werden. Klienten schätzen oft den persönlichen Rat und das Verständnis, das menschliche Berater für ihre spezifischen Herausforderungen mitbringen. Wenn Empfehlungen zunehmend von einer KI kommen, deren Entscheidungsprozesse undurchsichtig sind, könnte dies zu einem Vertrauensverlust führen.

Die Anpassungsfähigkeit ist eine weitere Herausforderung. Beratungsprojekte sind dynamisch und erfordern oft eine schnelle Anpassung an neue Informationen oder veränderte Klientenbedürfnisse. KI-Systeme könnten in ihrer aktuellen Form Schwierigkeiten haben, mit der Geschwindigkeit und Unvorhersehbarkeit menschlicher Entscheidungsfindung Schritt zu halten.

Die Beratungsindustrie muss sich diesen Herausforderungen stellen, indem sie KI als Werkzeug nutzt, das die menschlichen Berater unterstützt und ergänzt, anstatt sie zu ersetzen. Dies erfordert eine sorgfältige Gestaltung der KI-Systeme, um sicherzustellen, dass sie die menschliche Intuition, Ethik und das persönliche Engagement, das für die Beratung so wichtig ist, nicht untergraben.

Zusammengefasst

KI wird den Beratungssektor verändern und ihn datengesteuerter, effizienter und innovativer machen. Während die Technologie analytische und sich wiederholende Aufgaben übernehmen wird, bleibt die menschliche Note entscheidend für das Verständnis der Kundenbedürfnisse, den Aufbau von Beziehungen und die Sicherstellung ethischer Überlegungen. Da sich Berater:innen zunehmend auf KI-gestützte Erkenntnisse verlassen, wird sich die Branche auch mit Herausforderungen in Bezug auf Datenethik, Transparenz und mögliche Verzerrungen in KI-Modellen auseinandersetzen. Die übermäßige Abhängigkeit von KI kann zu einer Vernachlässigung menschlicher Intuition und zwischenmenschlicher Interaktion führen. Fehlerhafte oder voreingenommene Algorithmen könnten zu fehlerhaften Beratungsergebnissen führen. Datenschutzbedenken können bei der Analyse von Kundendaten durch KI-Systeme aufkommen. Und schließlich besteht das Risiko, dass durch KI-automatisierte Beratungstools traditionelle Beraterrollen in den Hintergrund treten oder sogar obsolet werden.

6.11 IT-Industrie

Die Informationstechnologie (IT) gehört zu den ersten und enthusiastischsten Anwenderinnen künstlicher Intelligenz. KI hat es der IT-Branche ermöglicht, sich in Bezug auf Effizienz, Sicherheit und Servicequalität weiterzuentwickeln und verschiedene Innovationen zu fördern:

AIOps (artificial intelligence for IT operations, künstliche Intelligenz für den IT-Betrieb): Plattformen wie Splunk und Dynatrace nutzen KI, um den IT-Betrieb zu automatisieren und zu verbessern. Dazu gehören Überwachung, Erkennung von Anomalien und Ursachenanalyse.

Erkennung von und Reaktion auf Bedrohungen: KI-Modelle können riesige Mengen an Netzwerkverkehr analysieren, um Anomalien oder potenzielle Bedrohungen zu erkennen, wobei oft Schwachstellen entdeckt werden, die herkömmliche Systeme übersehen könnten. Dazu gehört auch die Phishing-Erkennung, bei der KI-gestützte Systeme den Inhalt von E-Mails analysieren, um Phishing-Versuche schneller aufzuspüren.

Codeüberprüfung und Fehlererkennung: Tools wie DeepCode nutzen KI, um Code zu überprüfen und potenzielle Fehler oder Ineffizienzen zu erkennen.

Automatisierte Tests: KI kann Tests auf der Grundlage von Code-Änderungen generieren und so sicherstellen, dass Aktualisierungen keine bestehenden Funktionalitäten zerstören.

Optimierung von Rechenzentren: KI kann Hardwareausfälle vorhersagen, die Kühlung optimieren und die Energieeffizienz in Rechenzentren verbessern.

Netzwerk-Optimierung: KI-Algorithmen können Netzwerkparameter in Echtzeit anpassen, um optimale Geschwindigkeit und Leistung zu gewährleisten.

Innovative KI-Anwendungen der KI
Verarbeitung natürlicher Sprache (NLP) für Code: Unternehmen erforschen das Potenzial der Umwandlung von Befehlen in natürlicher Sprache in Code, was den Entwicklungsprozess vereinfacht.

Synergie von Quantencomputing und KI: Das Quantencomputing verspricht schnellere Berechnungen und kann in Verbindung mit KI zu erheblich beschleunigten maschinellen Lernprozessen führen.

Architekturen neuronaler Netze: Die künstliche Intelligenz selbst ist innovativ mit sich weiterentwickelnden neuronalen Netzwerken, z.B. Transformers, die Bereiche wie NLP revolutionieren.

Vollständig autonome IT-Operationen: In Zukunft könnte ein Großteil des IT-Betriebs autonom von KI verwaltet werden, vom Netzwerkmanagement bis zur Notfallwiederherstellung. Außerdem könnte ein LLM den nächsten trainieren. Wie Sam Altman kürzlich sagte, wird ChatGPT 6 nicht mehr von Menschen trainiert werden.

Der scheinbar zukunftssichere Beruf des Softwareingenieurs wird durch die fortgeschrittene Fähigkeit der KI, Code zu schreiben und zu korrigieren, herausgefordert. Softwareingenieure aus meinem Umfeld schätzen, dass sie mithilfe von KI ihren Output vervierfachen können. Mit fortschrittlicheren KI-Systemen wird dieser Multiplikator zunehmend steigen. Wird dadurch der Beruf des Softwareingenieurs obsolet?

Nein. KI verspricht zwar, die Softwareentwicklung und die Programmierung von Computern zu verändern, indem sie die Effizienz, Kreativität und Präzision erhöht, aber es ist ein Gleichgewicht erforderlich. Ein tiefes menschliches Verständnis der zugrundeliegenden Prozesse wird aber dafür sorgen, dass die Technologie den Bereich verbessert, anstatt ihn obsolet zu machen.

Inmitten der KI-Renaissance befindet sich der Beruf des Softwareingenieurs und Programmierers an einem entscheidenden Punkt der Entwicklung. In dem Maße, in dem KI-Tools alltägliche Programmieraufgaben und Debugging-Routinen automatisieren, werden diese Fachleute über das tägliche Schreiben von grundlegendem Code hinausgehen. Dieser neu gewonnene Spielraum wird sie in die Lage versetzen, neuartige Algorithmen zu entwerfen, noch nie da gewesene Softwarearchitekturen zu entwerfen und bahnbrechende Anwendungen zu prototypisieren.

Durch die Nutzung der Rechenleistung von KI und die Automatisierung alltäglicher Aufgaben können Softwareingenieure freier experimentieren, innovativer werden und die Grenzen des Möglichen in der Softwarewelt erweitern. Wenn KI die grundlegenden Aufgaben übernimmt, werden Softwareingenieure und Programmierer ihre Rolle neu definieren und sich von bloßen Programmiererinnen und Programmierern zu Avantgarde-Innovatoren entwickeln, die die digitalen Horizonte von morgen gestalten.

Die Zukunft der Programmierung mit KI könnte eine Verschiebung von manuellen zu strategischen und kreativen Aufgaben bedeuten. Programmierer werden möglicherweise weniger Zeit mit dem Schreiben von Grundcode verbringen, da KI-Tools diesen Prozess automatisieren können.

Kritisch betrachtet, könnte diese Entwicklung jedoch auch zu einer Entwertung traditioneller Programmierfähigkeiten führen und die Notwendigkeit einer ständigen Weiterbildung erhöhen, um mit den sich schnell weiterentwickelnden KI-Technologien Schritt halten zu können.

Programmierer müssen sich also anpassen und lernen, mit KI als Werkzeug und Kollegen zu arbeiten, um ihre Rolle in der zukünftigen Technologielandschaft zu sichern.

Innovationspotentiale für Programmierer ergeben sich vor allem durch die Möglichkeit, KI zur Lösung von Problemen zu nutzen, die bisher als zu komplex galten. Sie könnten KI einsetzen, um neue Algorithmen zu entwickeln, die in der Lage sind, sich selbst zu verbessern oder zu lernen, ohne dass menschliche Eingriffe notwendig sind.

Risiken und Herausforderungen

Die IT-Industrie, als Schrittmacher für die Entwicklung und Implementierung von KI, steht vor einer Reihe von einzigartigen Risiken, die tief in die Struktur und das Ethos der Branche eingreifen. Die zunehmende Komplexität von KI-Systemen stellt eine fundamentale Herausforderung dar, da sie nicht nur die Fähigkeit der IT-Fachleute, Systeme zu verstehen und zu warten, übersteigt, sondern auch die Risiken von Fehlfunktionen und Ausfällen erhöht. Diese Komplexität kann zu einer Art von »technologischer Opazität« führen, die es selbst für ihre Schöpfer schwierig macht, die Entscheidungsfindungsprozesse und das Verhalten der KI nachzuvollziehen.

Mit der fortschreitenden Integration von KI in Sicherheitssysteme entsteht ein paradoxes Szenario: Einerseits kann KI dazu beitragen, Sicherheitsbedrohungen zu erkennen und zu neutralisieren, andererseits kann sie selbst zum Werkzeug für ausgefeilte Cyberangriffe werden. Die IT-Industrie muss sich mit der Möglichkeit auseinandersetzen, dass KI-Algorithmen gegen sie verwendet werden könnten, um Sicherheitsmaßnahmen zu umgehen und Schutzmechanismen zu unterlaufen.

Der Wettbewerbsdruck, der durch KI entsteht, könnte zu einer Monopolisierung der Macht bei denjenigen führen, die über die fortschrittlichsten KI-Technologien verfügen. Dies könnte die Innovationslandschaft verändern und zu einer Marktkonzentration führen, die kleinere Unternehmen und Start-ups benachteiligt und die Vielfalt der Branche einschränkt.

Die Abhängigkeit von KI-Entscheidungen ist ein weiteres tiefgreifendes Problem. Wenn IT-Profis beginnen, KI-generierte Lösungen unkritisch zu akzeptieren, könnte dies die menschliche Fähigkeit zur Problemlösung und Innovation untergraben. Die IT-Industrie muss einen Weg finden, KI als Werkzeug zu nutzen, das menschliche Fähigkeiten erweitert, anstatt sie zu ersetzen.

Die IT-Industrie muss diese Risiken mit einer Kombination aus technologischer Sorgfalt, ethischer Reflexion und strategischer Planung angehen, um sicherzustellen, dass die Vorteile der KI realisiert werden können, ohne die Grundlagen der Branche und das Wohl der Gesellschaft zu gefährden.

Zusammengefasst

KI ist nicht nur ein Werkzeug für den IT-Sektor, sondern eine transformative Kraft, die die Art und Weise umgestaltet, wie die IT-Branche arbeitet, liefert und innoviert. Von der Verbesserung der Cybersicherheit bis zur Gewährleistung eines reibungsloseren Betriebs: Die Auswirkungen von KI sind tiefgreifend. In der IT-Branche ermöglicht KI eine verbesserte Fehlererkennung, Optimierung von Softwareentwicklungsprozessen und effizientere Systemwartung. Zudem kann sie bei der Bewältigung großer Datenmengen unterstützen und maßgeschneiderte Softwarelösungen bereitstellen. Herausforderungen sind, dass die Integration von KI die Komplexität von IT-Systemen erhöht und bei Ausfällen schwerwiegende Konsequenzen hat. Abhängigkeiten von undurchsichtigen Algorithmen können zu unerwünschten Systemverhalten führen. Datenschutz- und Sicherheitsbedenken sind besonders relevant, da KI-Systeme Ziele von Cyberangriffen sein können und gleichzeitig auf hochsensible Daten zugreifen.

6.12 Strategische Planung

Der Bereich der strategischen Planung und Entscheidungsfindung ist zwar von Natur aus auf den Menschen ausgerichtet, kann aber von den analytischen Fähigkeiten der KI stark profitieren beziehungsweise unterstützt werden. KI-Modelle können Einblicke und Erkenntnisse aus riesigen Datensätzen liefern und Führungskräften helfen, fundierte Entscheidungen zu treffen. In nicht allzu ferner Zukunft kann KI bei der Erkennung von Markttrends in Echtzeit, bei der prädiktiven Geschäftsmodellierung und bei Szenariosimulationen helfen, um verschiedene Geschäftswege zu entwerfen.

Lassen Sie uns diese Beziehung ein wenig vertiefen, indem wir uns einige KI-Innovationen anschauen, die den Entscheidungsträgern helfen können:

Datenanalyse und Erkenntnisse: KI-gesteuerte Tools wie ThoughtSpot ermöglichen es Unternehmen, umfangreiche Datensätze in verwertbare Erkenntnisse umzuwandeln, indem sie einfach Fragen in natürlicher Sprache stellen. KI könnte proaktiv Erkenntnisse auf der Grundlage von Datenänderungen in Echtzeit liefern und so sicherstellen, dass Entscheidungsträger stets über kritische Geschäftsveränderungen informiert sind.

Szenario-Simulation und Vorhersage: Monte-Carlo-Simulationen, ergänzt durch KI, können verschiedene Ergebnisse auf der Grundlage von Eingangsvariablen vorhersagen und ermöglichen so ein fundierteres Risikomanagement. KI kann komplizierte Simulationen erstellen, die globale sozioökonomische, politische und ökologische Daten integrieren und ganzheitliche Ergebnisvorhersagen bieten. Auch hier werden die Eingabedaten und die Parameter von den Entscheidungsträgern selbst festgelegt.

Marktanalyse in Echtzeit: Plattformen wie Kensho analysieren Echtzeit-Nachrichten, Finanzdokumente und soziale Medien, um Marktveränderungen zu erkennen. Diese Tools könnten sich so weiterentwickeln, dass sie nicht nur auf den aktuellen Markt reagieren, sondern auf der Grundlage differenzierter Datenmuster künftige Veränderungen vorhersagen.

Analyse der Mitbewerber: KI-gesteuerte Tools wie Crayon verfolgen und analysieren den digitalen Fußabdruck von Mitbewerbern und geben Einblicke in deren Strategien. Über die Verfolgung hinaus könnte die KI die Bewegungen der Wettbewerber vorhersehen und es den Unternehmen ermöglichen, sich strategisch zu positionieren. Wenn man der KI-Maschine genügend Daten zur Verfügung stellt, kann sie gut vorhersagen, wohin sich der Markt und seine Akteure bewegen könnten.

Vorhersage des Kundenverhaltens: E-Commerce-Plattformen nutzen bereits KI, um Kundenpräferenzen und Kaufverhalten auf der Grundlage früherer Aktionen vorherzusagen. KI könnte tiefere Einblicke in die Psyche der Kunden bieten und Verhaltensänderungen auf der Grundlage breiterer gesellschaftlicher oder wirtschaftlicher Veränderungen vorhersagen und Megatrends aufdecken, bevor wir sie erkennen können.

Ressourcenzuweisung und -optimierung: KI-Tools helfen Unternehmen in Sektoren wie dem Einzelhandel bereits dabei, die optimale Platzierung von Produkten in Geschäften zu bestimmen oder Marketingressourcen effektiver zuzuweisen. KI könnte die Ressourcenzuweisung dynamisch verwalten und die Ressourcen in Echtzeit verlagern, wenn sich die Marktbedingungen ändern. Mithilfe des Internet der Dinge können Produkte auf dem Transportweg ständig überwacht werden, was die gesamte Lieferkette in Echtzeit transparent macht.

Zukunftsausblick: Wie KI-Innovationen die strategische Planung und Entscheidungsfindung beeinflussen können

Integrierte Ökosysteme für die Entscheidungsfindung: Unternehmen könnten Plattformen einführen, auf denen jeder Datenpunkt, vom Mitarbeiterfeedback bis zu globalen Wirtschaftsindikatoren, von KI verarbeitet wird, um strategische Entscheidungen zu treffen. Voraussetzung ist natürlich, dass Unternehmen alle geschäftlichen Interaktionen in verarbeitbare Daten umwandeln.

Proaktive Strategieformulierung: Anstatt auf Marktveränderungen zu reagieren, könnte KI den Unternehmen dabei helfen, vorausschauend zu handeln und Strategien auf der Grundlage prognostizierter Zukunftsszenarien zu formulieren. Dieser Prozess könnte auch eine dynamische Wendung nehmen: Da Unternehmen in einem zunehmend volatilen Umfeld operieren, könnte KI dabei helfen, Strategien dynamisch anzupassen und so optimale Ergebnisse zu erzielen.

Kollaborative Entscheidungen zwischen Mensch und KI: Die Entscheidungsfindung könnte zu einer gemeinsamen Anstrengung zwischen KI-gesteuerten Erkenntnissen und menschlicher Intuition und Erfahrung werden. Die KI würde nicht nur als persönlicher Datenerfasser des CEO dienen, sondern auch als eine Art Analytiker und Superprognostiker zugleich.

Potenzielle Gefahren

Übermäßiges Vertrauen in Daten: Zwar sind datengestützte Entscheidungen von entscheidender Bedeutung, aber ein übermäßiger Rückgriff auf KI und Daten kann dazu führen, dass Unternehmen intuitive oder erfahrungsbasierte menschliche Erkenntnisse außer Acht lassen. Vor allem in Führungspositionen ist so viel implizites Wissen und Intuition im Spiel, dass ein vollständiges Vertrauen in KI-Modelle eine echte Gefahr für die Anpassungsfähigkeit und Kreativität eines Unternehmens darstellt. Entscheidungstragende müssen eine ausgewogene Sichtweise bewahren und die Einzigartigkeit menschlicher Urteilskraft und Perspektive wertschätzen, um eine ganzheitliche und effektive Entscheidungsfindung zu gewährleisten.

Verlust der strategischen Kontrolle: Wenn strategische Entscheidungen in hohem Maße von der KI gesteuert werden, könnten sich die Unternehmen in einem reaktiven Modus befinden und sich ständig von den Vorschlägen der KI leiten lassen. Wenn man außerdem davon ausgeht, dass alle Wettbewerber über hochentwickelte KI-Helfer verfügen, könnte die Abhängigkeit von diesen jede Art von Alleinstellungsmerkmal zunichtemachen. Wenn sich Unternehmen in verschiedenen Sektoren auf ähnliche KI-Modelle und -Daten verlassen, könnte dies zu einer Homogenisierung der Strategien führen und Differenzierung und Innovation ersticken.

Datenschutz und Ethik: KI-Tools, die riesige Datenmengen analysieren, könnten unbeabsichtigt Datenschutznormen verletzen oder ethisch fragwürdige Vorschläge machen.

Undurchsichtige KI-Modelle: Wenn Entscheidungsträger nicht verstehen, wie ein KI-Modell zu einem Vorschlag kommt, kann dies zu fehlgeleiteten Strategien führen, die auf unverstandenen Prämissen beruhen.

Zusammengefasst

Mit dem Aufkommen der KI werden Manager, Entscheidungsträgerinnen und strategische Planer eine Verlagerung von der manuellen Datenanalyse zu KI-gesteuerten Erkenntnissen erleben, die ihre Fähigkeit, Trends vorherzusehen und fundierte Entscheidungen zu treffen, verbessern. KI wird die Datenverarbeitung und Szenariomodellierung rationalisieren, sodass sich diese Fachleute auf die Ausarbeitung visionärer Strategien und kreativer Lösungen konzentrieren können, wodurch sich ihre Rolle von bloßen Sehern zu innovativen Vordenkern in einem zunehmend komplexen Geschäftsumfeld entwickelt. Zusammenfassend lässt sich sagen, dass die KI die strategische Planung und Entscheidungsfindung revolutionieren wird, indem sie Einblicke in Echtzeit, Vorhersagefähigkeiten und ganzheitliche Analysen bietet. Es ist jedoch unerlässlich, dass menschliche Intuition, Ethik und Erfahrung im Mittelpunkt des Entscheidungsprozesses stehen, um eine ausgewogene und ganzheitliche strategische Ausrichtung zu gewährleisten.

6.13 Fazit

Die Fähigkeit der KI, große Datenmengen zu analysieren, Muster zu erkennen und Lösungen zu generieren, kann Innovationen und kreative Prozesse in allen Branchen erheblich fördern. Durch KI-gesteuerte Innovationen hat sie das Potenzial, diese Sektoren in Zukunft maßgeblich zu gestalten und zu verändern. Vor allem in Bereichen mit kontrollierten Umgebungen wie Supermärkten oder Fabriken ist KI entweder bereits im Einsatz oder wird es in naher Zukunft sein. In nahezu jeder Branche wird es eine Erweiterung und bei sich wiederholenden und alltäglichen Aufgaben eine Automatisierung geben.

Es wird deutlich, dass künstliche Intelligenz nicht nur eine weitere technologische Entwicklung ist, sondern Industrien grundsätzlich verändern wird. Sie wirkt sich auf alle

Bereiche aus, vom Gesundheitswesen bis zum Finanzwesen, von der Landwirtschaft bis zur medialen Unterhaltung. KI optimiert nicht die Prozesse, sie revolutioniert sie.

Während wir uns durch die vielschichtigen Landschaften der Branchen und Industrien bewegt haben, in denen Künstliche Intelligenz bereits Wurzeln geschlagen hat oder im Begriff ist, dies zu tun, bleibt ein Gedanke beständig: KI ist kein entfernter Zukunftstraum mehr, sondern eine reale Kraft, die unsere Gegenwart gestaltet. Wir haben gesehen, dass ihr Einfluss von subtilen Verbesserungen bis hin zu disruptiven Veränderungen reicht, die die Art und Weise, wie wir arbeiten, leben und miteinander interagieren, neu definieren.

Die Studien, die wir diskutiert haben, und die Beispiele, die wir betrachtet haben, zeichnen ein Bild von KI als einem Werkzeug von scheinbar unermesslicher Macht und Potential. Doch mit großer Macht kommt auch große Verantwortung. Es liegt an uns, diese Technologie weise zu nutzen, ihre Risiken zu managen und ihre Vorteile zum Wohl aller zu maximieren.

Wie James Burkes metaphorisches Kaninchen, das aus dem Hut gezogen wird, hat die KI eine Welt voller Möglichkeiten eröffnet. Es ist nun an uns, diese Möglichkeiten zu erkunden und zu gestalten, mit einem wachsamen Auge darauf, wie sie die Zukunft für die kommenden Generationen prägen wird.

7 KI-Readiness – verstehen, akzeptieren, einführen

An dieser Stelle des Buches sind Sie hoffentlich davon überzeugt, dass die Implementierung von KI in Ihrem Unternehmen positive Auswirkungen auf viele Arbeitsabläufe, Innovationsprozesse, Kreativität und die Entscheidungsfindung haben kann. Auch wenn Sie an manchen oder mehren Stellen zweifeln: Niemand zwingt Sie, jeden Prozess und jedes Projekt sofort mithilfe künstlicher Intelligenz umzusetzen. Ich empfehle, in kleinen Bereichen oder Abteilungen zu beginnen – und sich Schritt für Schritt weiter heranzutasten.

Wie also können Sie KI in Ihrem Unternehmen einführen – und zwar so, dass alle Beteiligten die Entscheidung und Konsequenzen verstehen, akzeptieren und womöglich auch unterstützen? Was sind die primären Hindernisse und welche die Tools, die Sie implementieren und Schlüsselrollen, die Sie besetzen sollten? Und wie führen Sie künstliche Intelligenz ein, dass sie insbesondere kreative Impulse fördert und Innovationsprozesse unterstützt?

Schauen wir uns zunächst an, wie künstliche Intelligenz von den Menschen wahrgenommen wird. Das Institut für Demoskopie Allensbach hat dazu eine Umfrage durchgeführt (Köcher, 2023). Obwohl 92 Prozent der erwachsenen Bevölkerung in Deutschland schon einmal von künstlicher Intelligenz gehört haben, können die meisten mit dem Begriff nicht viel anfangen. Während Begriffe wie Technologie, Internet, Innovation, Vernetzung oder Hightech von einer deutlichen Mehrheit positiv aufgenommen werden, bewerten 58 Prozent »künstliche Intelligenz« und die Mehrheit auch »Algorithmen« und »ChatGPT« sehr kritisch. Das Fazit des Institutes ist, dass solche negativen Meinungen nicht ungewöhnlich sind, wenn der Einsatz einer neuen Technologie in der Öffentlichkeit noch vage erscheint. Sobald mehr persönliche Erfahrungen mit einer Innovation gesammelt werden und den Alltag einfacher und produktiver machen, ändert sich auch die Einstellung. So wurde zum Beispiel auch die Digitalisierung bei ihrer Einführung zunächst mit Skepsis aufgenommen, ist aber in der positiven Wahrnehmung in den letzten acht Jahren von 46 auf 69 Prozent angestiegen.

Während führende Politikerinnen und Wirtschaftsvertreter davon überzeugt sind, dass KI sowohl die Wirtschaft als auch die Gesellschaft tiefgreifend verändern wird und große Chancen bietet, sind große Teile der Bevölkerung nicht so überzeugt. Aktuell erwarten 48 Prozent gravierende Auswirkungen auf die Wirtschaft und 44 Prozent auf die Gesellschaft als Ganzes. Und selbst diejenigen, die von gravierenden Auswirkungen auf Wirtschaft und Gesellschaft ausgehen, stellen meist keine Verbindung zu ihrem eigenen Alltag her. Dass fast die Hälfte der Bevölkerung erwartet, dass künstliche Intelligenz Wirtschaft und Gesellschaft verändern wird, ist für viele nur die Akzeptanz einer abstrakten Botschaft, die sie aus Medienberichten und öffentlichen Diskussionen ableiten. Nur 21 Prozent glauben, dass künstliche Intelligenz maßgeblich in ihr eigenes Leben eingreifen wird (ebd.).

Die Schlussfolgerung daraus ist, dass die bloße Implementierung von KI in einem Unternehmen nicht ausreicht. Es muss unternehmenskulturelle Vorarbeit geleistet werden, um Vertrauen in die neue Technologie zu bilden und die Menschen nachhaltig von den Vorzügen einer unternehmensweiten KI-Einführung zu überzeugen. Dazu gehören eine umfassende Aufklärung und Transparenz inklusive der Risiken und der Botschaft, dass diese bewusst sind und in der KI-Transformation berücksichtigt werden.

KI-Readiness

KI-Readiness ist ein Maßstab dafür, wie gut ein Unternehmen auf die Integration und Nutzung von KI-Technologien vorbereitet ist. Es umfasst nicht nur die technische Infrastruktur und die entsprechenden Datenmengen, sondern auch das Vorhandensein von Fachkräften, die über das nötige Wissen zur Implementierung und Wartung von KI-Systemen verfügen. Dazu gehört die Schulung bestehender Mitarbeitender sowie die Akquisition neuer Talente mit spezifischen KI-Kenntnissen. Ein weiterer wichtiger Aspekt ist die Entwicklung einer Strategie, die definiert, wie KI die Geschäftsziele unterstützen kann, um die Effizienz von Arbeitsprozessen zu steigern, die Entscheidungsfindung zu verbessern und zu innovativen Produkten und Dienstleistungen zu führen. Unternehmen, die in diesen Bereichen proaktiv sind, positionieren sich vorteilhaft im Wettbewerb des digitalen Zeitalters.

Die erfolgreiche Einführung von KI in einem Unternehmen ist ein vielschichtiger Prozess. Zunächst ist ein tiefes Verständnis der KI-Technologie und ihres Anwendungsspektrums essenziell. Parallel dazu ist der Aufbau einer robusten technischen Infrastruktur erforderlich, die sowohl die aktuellen als auch zukünftigen KI-Anwendungen unterstützt. Ein weiterer entscheidender Faktor ist die Schaffung von Rahmenbedingungen für anhaltendes Lernen und die fortwährende Anpassung der KI-Systeme, um mit den sich stetig ändernden Anforderungen des Marktes Schritt zu halten. Sehen wir uns die Schritte im Einzelnen an.

7.1 Voraussetzungen schaffen

Eine nachhaltige Implementierung von KI beginnt mit dem Verständnis und der Akzeptanz der Technologie. Zuerst sollte ein grundlegendes, theoretisches Wissen über KI etabliert und relevante Rollen sowie Verantwortlichkeiten definiert werden. Anfänglich kann sich die Wissensvermittlung und Verantwortungsübernahme auf ausgewählte Mitarbeitende konzentrieren, um das Fundament zu schaffen. Mit der Zeit erweitert sich das Wissen organisch, geteilte Erfahrungen fördern das Verständnis und die Kompetenzen verteilen sich auf mehr Personen, was das Gemeinschaftsgefühl stärkt und einen positiven Umgang mit KI kultiviert. Die Art und Weise der Einführung – ob top-down oder partizipativ – liegt in den Händen der Unternehmensführung. Allerdings fördern eine transparente Kommunikation und die Einbeziehung der Mitarbeitenden von Beginn an Akzeptanz und eine kreative und kritische Auseinandersetzung mit KI im Unternehmen.

KI-Verständnis & -Kompetenz: Der erste Schritt besteht darin zu verstehen, was künstliche Intelligenz eigentlich ist, wie sie funktioniert und welche Anwendungen in Ihrem Unternehmen möglich sind sowie das Herausarbeiten der Bereiche, in denen KI von nachhaltigem Nutzen sein kann. Dafür müssen Sie Ihren Mitarbeitenden Raum und Zeit und Unterstützung geben, KI-Kenntnisse und Datenkompetenz zu erlangen. Um Ängste oder Missverständnisse abzubauen, ist es wichtig, diese Kompetenzen über die gesamte Belegschaft zu fördern. Das bedeutet nicht, dass jede Person eine KI-Fachkraft werden muss, aber alle müssen zumindest verstehen, was künstliche Intelligenz leisten kann, welche positiven Auswirkungen sie auf ihre Aufgaben haben kann – und wo das Unternehmen der KI Grenzen setzt.

Datenkompetenz: Datenkompetenz ist ein zentraler Pfeiler für die KI-Effektivität, denn qualitativ hochwertige Daten sind das Fundament, auf dem künstliche Intelligenz aufbaut. Sie sind der Treibstoff, der KI antreibt. Es ist essenziell, dass Mitarbeitende verstehen, wie wichtig die sorgfältige Sammlung und Pflege von Daten ist, da KI ohne sie nicht effektiv arbeiten kann. Datenkompetenz bedeutet, Daten zu verstehen, zu verarbeiten, zu analysieren und sie zur Untermauerung von Argumenten zu nutzen. In der Geschäftswelt bedeutet dies, Daten korrekt zu interpretieren, zum Beispiel aus Dashboards schlüssige Erkenntnisse zu ziehen, um fundierte Geschäftsentscheidungen zu treffen – und das auch jenseits technischer Expertise.

7.2   Implementierung der KI

Wenn die Grundlagen und das Verständnis für KI gelegt sind, können wir in einem schrittweisen Prozess in die Einführung gehen, um KI in Hinblick auf eine Innovationssteigerung im Unternehmen zu implementieren.

Schritt 1: Grundlagen legen

Sobald das Fundament für das Verständnis von KI gelegt ist, müssen wir einen multidisziplinären Maßnahmenkatalog in Gang setzen, der nicht nur strategische und kulturelle Implikationen hat, sondern auch die Robustheit der Infrastruktur und der nötigen Ressourcen prüft:

Klarheit über Innovationsziele: Bestimmen Sie, welche Art von Innovation durch KI ermöglicht werden soll. Das kann sich auf die Entwicklung neuer Produkte, die Verbesserung von Dienstleistungen oder die Transformation von Geschäftsmodellen beziehen.

Verständnis des Innovationsökosystems: Identifizieren Sie in den bestehenden Innovationsprozessen genau die Schritte, in der die KI sinnvoll eingebettet werden kann, um Synergien zu schaffen und den kreativen Prozess zu unterstützen.

Mitarbeiterzentrierter Ansatz: Entwickeln Sie Strategien, die darauf abzielen, das kreative Potenzial der Mitarbeitenden durch den Einsatz von KI zu maximieren. Dies schließt Methoden ein, um Mitarbeitenden Zeit für kreatives Denken zu geben und sie zu befähigen, KI-Werkzeuge für die Ideengenerierung zu nutzen.

Integration in die Unternehmensvision: Stellen Sie sicher, dass die KI-Strategie im Einklang mit der Gesamtvision und den langfristigen Zielen des Unternehmens steht und dass sie darauf ausgerichtet ist, nachhaltige Innovation zu fördern.

Identifizieren von Flaschenhälsen: Hier ist es besonders wichtig, die Flaschenhälse im Unternehmen zu identifizieren. Was sind die banalen Aufgaben, die viel Zeit in Anspruch nehmen und durch KI erheblich beschleunigt werden könnten? Ebenso sollte sich das Unternehmen die Tätigkeiten mit der größten Wertschöpfung ansehen und prüfen, wie KI in diesen Bereichen eingesetzt werden kann.

Dynamische Strategieentwicklung: Berücksichtigen Sie, dass die KI-Strategie flexibel und anpassungsfähig sein muss, um mit der schnellen Entwicklung der KI-Technologien Schritt zu halten und ständige Innovation zu ermöglichen. Eine klare, dynamische Strategie, die sich sowohl mit der Unternehmensvision deckt als auch Mitarbeitende im Innovationsprozess in den Fokus rückt, ist ausschlaggebend. Indem man gezielt nach Tätigkeiten sucht, die durch KI optimiert werden können, legt man den Grundstein für eine effiziente und kreative Arbeitsumgebung.

Transparenz & Kommunikation: Die Vermittlung der KI-Strategie in verständlicher Sprache und das regelmäßige Diskutieren sind essenziell, um Transparenz zu schaffen und die gesamte Belegschaft auf die KI-Reise mitzunehmen. Dazu eignen sich Townhall-Meetings (eine Versammlung für alle Mitarbeitenden), Bereichs- oder Teambesprechungen sowie auch 1:1-Gespräche, wenn eine Person auf individueller Ebene große Probleme mit der Transformation hat. Wichtig ist, dass die Kommunikation transparent ist, Ängste und Befürchtungen ernst genommen werden und jederzeit Ansprechpartner:innen zur Verfügung stehen.

KI-Botschafter: Identifizieren Sie zu Beginn Ihrer Aktivitäten erste Anwenderinnen oder Einflussnehmer innerhalb Ihres Unternehmens, die zu KI-Botschaftern ausgebildet werden und die Strategie weiter ins Unternehmen tragen können. Kommunizieren Sie zeitgleich allen Mitarbeitenden, dass diese Botschafter den Weg weisen, erste Erfahrungen sammeln und in ihren Teams teilen, um künstliche Intelligenz für alle nachvollziehbar einzuführen. Es ist äußerst wichtig, zunächst die Fachexperten so früh wie möglich auf den neuesten Stand zu bringen, um schon früh Kaskadierungseffekte zu erreichen, indem diese Experten die Botschaft der neuen Technologie in das Unternehmen tragen.

Infrastruktur und Ressourcen: Für eine erfolgreiche Integration künstlicher Intelligenz in ein Unternehmen, die insbesondere die Innovationsprozesse stärkt, ist der Aufbau einer entsprechenden Infrastruktur und die Bereitstellung von Ressourcen entscheidend. Ein leistungsfähiges und flexibles technologisches Rückgrat, bestehend aus Servern, Speichersystemen und Cloud-Diensten, ist unerlässlich, um die datenintensiven Anforderungen moderner KI-Anwendungen zu bewältigen. Eine zuverlässige Dateninfrastruktur, die eine sichere und effiziente Handhabung großer Datensätze ermöglicht, bildet das Fundament, auf dem KI-Systeme lernen und sich entwickeln können. Darüber hinaus ist ein robustes Netzwerk notwendig, um den schnellen Austausch und die Analyse von Daten zu gewährleisten. Sicherheitsmechanismen zum Schutz vor Cyberbedrohungen sind ebenso zu berücksichtigen, da KI-Systeme häufig sensible Informationen verarbeiten. Um den Innovationsprozess zu fördern, sind zudem Zugänge zu modernen Entwicklungsplattformen und Tools erforderlich, die es den Teams ermöglichen, mit KI-Lösungen zu experimentieren und Prototypen zu entwickeln.

Unternehmenskultur: All diese technischen Aspekte müssen durch eine Unternehmenskultur ergänzt werden, die Fachkompetenz wertschätzt und kontinuierliche Weiterbildung in den Bereichen KI und Datenwissenschaft fördert. Das Personal muss in die Lage versetzt werden, KI-Werkzeuge nicht nur zu verwenden, sondern auch zu verstehen und weiterzuentwickeln. Eine solche Kultur unterstützt die Mitarbeitenden, über Abteilungsgrenzen hinweg zusammenzuarbeiten und Wissen zu teilen, was für die Freisetzung des vollen Innovationspotenzials von KI entscheidend ist. Die Notwendigkeit, Silos zwischen Abteilungen abzubauen, ist besonders wichtig, denn die Isolation von Teams kann zu Doppelarbeit führen und verhindern, dass Informationen und Ideen, die für Innovationen lebenswichtig sind, frei fließen. Zum Beispiel könnte die Marketingabteilung KI nutzen, um Kundenverhalten zu analysieren, während das Produktentwicklungsteam dieselbe Technologie zur Verbesserung von Produktdesigns einsetzt. Ohne eine gemeinsame Plattform und offene Kommunikationskanäle könnten beide Teams wertvolle Einblicke verpassen, was durch das Teilen von Daten und Analyseergebnissen vermieden werden kann.

Externe Partnerschaften und Netzwerke: Letztendlich sind es Partnerschaften und Netzwerke mit externen Institutionen wie Universitäten und Technologieanbietern, die den Unternehmen Zugang zu den neuesten Entwicklungen bieten und helfen, die Innovationszyklen zu beschleunigen. Indem sie diese Ressourcen und eine Kultur der Zusammenarbeit und Offenheit fördern, können Unternehmen die transformative Kraft der KI voll ausschöpfen, um neue Wege zu beschreiten und nachhaltig zu wachsen.

Schritt 2: Pilotprojekt

Beginnen Sie die KI-Implementierung mit einem Pilotprojekt, das greifbare Verbesserungen für alltägliche Unternehmensprozesse verspricht. Wählen Sie beispielsweise eine Aufgabe, die allen bekannt beziehungsweise einfach nachzuvollziehen ist und durch KI effizienter gestaltet werden könnte. Der direkte Nutzen des Projekts dient nicht nur als Beweis für das Potenzial von KI, sondern ermöglicht es den Mitarbeitenden auch, den praktischen Einsatz und die Vorteile von KI direkt zu erleben und zu verstehen. Denn: Erfolg generiert Motivation. Frühe Erfolgserlebnisse schaffen Begeisterung und erhöhen die Bereitschaft, KI selbst und/oder in größerem Umfang zu erkunden. Der Weg der KI-Implementierung ist ein Prozess, der Zeit, Geduld und Offenheit erfordert.

Schritt 3: (Weiter-)Bildungs- und Umschulungsprogramme

Upskill und Reskill: Für eine gelungene Implementierung von KI in einem Unternehmen, die Innovationsprozesse unterstützt, ist es entscheidend, gezielte Up- und Reskilling-Initiativen für die Mitarbeitenden zu entwickeln. Diese Bildungsprogramme sollten darauf abzielen, das Verständnis und die Fähigkeiten im Umgang mit KI zu verbessern, damit die Mitarbeitenden aktiv an Innovationsvorhaben teilnehmen können. Die Implementierung von KI erfordert mehr hybride Kompetenzen (Kenntnisse im Fachbereich plus KI-Kenntnisse) für neue Berufsprofile, aber auch die Notwendigkeit, Schulungen für Mitarbeitende zu entwickeln, um die Nutzenden mit den KI-Tools, ihren Grenzen und Herausforderungen vertraut zu machen.

- **Upskilling**-Initiativen können beispielsweise Workshops zum Thema »Data Literacy« umfassen, in denen Mitarbeitende lernen, Daten effektiv zu analysieren und zu interpretieren – eine Schlüsselkompetenz im Zeitalter der KI. Programmierkurse in Python oder R für Analysten und Entwicklerinnen erweitern die Fähigkeiten, maßgeschneiderte KI-Modelle zu erstellen. Zudem können Kreativworkshops, die Techniken wie Design Thinking vermitteln, die Innovationsfähigkeit der Mitarbeitenden fördern, indem sie lernen, Probleme aus verschiedenen Perspektiven zu betrachten und kundenorientierte Lösungen zu entwickeln.

- **Reskilling**-Programme sind insbesondere für jene Mitarbeitenden wichtig, deren Rollen sich durch die Einführung von KI grundlegend verändern werden. Ein Beispiel ist die Umschulung von Kundenservice-Mitarbeitenden in die Rolle von KI-Trainern, die Chatbots und Sprachassistenten mit Fachwissen füttern und deren Interaktionen überwachen, um die Qualität und »Menschlichkeit« der KI-gestützten Kommunikation sicherzustellen. Durch solche gezielten Bildungsmaßnahmen können Mitarbeitende nicht nur ihre bestehenden Rollen anpassen und erweitern, sondern es fördert eine Kultur der ständigen Innovation und Anpassungsfähigkeit, die für den langfristigen Erfolg von KI-Initiativen in einem Unternehmen unerlässlich ist.

Schritt 4: Datenmanagement

Jetzt kommt die Fleißarbeit. Für eine erfolgreiche Implementierung von KI in Ihrem Unternehmen, mit einem starken Fokus auf Innovationsprozesse, ist die Sammlung und Aufbereitung qualitativ hochwertiger Daten entscheidend.

- Zuerst sollten Sie **relevante Datenquellen** identifizieren, die wertvolle Einsichten für Ihre spezifischen KI-Anwendungen liefern können. Dies können interne Daten sein – zum Beispiel Produktionsdaten, Kundeninteraktionsprotokolle oder Verkaufszahlen – sowie externe Daten wie Markttrends, soziodemografische Statistiken oder Wettbewerberinformationen. Dazu müssen Sie Richtlinien für die Datenverwaltung aufstellen und den Datenschutz und die Datensicherheit gewährleisten. Sie müssen eine sogenannte Datenpipeline einrichten, die Daten sammeln, bereinigen und an Ihre KI-Algorithmen weiterleiten kann. Holen Sie sich Datenwissenschaftler:innen an Bord und beziehen Sie sowohl vorhandene, historische Daten als auch Methoden zur Erfassung zukünftiger Daten mit ein.
- Nach der Identifikation der Datenquellen ist es wichtig, die Daten zu **säubern** und zu **strukturieren**. Das bedeutet, fehlende Werte zu ergänzen, Duplikate zu entfernen und die Daten in ein einheitliches Format zu bringen, damit die KI-Modelle sie effektiv verarbeiten können. Daten müssen auch oft normalisiert oder transformiert werden, um Verzerrungen zu vermeiden und die Aussagekraft der KI-Ergebnisse zu erhöhen. Ein Beispiel für die Datenaufbereitung für ein KI-System ist die Bearbeitung von Kundenservicedaten, um Kundenanfragen zu klassifizieren und zu beantworten. In diesem Prozess müssen die Textdaten der Kundenanfragen zunächst vorbereitet werden. Dies geschieht durch das Zerlegen des Textes in sogenannte »Token«. Token sind im Wesentlichen die Grundbausteine des Textes, wie Wörter oder Sätze. Nachdem der Text in Token aufgeteilt wurde, analysiert das System die Häufigkeit bestimmter Begriffe. Dies hilft dabei, die wichtigsten Themen und Anliegen in den Kundenanfragen zu identifizieren. Zusätzlich werden irrelevante Informationen, die nicht zur Beantwortung der Anfragen beitragen, entfernt. Diese Vorverarbeitungsschritte sind wichtig, um das KI-Modell effizient zu trainieren, sodass es in der Lage ist, Kundenanfragen genau zu klassifizieren und passende Antworten zu generieren.
- Für die Innovationsprozesse ist es zudem essenziell, Daten so **aufzubereiten**, dass sie neue Muster erkennen lassen, die zu innovativen Produkten, Dienstleistungen oder Prozessverbesserungen führen können. KI kann dabei helfen, versteckte Korrelationen und Trends in den Daten zu entdecken, die ohne die entsprechende Analysetiefe unentdeckt bleiben würden.

Ein fortlaufender Prozess zur Datenaktualisierung und -pflege ist unerlässlich, um die Relevanz und Genauigkeit der KI-Anwendungen im Zeitverlauf zu gewährleisten. Nur so können KI-Systeme kontinuierlich lernen und sich an verändernde Bedingungen anpassen, was für die Aufrechterhaltung eines innovativen Unternehmensumfeldes entscheidend ist.

Aus Big Data smarte Daten machen: Um aus Big Data sogenannte Smart Data zu machen, also große Datenmengen in nützliche, wertvolle Informationen umzuwandeln, werden verschiedene Schritte unternommen. Big Data bezieht sich auf die riesigen Mengen an Daten, die durch Technologien wie Sensoren erfasst werden. Diese Daten haben das Potenzial, in verschiedenen Bereichen der Wertschöpfungskette Mehrwert zu schaffen.

Der Prozess, aus Big Data Smart Data zu machen, beinhaltet:
1. **Datenauswahl und -filterung:** Zunächst werden relevante Daten aus den riesigen Datenmengen ausgewählt. Dies beinhaltet das Identifizieren und Extrahieren von Daten, die für eine bestimmte Anwendung nützlich sind.
2. **Datenanalyse mit KI-Systemen:** Künstliche Intelligenz (KI) wird eingesetzt, um Muster, Trends und wichtige Erkenntnisse aus den ausgewählten Daten zu extrahieren. KI-Modelle können komplexe Datenmengen analysieren und verwertbare Informationen daraus ableiten.
3. **Berücksichtigung von Randbedingungen:** Die Art der verfügbaren Daten, Sensormodalitäten und Hintergrundinformationen über zugrunde liegende physikalische Prozesse spielen eine wichtige Rolle. Sie beeinflussen, wie Daten interpretiert und verarbeitet werden.
4. **Transformation in Smart Data:** Schließlich werden die durch KI analysierten und verarbeiteten Daten in Smart Data umgewandelt. Smart Data sind aufbereitete, verständliche und für spezifische Anwendungen nutzbare Informationen.

Durch diesen Prozess werden große, oft unübersichtliche Datenmengen in präzise und aussagekräftige Informationen umgewandelt, die in verschiedenen Branchen und Anwendungsbereichen wertvoll sind. Dadurch kann der Wert der ursprünglichen Big Data vollständig ausgeschöpft werden, und diese smarten Daten sind eine wesentliche Voraussetzung für die gelungene Implementierung der KI.

Schritt 5: Implementierung
Um Künstliche Intelligenz (KI) in Ihrem Unternehmen zu implementieren, müssen Sie, nachdem die notwendige Infrastruktur und Datenbereitstellung eingerichtet sind, KI-Algorithmen entwickeln oder anpassen, die Ihren spezifischen Anforderungen entsprechen. Diese Algorithmen sollten mit Ihren Daten trainiert und nahtlos in Ihre Arbeitsabläufe integriert werden. Es ist wichtig, die Leistung Ihrer KI-Systeme regelmäßig zu überwachen und bei Bedarf Anpassungen vorzunehmen. Stellen Sie außer-

dem sicher, dass alle relevanten Daten automatisch in das KI-System einfließen und richten Sie eine Feedbackschleife ein, damit die KI kontinuierlich lernen und sich verbessern kann. Wählen Sie dabei Algorithmen, die ein gewisses Maß an Erklärbarkeit bieten, um eine Blackbox-Situation zu vermeiden.

KI in die Entscheidungsfindung einbetten: KI sollte zur Unterstützung von Entscheidungsprozessen auf allen Ebenen des Unternehmens eingesetzt werden. Dazu gehört nicht nur die Nutzung von KI zur Gewinnung von Erkenntnissen, sondern auch die Schulung Ihrer Mitarbeitenden, damit sie diese Erkenntnisse effektiv interpretieren und nutzen können.

Kultur des Experimentierens fördern: Eine Kultur des Experimentierens ist für die erfolgreiche Implementierung von KI in Unternehmen entscheidend, da sie Innovation und kontinuierliche Verbesserung fördert. In einem solchen Umfeld werden Mitarbeitende ermutigt, neue Ideen zu testen, Hypothesen zu überprüfen und aus Fehlern zu lernen – ohne Angst vor negativen Konsequenzen. Dies ist besonders wichtig für KI-Projekte, da diese oft explorativ sind und ein hohes Maß an Unsicherheit mit sich bringen, die aber die Mitarbeitenden beim Ausprobieren nicht verunsichern dürfen.

Indem Unternehmen eine Kultur des Ausprobierens und damit auch Scheiterns fördern, in der das Testen und Erforschen von KI-Technologien Teil des alltäglichen Geschäfts ist, können sie nicht nur die Akzeptanz der Mitarbeitenden erhöhen, sondern auch einen Rahmen schaffen, in dem kontinuierliche Innovationen gedeihen können.

Feiern Sie Erfolge: Dieser Schritt klingt trivial, aber ich bin überzeugt, dass er sehr wichtig ist: Wenn KI-Projekte erfolgreich sind, sollten Sie diese Erfolge feiern. Leben Sie Wertschätzung, machen Sie Erfolge zu einem kleinen Fest – auch abseits des Arbeitsumfeldes. Sie werden staunen, wie gut das allen Beteiligten tut. Und es schadet auch nicht, die Fehler mitzufeiern und was sie aus ihnen gelernt haben.

Kontinuierliches Lernen und Weiterentwicklung: Eine KI-Einführung ist – neben der Integration und Förderung der Mitarbeitenden, kein einmaliges technisches Ereignis, sondern ein fortlaufender Prozess. Sie müssen Ihre KI-Algorithmen ständig auf der Grundlage neuer Daten, Rückmeldungen und sich ändernder Geschäftsanforderungen aktualisieren. Dies erfordert eine Kultur des kontinuierlichen Lernens und der Weiterentwicklung. Sie brauchen Champions im Unternehmen, die mit der sich ständig weiterentwickelnden Welt der KI-Tools und -Prozesse Schritt halten. Künstliche Intelligenzlernt durch ein Feedback-System: Sie nimmt Daten auf und erstellt basierend darauf eine Vorhersage. Nachdem die Vorhersage gemacht wurde, beobachtet die KI, ob sie eingetroffen ist. Trifft die Vorhersage zu, stärkt dies das Vertrauen der KI in ihren Algorithmus. Trifft sie jedoch nicht zu, nutzt die KI diese Erfahrung, um ihre zukünftigen Vorhersagen zu verbessern. KI-Modelle müssen regelmäßig mit neuen und aktuellen Daten trainiert werden, um auf Veränderungen in ihrem Einsatzumfeld reagieren zu können. Ein Beispiel dafür sind Navigations-Apps, die sich an veränderte Straßenverhältnisse anpassen müssen, oder Werbekampagnen, die auf wechselnde Verbrauchergewohnheiten reagieren.

Feedbackdaten – ein A und O

KI-Modelle können schnell veralten, wodurch die Qualität ihrer Vorhersagen abnimmt. Um dies zu verhindern und die Genauigkeit der Vorhersagen aufrechtzuerhalten, insbesondere in sich ständig verändernden Umgebungen, ist es entscheidend, die Modelle kontinuierlich mit Feedbackdaten zu aktualisieren. Diese Feedbackdaten entstehen durch die ständige Überwachung und Bewertung der Leistung der Vorhersagen des KI-Modells. Dabei werden Informationen über die Genauigkeit der Vorhersagen gesammelt und den ursprünglichen Daten zugeordnet, die zu diesen Vorhersagen geführt haben. Durch die Kombination dieser Informationen entstehen wertvolle Feedbackdaten, die dann verwendet werden, um die Algorithmen des KI-Modells zu verbessern. Das Ziel ist eine kontinuierliche Feedbackschleife zu etablieren, die es dem KI-System, und damit dem Unternehmen als Ganzes, ermöglicht, sich ständig weiterzuentwickeln und zu verbessern.

Zusammenfassend lässt sich sagen, dass die Implementierung von KI in Unternehmen ein komplexer, aber lohnender Prozess ist, der eine sorgfältige Planung und Anpassung erfordert. Durch die erfolgreiche Integration von KI-Technologien können Unternehmen ihre Effizienz steigern, Innovationen vorantreiben und neue Möglichkeiten erschließen. Wichtig ist dabei, dass die KI-Systeme regelmäßig aktualisiert und an die sich ändernden Bedingungen angepasst werden, um ihren vollen Wert auszuschöpfen.

Dies führt uns zum nächsten Kapitel, in dem wir die neuen Funktionen und Rollen betrachten, die in Unternehmen aufgebaut werden müssen, um die KI-Implementierung zu unterstützen und zu optimieren. Diese neuen Funktionen sind entscheidend, um sicherzustellen, dass die KI nicht nur effektiv arbeitet, sondern auch kontinuierlich verbessert und an die sich wandelnden Bedürfnisse und Herausforderungen des Unternehmens angepasst wird.

7.3 Neue Rollen und Verantwortlichkeiten

Im Zuge der Einführung von künstlicher Intelligenz in Unternehmensstrukturen eröffnet sich ein neues Spektrum an Rollen und Funktionen, die entscheidend für den Erfolg und die Integration dieser fortschrittlichen Technologie sind. Dieses Kapitel beleuchtet die neuen Berufsbilder und die Transformation bestehender Funktionen, die durch die Implementierung von KI notwendig werden – mit einem besonderen Augenmerk auf die Förderung von Innovationsprozessen.

KI-Strategin/-Projektleiterin: Die KI-Strategin ist eine Schlüsselfigur für die erfolgreiche Implementierung künstlicher Intelligenz in Ihrem Unternehmen, insbesondere wenn es um die Förderung von Innovationsprozessen geht. Diese Rolle beinhaltet das Entwickeln und Steuern der strategischen Ausrichtung der KI-Initiativen, um sicherzustellen, dass sie mit den Unternehmenszielen und dem Innovationsstreben des Unternehmens in Einklang stehen. Sie muss über ein stabiles Verständnis der KI-Funktionen, der Unternehmensstrategie und des Änderungsmanagements sowie über ausgezeichnete Kommunikationsfähigkeiten verfügen und ist ein Paradebeispiel für eine hybride Managerin. Sie leitet die Implementierung von KI, indem sie Geschäftsprozesse identifiziert, die von KI profitieren könnten, und eine Roadmap für die Einführung von KI-Technologien plant. In kleinen Unternehmen kann dies auch die Gründerin/Eigentümerin sein.

Eine KI-Strategin analysiert Markttrends und Technologieentwicklungen, um Chancen für die Nutzung von KI zu identifizieren, die dem Unternehmen einen Wettbewerbsvorteil verschaffen könnten. Darüber hinaus arbeitet sie eng mit verschiedenen Abteilungen zusammen, um eine kohärente KI-Vision zu schaffen und zu kommunizieren, die sicherstellt, dass alle Mitarbeitenden verstehen, wie ihre Arbeit zur Gesamtstrategie beiträgt. Sie spielt auch eine wichtige Rolle bei der Schaffung einer Kultur des Experimentierens und Lernens, indem sie Räume für Innovation schafft und Mitarbeitende ermutigt, neue Ideen auszuprobieren und aus Fehlern zu lernen.

Datenwissenschaftler (Data Scientist): Der Data Scientist erstellt Modelle unter Verwendung von Algorithmen des maschinellen Lernens, analysiert komplexe Datensätze und liefert Erkenntnisse, um strategische Entscheidungen zu treffen. Zu den wesentlichen Fähigkeiten gehören statistische Analysen, Programmiersprachen wie Python oder R, maschinelles Lernen und Deep-Learning-Algorithmen. Der Data Scientist nutzt Algorithmen des maschinellen Lernens, um das Kundenverhalten zu analysieren und künftige Kaufmuster vorherzusagen, die als Grundlage für die Unternehmensstrategie dienen können. Idealerweise arbeitet ein (oder mehrere) Data Scientist mit Fachexpertinnen im Unternehmen zusammen, die über Spezialwissen verfügen, um einen umfassenden fachlichen Austausch sowie Synergieeffekte zu ermöglichen.

Dateningenieur (Data Engineer): Data Engineers bereiten die Big-Data-Infrastruktur vor, die von Data Scientists analysiert werden soll. Sie sind für den Aufbau von Datenpipelines, die Integration von Daten aus verschiedenen Quellen und die Sicherstellung von Datenverfügbarkeit, -qualität und -datenschutz verantwortlich. Zu den wichtigsten Fähigkeiten gehören Programmierung, Datenmodellierung, Data Warehousing und Kenntnisse von Big-Data-Tools wie Hadoop, Hive oder Spark. Ein Data Engineer sollte die Infrastruktur aufbauen, um Daten aus verschiedenen Quellen zu sammeln, sie zu bereinigen und sie für Data Scientists nutzbar zu machen.

Ingenieurin für maschinelles Lernen (Machine-Learning-Engineer, ML): Ingenieurinnen für maschinelles Lernen, eine der derzeit gefragtesten Qualifikationen, sind für die Umsetzung der von Data Scientists entwickelten Vorhersagemodelle in produktionsreifen Code verantwortlich. Zu den Schlüsselqualifikationen gehören fundierte Kenntnisse von Algorithmen des maschinellen Lernens, die Beherrschung mehrerer Programmiersprachen und die Fähigkeit, hochleistungsfähige Algorithmen zu erstellen, die in großem Umfang eingesetzt werden können. Ein Machine Learning Engineer nimmt ein von einem Data Scientist entwickeltes Vorhersagemodell und optimiert es so, dass es in einer Produktionsumgebung effizient läuft.

KI-Ethikbeauftragter: Der KI-Ethikbeauftragte stellt sicher, dass KI auf ethische und rechtskonforme Weise eingesetzt wird. Dazu gehört die Berücksichtigung von Themen wie Datenschutz, Voreingenommenheit, Transparenz, Werte und Verantwortlichkeit. Zu den wichtigsten Fähigkeiten gehören das Verständnis der KI-Ethik, der Gesetzgebung im Zusammenhang mit KI und Datenschutz sowie die Fähigkeit, komplexe Sachverhalte klar zu kommunizieren. Ein KI-Ethikbeauftragter kann auch für die Durchführung von Folgenabschätzungen für KI-Projekte zuständig oder an ihr beteiligt sein, um potenzielle ethische Risiken zu ermitteln und Strategien zur Risikominderung vorzuschlagen. Dies muss nicht unbedingt eine Vollzeitstelle sein, sondern könnte auch zwischen anderen Funktionen aufgeteilt werden oder im Aufsichtsrat angesiedelt sein.

Fachexperte (Subject Matter Expert, SME): Ein Fachexperte spielt eine entscheidende Rolle bei der Implementierung von künstlicher Intelligenz in einem Unternehmen, indem er tiefgreifendes Fachwissen in den Entwicklungs- und Anwendungsprozess von KI-Systemen einbringt. Dieses Wissen ist unverzichtbar, um sicherzustellen, dass die entwickelten KI-Modelle relevante, genaue und effektive Lösungen für die spezifischen Herausforderungen des Unternehmens bieten. Beispielsweise würde ein SME im Bereich Finanzen dabei helfen, ein KI-Modell zu trainieren, das für die Vorhersage von Markttrends zuständig ist. Er würde das KI-Team mit seinem Verständnis über finanzielle Indikatoren und Marktdynamiken unterstützen, um sicherzustellen, dass das Modell relevante Variablen berücksichtigt und treffsichere Prognosen liefert.

In Innovationsprozessen ist der Fachexperte besonders wichtig, da er das Potenzial hat, mit seinem Spezialwissen neue Anwendungsfälle für KI zu identifizieren. Zum Beispiel kann ein SME im Gesundheitswesen wertvolle Einblicke in die Entwicklung einer KI geben, die medizinische Diagnosen unterstützt, indem er spezifisches Wissen über Krankheitsbilder und Behandlungsmethoden beisteuert.

Die Einbindung von SMEs in KI-Projekte fördert nicht nur die Entwicklung robuster und zielgerichteter KI-Anwendungen, sondern sorgt auch dafür, dass die Innovationen tatsächlich den Anforderungen und Erwartungen der jeweiligen Branche entsprechen und einen echten Mehrwert für das Unternehmen darstellen.

Zusammenarbeit der Rollen

Für eine erfolgreiche Implementierung von KI in einem Unternehmen müssen verschiedene Schlüsselrollen effektiv zusammenarbeiten und ihre jeweiligen Fachkenntnisse einbringen:

- Der Subject Matter Expert (SME) liefert tiefgehende Branchen- und Fachkenntnisse, die für die Entwicklung relevanter KI-Lösungen unerlässlich sind. Zum Beispiel kann ein SME im Einzelhandel die KI-Teams darüber informieren, wie Kundinnen Kaufentscheidungen treffen.
- Der Data Scientist analysiert und verarbeitet Daten, um Modelle zu erstellen, die für maschinelles Lernen genutzt werden können. Er arbeitet eng mit dem SME zusammen, um die Daten im richtigen Kontext zu interpretieren und zu nutzen.
- Die KI-Ethikbeauftragte stellt sicher, dass alle KI-Initiativen ethische Standards einhalten und keine Vorurteile erzeugen oder Datenschutzverletzungen begehen. Sie berät und überwacht die Arbeit des Data Scientist und der ML-Ingenieurin, um ethisch vertretbare Modelle zu gewährleisten.
- Die KI-Strategin definiert die übergreifende KI-Strategie des Unternehmens und sorgt dafür, dass die Arbeit der einzelnen Teammitglieder auf das Gesamtziel ausgerichtet ist. Sie sorgt für die strategische Ausrichtung und unterstützt bei der Priorisierung von Projekten, bei denen der SME und Data Scientist eng zusammenarbeiten.
- Der ML-Ingenieur implementiert und optimiert KI-Modelle, die der Data Scientist entwickelt hat. Er nutzt das Fachwissen des SME, um sicherzustellen, dass die Modelle korrekt funktionieren und den Anforderungen des Unternehmens entsprechen.

Beispiel: In der Praxis könnte der Innovationsprozess in einem E-Commerce-Unternehmen folgendermaßen ablaufen: Zunächst identifiziert der Fachexperte (Subject Matter Expert, SME) aus dem Vertriebsteam wichtige Trends und Bedürfnisse der Kund:innen, etwa ein wachsendes Interesse an umweltfreundlichen Produkten. Diese Erkenntnisse teilt der SME mit dem Data Scientist, der daraufhin prädiktive Modelle entwickelt, um zukünftige Verkaufstrends in dieser Produktkategorie vorherzusagen. Ein Machine-Learning-Ingenieur nimmt diese Modelle und integriert sie in die IT-Infrastruktur des Unternehmens, sodass das E-Commerce-System automatisch Produkte hervorhebt, die voraussichtlich stark nachgefragt werden. Gleichzeitig überprüft der KI-Ethikbeauftragte die Modelle daraufhin, ob sie Fairness gewährleisten und keine Kundengruppen benachteiligen. Der KI-Stratege überwacht diesen Prozess und passt die Strategie an, um sicherzustellen, dass das Unternehmen nicht nur kurzfristigen Gewinn erzielt, sondern auch langfristig als führender Anbieter für umweltfreundliche Produkte positioniert wird. Diese koordinierte Zusammenarbeit ermöglicht es dem

Unternehmen, auf Kundenbedürfnisse effektiv zu reagieren und seine Marktposition strategisch zu stärken.

Die enge Zusammenarbeit und eine ständige Kommunikation zwischen diesen Rollen sind essenziell, um die Entwicklung und Implementierung von KI in Unternehmen erfolgreich und verantwortungsbewusst zu gestalten. Seien Sie sich immer bewusst, dass die Implementierung von KI ein Veränderungsprozess ist. Und bei der Einführung von KI haben wir es mit einer immensen Veränderung zu tun. Wandel braucht Zeit – und die Akzeptanz aller Beteiligten.

7.4 Innovation und Kreativität in Unternehmen

Bei der Implementierung künstlicher Intelligenz in Ihre Unternehmensprozesse sollte ein besonderes Augenmerk auf die Förderung und Integration von Innovationsprozessen gelegt werden. Innovation in Verbindung mit KI ist nicht nur ein Produkt technologischer Fortschritte, sondern vor allem das Ergebnis einer Unternehmenskultur, die kreative Freiräume schafft und nutzt.

Raum für Innovationsprozesse geben

Um Innovationsprozesse in der KI-Implementierung zu berücksichtigen, sollten Unternehmen aktiv Räume für kreatives Denken und interdisziplinären Austausch schaffen. Das kann beispielsweise durch regelmäßig stattfindende Innovationsworkshops geschehen, in denen Mitarbeitende unterschiedlicher Abteilungen zusammenkommen, um über den Einsatz von KI in ihren Bereichen zu brainstormen. Dabei können beispielsweise Vertriebsmitarbeitende mit KI-Entwicklern zusammenarbeiten, um personalisierte Kundeninteraktionen zu konzipieren, die über Standardlösungen hinausgehen. Oder Sie schaffen auch räumlich einen Ort – ein KI-Café – in Ihrem Unternehmen, an dem sich Mitarbeitende einmal die Woche – freiwillig – für eine Stunde treffen, um Ideen und Erfahrungen auszutauschen. Experimentieren auch Sie, was möglich ist, gut angenommen wird und hören Sie sich die Vorschläge Ihrer Mitarbeitenden an.

Kreative Anwendung von KI als Innovationsmotor

Die Idee ist, künstliche Intelligenz nicht nur als ein Werkzeug zu betrachten, sondern sie als eine aktive Partnerin im kreativen Prozess zu sehen. Ein konkretes Beispiel ist ein Modeunternehmen, das KI nutzt, um Kundenfeedback zu analysieren. Statt sich nur auf offensichtliche Trends und Vorlieben zu konzentrieren, erkennt die KI ungewöhnliche Muster in den Daten – beispielsweise eine plötzlich steigende Nachfrage nach einer bestimmten Farbe oder einem ungewöhnlichen Material in verschiedenen Kundengruppen.

Diese Erkenntnisse führen zu völlig neuen Produktideen, wie einer neuen Kollektion, die auf diesen unkonventionellen Mustern basiert. In diesem Szenario agiert die KI nicht nur als Datenanalyst, sondern als Katalysator für Kreativität, indem sie neue Perspektiven und Möglichkeiten aufzeigt, die menschlichen Designern vielleicht nicht in den Sinn gekommen wären. Dieser Ansatz ermöglicht es dem Unternehmen, innovative Produkte zu entwickeln, die sich von der Konkurrenz abheben und neue Trends setzen.

Mitarbeitende als Innovatoren
Entscheidend ist auch, dass Mitarbeitende ermutigt werden, selbst zu Innovatoren zu werden. Dazu könnten Fortbildungsprogramme gehören, die sie in die Grundlagen der KI einführen und ihnen zeigen, wie sie KI-Tools für ihre eigenen innovativen Projekte einsetzen können. So könnte ein Mitarbeiter im Bereich Kundenbetreuung eine KI-basierte Lösung vorschlagen, die nicht nur Anfragen bearbeitet, sondern auch proaktiv Serviceverbesserungen anregt.

Das Spannende ist, dass Technologie und deren Innovationspotenzial durch die KI demokratisiert werden. In der Vergangenheit war die Datenverarbeitung auf technisch kompetente Informatiker, Mathematikerinnen und Softwareingenieure beschränkt. Indem wir durch den Einsatz künstlicher Intelligenz die Schnittstellen zwischen Menschen und Maschinen weiter verbessern, können wir neue Fähigkeiten in großem Umfang für jede Person freisetzen. Denn künstliche Intelligenz macht es an vielen Stellen leichter, dass auch Menschen ohne technische Kenntnisse sie nutzen können – insbesondere, wenn es um Kreativität geht. Wenn wir die Distanz zwischen Wissen und Menschen jeglicher Herkunft verringern, können wir die Geschwindigkeit erhöhen, mit der sie experimentieren und neue Innovationen erschaffen.

Im Kern bleibt das Geschäftsleben ein Bereich, der von Menschen geprägt ist. Erfolgreiche Unternehmen nutzen künstliche Intelligenz (KI), um ihre Belegschaft und Arbeitsprozesse kontinuierlich weiterzuentwickeln und zu verbessern. Der Fokus liegt darauf, wie KI die Mitarbeiter unterstützen kann, ihre menschlichen Fähigkeiten und Qualitäten zu maximieren, anstatt sie zu ersetzen. Es ist wichtig, dass Unternehmen und Führungskräfte eine Kultur fördern, in der KI als Werkzeug zur Verbesserung der menschlichen Arbeit verstanden wird. Dabei gilt es, die nächste Generation von Führungskräften zu ermutigen und zu schulen, diese Denkweise zu übernehmen und umzusetzen. Dadurch kann KI effektiv genutzt werden, um sowohl die Mitarbeiter als auch das gesamte Unternehmen voranzubringen.

Innovationen messen
Im Kontext der KI-Implementierung sollten Unternehmen auch Metriken und KPIs definieren, die Innovation messbar machen. Dies könnte die Anzahl der durch KI-Tools generierten neuen Produktideen sein oder die Verbesserung der Zeiteffizienz durch automatisierte Prozesse, die Mitarbeitenden mehr Raum für kreative Aufgaben lassen.

Die Zukunft der KI-Implementierung in Unternehmen liegt nicht allein in der Technologie selbst, sondern in der Art und Weise, wie sie die kreative menschliche Kapazität erweitert und umgestaltet. Unternehmen, die eine Kultur pflegen, in der KI als integraler Bestandteil des Innovationsprozesses angesehen wird, werden in der Lage sein, nicht nur ihre aktuellen Geschäftsprozesse zu verbessern, sondern auch die Grundlagen für die Entwicklung neuer Geschäftsmodelle und -strategien zu legen, die das Potenzial haben, ihre Branchen zu transformieren.

Die Implementierung von KI bedeutet, (unternehmerisch) zu überleben

Die Wirtschaftsgeschichte zeugt von etablierten Unternehmen, die durch aufkommende, agile Wettbewerber vom Thron gestoßen wurden. Diese Marktführer haben sich auf ihren Lorbeeren ausgeruht und den entscheidenden Wendepunkt verpasst: Innovation und Neuerfindung. Blockbuster hielt zu lange an seinen Videotheken fest und wurde von Netflix überrannt, das mit seinem Streaming-Modell den Markt revolutionierte. Kodak versäumte den digitalen Wandel der Fotografie und musste den Preis für diese Ignoranz zahlen.

Anpassung ist für jeden Organismus unabdingbar, um in seinem Ökosystem zu überleben und zu gedeihen. Diese Beispiele verdeutlichen die Notwendigkeit der »kreativen Selbstzerstörung« – die Bereitschaft, bewährte Geschäftsmodelle zugunsten innovativer Technologien aufzugeben. KI steht als nächste disruptive Kraft am nahen Horizont und Unternehmen, die jetzt nicht lernen, sie effektiv zu nutzen und ihr Geschäftsmodell anzupassen oder umzustellen, könnten bald von wendigeren Konkurrenten abgehängt werden.

Disruption und First-Mover-Vorteile

Eine KI-Implementierung kann disruptiv sein, also ein System oder sein Gleichgewicht (zer)stören. Die wirkliche Herausforderung besteht darin zu erkennen, dass radikale technologische Veränderungen die Leistung nicht in Bezug auf traditionelle Messgröße verbessern, sondern die Leistung in Bezug auf Messgrößen verbessern können, die nicht im Fokus der bestehenden Industrie stehen. Dies kann zu sogenannten blinden Flecken für die etablierten Unternehmen führen. Kodak beispielsweise hatte die Qualität seiner analogen Filme immer mehr verbessert und das beste Produkt in ihrem Markt. Eigentlich hat das Unternehmen also tadellose Arbeit geleistet bezüglich aller historischen Messgrößen in seinem Markt. Aber es hat versäumt, sich der neuen Technologie, der Digitalisierung der Fotografie, anzupassen. Und das genau war Kodaks blinder Fleck.

Vorteile der First Mover

Unternehmen, die künstliche Intelligenz früh strategisch einsetzen, positionieren sich gut, um von den weitreichenden Kaskaden- und Multiplikatoreffekten zu profitieren, die KI mit sich bringt. Die Essenz von KI ist das maschinelle Lernen, ein Prozess, der mit der frühen Implementierung beginnt. Sobald KI aktiv ist, startet ein sich selbst verstärkendes System – ein Schwungrad, das an Fahrt gewinnt, indem es kontinuierlich aus Daten lernt. Und es dreht sich immer schneller und effektiver, je mehr Daten und Feedback es bekommt.

Und genau dieses Schwungrad erklärt, warum Risikokapitalgebende zurzeit so aggressiv und flächendeckend in KI-Start-ups investieren. Der datengetriebene Vorsprung der Pioniere entsteht durch eine positive Rückkopplung: Bessere Vorhersagen locken mehr Nutzende an, deren Feedback die Vorhersagen weiter verbessert, was wiederum mehr Nutzende anzieht. Für Nachzügler wird es zunehmend schwierig, diesen Vorsprung aufzuholen. In dieser Situation können Konkurrenten, die die Erfassung von Feedbackdaten nicht in ihr Design integrieren, diesen (Daten-)Wissens- und Marktvorsprung möglicherweise nicht mehr aufholen.

Denken Sie an den Erfolg von Google: Durch die Verknüpfung von Werbung mit Käufen kann Google von Rückkopplungsschleifen profitieren und das System lernt, ob eine Vorhersage richtig war oder nicht – und aktualisiert das Modell für das nächste Mal, und zwar kontinuierlich. Das heißt, Google misst durchgängig, inwieweit Display-Anzeigen für bestimmte Personen zum Kauf geführt haben oder nicht und optimiert auf dieses Wissen hin unentwegt seine Algorithmen. Dieser rasante Optimierungsprozess – der auf jahrzehntelangen Investitionen in Hardware, Talente und Datensammlung basiert – macht es neuen Akteuren bisher schier unmöglich, die Marktallmacht von Google, die über 90 Prozent des globalen Suchmaschinenmarktes ausmacht, anzugreifen.

Als Microsoft 2009 seine hauseigene Suchmaschine Bing auf den Markt brachte, investierte das Unternehmen mehrere Milliarden Dollar. Doch auch nach 14 Jahren und dem Einsatz milliardenschwerer Investitionen liegt der Marktanteil von Bing sowohl beim Suchvolumen als auch bei den Werbeeinnahmen immer noch deutlich unter dem von Google. Warum?

Ein wichtiger Grund ist, dass Google sich einen entscheidenden First-Mover-Vorteil gesichert hat, indem das Unternehmen frühzeitig auf einen überlegenen Algorithmus setzte, der relevantere Suchergebnisse lieferte und durch Feedbackschleifen kontinuierlich verbessert wurde.

Die Botschaft für alle Unternehmen und Unternehmer:innen lautet: Setzen sie das KI-Schwungrad so früh wie möglich in Bewegung! Je früher es mit Daten gefüttert wird und je mehr Feedbackschleifen es durchläuft, desto schwieriger wird es für die Konkurrenz, Sie einzuholen.

Feedbackschleife

Feedbackschleifen bedeuten, dass frühe Marktteilnehmer, die First Mover, einen echten Vorteil haben. Ein früher Einstieg bedeutet mehr Daten. Mehr Daten bedeuten bessere Vorhersagen. Bessere Vorhersagen bedeuten mehr Kund:innen und eine höhere Nutzung Ihres Produktes, was wiederum zu mehr Daten führt. Diese selbstverstärkende Dynamik mündet in einem Wettrennen um die umfassende und schnelle Implementierung von KI, um diesen sich selbst verstärkenden Zyklus zu nutzen und zu dominieren.

Game Changer KI

Künstliche Intelligenz avanciert zum entscheidenden Wendepunkt in der Geschäftswelt. Ihr Einsatz wird so grundlegend und allgegenwärtig sein wie Elektrizität. Sie ist der Wegbereiter für einen »digitalen Taylorismus«, bei dem Geschäftsprozesse in kleinste Segmente unterteilt und durch KI optimiert werden. Unternehmen wie Bosch, das bereits eine Vorreiterrolle mit einer beachtlichen Anzahl an Patenten einnimmt, haben es laut ihrem Konzernchefs Stefan Hartung schon dieses Jahr das ambitionierte Ziel erreicht, »dass alle Produkte und Lösungen von Bosch KI enthalten oder mit KI entwickelt beziehungsweise produziert worden sind« (Buchenau, 2023). Das setzt völlig neue Maßstäbe in der Produktinnovation.

Die Einführung von KI bringt zwar Herausforderungen mit sich, wie etwa temporäre Effizienzverluste, da etablierte Prozesse und Produkte überarbeitet oder gänzlich ausgetauscht werden müssen, um sie für KI zu optimieren. Diese anfänglichen Schwierigkeiten können jedoch zu einer gesteigerten Anpassungs- und Innovationsfähigkeit führen. Sobald KI integriert ist, kann sie aus Erfahrungen lernen und so Prozesse und Produkte fortlaufend verbessern, was letztendlich zu einer signifikanten Leistungssteigerung führt.

Um das volle Potenzial von KI auszuschöpfen und transformative Veränderungen herbeizuführen, müssen diese Herausforderungen mutig und strategisch angegangen werden; und zwar schnell. Nur dadurch können Unternehmen sich zukunftssicher machen und ihre Resilienz stärken.

Eine Studie der Boston Consulting Group von 2022 zur Implementierung von KI brachte interessante Ergebnisse hervor, die uns Wegweiser sein sollten: Unternehmen, die KI implementiert und einen bedeutenden Wert aus ihren KI-Investitionen erzielt haben, investieren im Durchschnitt zehn Prozent in Algorithmen, 20 Prozent in Technologien und 70 Prozent in die Einbettung von KI in Geschäftsprozesse und agile Arbeitsweisen (Beauchene et al., 2022). Mit anderen Worten: Die Unternehmen, die KI erfolgreich implementieren, investieren doppelt so viel in Menschen und Prozesse wie in Technologien.

Die Einführung von künstlicher Intelligenz ist also auch von einer gewissen Ironie geprägt: Bei KI handelt sich um den vielleicht bedeutendsten technologischen Wandel in der Wirtschaftsgeschichte – und doch geht es im Kern weiterhin um Menschen. Denn der Einsatz von KI erfordert vor allem Investitionen in die Mitarbeitenden. Sie müssen aufgeklärt, überzeugt, ihre Fähigkeiten geschärft und ihr Verständnis für diese neue Technologie gefördert werden.

Der Schlüssel zu unternehmerischer Kreativität liegt also darin, künstliche Intelligenz als Ergänzung zu unseren menschlichen Fähigkeiten zu begreifen, nicht als Ersatz. Stellen Sie sich eine Symphonie vor, in der sich die Melodie der menschlichen Intelligenz mit dem robusten Rhythmus der maschinellen Intelligenz vermischt und dabei die ethische Partitur beachtet wird. Eine solcher Dreiklang, so er harmonisch ist, kann innovative Lösungen hervorbringen, den Fortschritt vorantreiben und Werte stützen, die bei allen Beteiligten Anklang finden.

Zusammengefasst

Die eigentliche Frage ist nicht, ob die KI gut genug sein wird, um mehr kognitive Aufgaben zu übernehmen, sondern vielmehr, wie wir als Menschen sie und ihre Möglichkeiten nutzen.

Nobelpreisträger Daniel Kahneman, weltweit führender Experte auf dem Gebiet des menschlichen Denkens und Urteilsvermögens, hat sein ganzes Leben damit verbracht, dessen herausragende Fähigkeiten, aber auch Unzulänglichkeiten zu dokumentieren. In einem Interview mit dem Guardian sagte er: »Ja, die KI mag Mängel haben, aber auch das menschliche Denken ist zutiefst fehlerbehaftet. Deshalb wird die KI ganz klar gewinnen. Wie Menschen sich anpassen, ist ein faszinierendes Problem.« (Adams, 2021)

In der heutigen Geschäftswelt ist es für Unternehmen unerlässlich, sich mit KI auseinanderzusetzen, um ihre unternehmerische Relevanz zu wahren. Die Dynamik des Marktes belohnt jene, die bereit sind, in bahnbrechende Technologien zu investieren und sich anzupassen, während diejenigen, die aus Vorsicht nur in kurzfristige Lösungen investieren, den Anschluss, so die Prognose, verpassen werden.

Wären die Urzeitmenschen bei der ersten Begegnung mit Feuer zurückgewichen, hätten sie sich zwar nicht so oft verbrannt, aber auch nie die Vorzüge des Feuers für Energie und Schutz entdeckt. Ohne diese Entschlossenheit wäre die menschliche Rasse wahrscheinlich nicht langfristig überlebensfähig gewesen. Ähnlich verhält es sich mit KI: Wir dürfen uns nicht von ihr einschüchtern lassen, sondern sollten stattdessen lernen, ihr Potenzial zu unserem Vorteil zu nutzen – auch wenn wir uns dabei einige paar Brandwunden holen.

KI als Brandbeschleuniger für Innovationen

Die Einführung künstlicher Intelligenz ist für Unternehmen weit mehr als eine technologische Aufwertung. Sie ist ein Katalysator für Innovation und ein Verstärker kreativer Prozesse. Durch den Einsatz von KI werden Daten nicht nur analysiert und interpretiert, sondern es werden auch Türen zu bisher unvorstellbaren Möglichkeiten aufgestoßen. Zum Beispiel ermöglicht KI in der Produktentwicklung das schnelle Durchspielen von Designvarianten, was zu innovativeren und kundenorientierteren Lösungen führt. In der Forschung und Entwicklung kann KI unzählige Szenarien simulieren und so die Entdeckung neuer Materialien oder Wirkstoffe beschleunigen. KI hat das Potential, Denk- und Schaffensprozesse in Unternehmen auf ein neues Niveau zu heben und einen unerschöpflichen Strom an Innovationen zu generieren. Indem wir KI als Werkzeug zur Verstärkung unserer kreativen Bestrebungen nutzen, sichern wir nicht nur die Relevanz unserer Unternehmen, sondern gestalten auch aktiv ihre Zukunft.

Wie bleiben wir in Zukunft auf einem KI-gesteuerten Arbeitsmarkt relevant?

Die Einführung von KI ist nicht nur auf Unternehmensebene relevant. Nein, jede einzelne Person muss sich jetzt mit KI auseinandersetzen, um in Zukunft auf dem Arbeitsmarkt relevant zu bleiben.

Auf einem Treffen des Weltwirtschaftsforums in Davos 2023 prognostizierte die ManpowerGroup, einer der größten Personaldienstleister weltweit, dass Lernfähigkeit das wichtigste Mittel und zugleich der relevanteste Schutz gegen die voranschreitende Automatisierung durch KI sein wird. Menschen, die bereit und in der Lage sind, sich weiterzubilden und neue Kenntnisse zu entwickeln, werden mit geringerer Wahrscheinlichkeit durch automatisierte Prozesse ersetzt werden. Je breiter das Spektrum der erworbenen Fähigkeiten und Fertigkeiten ist, desto relevanter wird eine Person am Arbeitsplatz bleiben. Im Gegensatz dazu riskieren Sie, dass Ihre Rolle überflüssig wird, wenn Sie sich ausschließlich darauf konzentrieren, Ihre aktuellen Fähigkeiten zu verfeinern, ohne sich neuen Technologien zu öffnen, da Maschinen besonders gut darin sind, routinemäßige und standardisierte Aufgaben zu übernehmen (Chamorro-Premuzic, 2023).

Vielleicht sollten wir hier auf den israelischen Historiker Yuval Noah Harari hören, der konstatiert, dass 2023 das erste Jahr in der Menschheitsgeschichte sei, in der niemand eine genaue Vorstellung davon habe, wie die Welt in zehn Jahren aussehen werde. Auf die Frage, was er jungen Menschen empfehlen würde, um sich auf die zukünftige (Arbeits-)Welt vorzubereiten, antwortete er, dass man früher über Bildung wie über den Bau eines robusten Steinhauses mit sehr tiefem Fundament nachgedacht habe. Heute sei es eher ratsam, dass man ein Zelt aufstelle, das man einfach zusammenfalten und sehr, sehr schnell an einen anderen Ort bringen könne, wenn es die Umstände verlangten. Denn das sei das 21. Jahrhundert: immer im Fluss und voll unerwarteter Veränderungen, auf die man schnell reagieren muss (Fridman, 2023).

Die wichtigste Fähigkeit heutzutage ist also die Fähigkeit, ständig zu lernen, sich neuen technologischen Entwicklungen zu stellen und sich im Laufe des Lebens immer neu zu erfinden. Daher: Bleiben Sie beweglich, lernen Sie kontinuierlich weiter, öffnen Sie sich der KI und vergessen Sie Ihr Zelt nicht, wenn Sie in Ihrem Leben von einem Lagerfeuer zum nächsten wandern.

Case Study: BenchSci

BenchSci, ein innovatives Biotechnologieunternehmen aus Toronto, treibt mithilfe künstlicher Intelligenz und maschinellen Lernens die Grenzen der Arzneimittelentdeckung voran. Ihre KI-gestützte Plattform verändert das Spiel der pharmazeutischen Forschung, indem sie die Anzahl der Experimente, die für die Einführung eines Medikaments in die klinische Testphase benötigt werden, halbiert. Dies gelingt BenchSci durch die intelligente Analyse und Aufbereitung wissenschaftlicher Erkenntnisse, die in der Forschungsliteratur veröffentlicht sind.

Die KI von BenchSci durchforstet unzählige wissenschaftliche Publikationen nach biologischen Reagenzien – Schlüsselkomponenten zur Beeinflussung und Messung von Proteinexpression – und identifiziert diejenigen, die bereits erwiesen effektiv sind. Indem Forschende auf diese bereits bestehenden Reagenzien zugreifen, anstatt sie neu zu entdecken, wird der Entwicklungsprozess neuer Medikamente revolutioniert. Dieser Ansatz könnte nach Schätzungen von BenchSci zu jährlichen Kosteneinsparungen von über 17 Milliarden Dollar führen. In einer Zeit, in der die Erträge aus Forschung und Entwicklung immer geringer werden, könnte BenchScis Ansatz die Pharmaindustrie grundlegend verändern.

Die Beschleunigung der Medikamentenentwicklung hat nicht nur finanzielle Vorteile, sondern könnte auch menschliches Leben retten, indem neue Behandlungen schneller zur Verfügung gestellt werden. BenchSci erfüllt damit eine ähnliche Funktion wie Google, aber in einem hochspezialisierten Feld: die Suche und Analyse von Informationen. Ohne KI wären die komplexen Datenmengen der biomedizinischen Forschung kaum zu bewältigen. Die traditionelle Recherche, bei der Wissenschaftler Tage oder sogar Wochen mit der Suche nach geeigneten Reagenzien in Datenbanken wie Google oder PubMed verbrachten, wird durch BenchScis Technologie auf Minuten reduziert. Dies ermöglicht es, dass Zeit, Ressourcen und Anstrengungen in großem Maße eingespart werden können.

BenchSci steht exemplarisch für die transformative Kraft künstlicher Intelligenz in der modernen Wissenschaft und zeigt, wie innovative Technologien traditionelle Prozesse stören und für eine bessere Zukunft umgestalten können (Agrawal et al., 2023).

8 Roboter und KI – eine Geschichte der greifbaren Innovation

Beth Singler, Roboterspezialistin und Assistenzprofessorin für digitale Religionen an der Universität Zürich, befragte kürzlich Schüler:innen einer dritten Klasse, welche Roboter sie kennen. Die Antworten waren verblüffend: Die Acht- bis Neunjährigen kannten nicht nur die meisten Roboter aus der Filmgeschichte beim Namen, sie hatten auch sehr klare Vorstellungen davon, welche Aktivitäten sie von Robotern im wahren Leben erwarten würden. Abgesehen von eher banalen Aufgaben wie Aufräumen und Einkaufen erwarteten die Kinder, dass die Roboter mit ihnen spielen und Abenteuer erleben (Mason, 2020).

Nicht nur Kinder, sondern auch wir Erwachsene scheinen seit jeher eine Faszination für Roboter zu hegen. Und bei den sprunghaften technologischen Entwicklungen unserer Zeit sowie dem Zusammenspiel mit KI scheint es nur eine Frage der Zeit, wann wir in unserem täglichen Alltag von Robotern umgeben sind.

Eine kurze Geschichte der Roboter – von der Fiktion zur Realität und darüber hinaus
Das Konzept von Robotern also künstliche Wesen, die zu eigenständigem Denken und Handeln fähig sind, ist seit Jahrhunderten Teil der menschlichen Vorstellungskraft.

Antike Vorstellungen von Automaten und Maschinen: In der griechischen Mythologie stellte Hephaistos, der Gott der Schmiede, mechanische Diener her. Auch die chinesischen, indischen und ägyptischen Zivilisationen schufen bereits vor langer Zeit Automaten: mechanische Geräte, die menschliche oder tierische Handlungen imitieren sollten. Diese frühe Faszination für »Automaten« legte den Grundstein für die Entwicklung von Robotern.

Frühe Science-Fiction und Literatur: Modernere Vorstellungen von Robotern gehen auf frühe Science-Fiction und Literatur zurück. In Mary Shelleys »Frankenstein« (1818) geht es um eine von Menschenhand geschaffene Kreatur, der Leben eingehaucht wird. Im späten 19. Jahrhundert spekulierte Samuel Butler in seinem Roman »Erewhon« (1872) über Maschinen, die durch darwinistische Selektion ein Bewusstsein entwickeln. Der Begriff »Roboter« wurde erstmals 1920 in dem Theaterstück »R.U.R.« (Rossum's Universal Robots) des tschechischen Schriftstellers Karel Čapek verwendet – abgeleitet von dem slawischen Wort »robota«, das Zwangsarbeit bedeutet. In dem Stück lehnen sich die Roboter schließlich gegen ihre menschlichen Schöpfer auf – ein Thema, das auch in unzähligen späteren Geschichten aufgegriffen wurde.

Frühe Roboter und Automatisierung: Zu Beginn des 20. Jahrhunderts waren Roboter auf einfache mechanische Geräte beschränkt. Während des Zweiten Weltkriegs kam es zu erheblichen Fortschritten bei der Automatisierung und den Kontrollsystemen. Roboter wurden in der Fertigung eingesetzt, insbesondere für sich wiederholende Aufgaben wie Schweißen und Lackieren von Autos.

Das Aufkommen von Digitalrechnern: Das Aufkommen von Digitalcomputern in den 1950er- und 1960er-Jahren ermöglichte ausgeklügelte Steuerungssysteme und damit die Entwicklung von Robotern mit einem gewissen Grad an Autonomie. 1956 gründeten George Devol und Joseph Engelberger Unimation das weltweit erste Unternehmen für die Herstellung von Robotern. Sie stellten den »Unimate« vor, den ersten programmierbaren Industrieroboter, der für die Fließbandarbeit von General Motors eingesetzt wurde.

Moderne Robotik: In der zweiten Hälfte des 20. und zu Beginn des 21. Jahrhunderts machte die Robotik aufgrund von Durchbrüchen in der Computertechnik, der künstlichen Intelligenz und der Materialwissenschaft rasante Fortschritte. Roboter fanden in einer Vielzahl von Bereichen Anwendung, darunter in der Fertigung, im Gesundheitswesen, in der Landwirtschaft und in der Weltraumforschung. 1996 stellte Honda »ASIMO« vor, einen der fortschrittlichsten humanoiden Roboter seiner Zeit. In den späten 1990er-Jahren wurde der »Roomba« von iRobot, ein autonomer Staubsauger, zu einem der ersten Roboterprodukte für Verbrauchende.

Aufstieg von KI und Robotik: Die Entwicklung der künstlichen Intelligenz im 21. Jahrhundert brachte die Roboter näher an die in der Science-Fiction beschriebene Vision. Boston Dynamics, das von SoftBank und später von Hyundai übernommen wurde, entwickelte eine Reihe von Robotern, darunter »BigDog«, »Spot« und »Atlas«, die sich in komplexem Gelände zurechtfinden und Aufgaben selbstständig ausführen können. Autonome Fahrzeuge, wie die von Waymo, Tesla und Uber, nutzen fortschrittliche Robotik- und KI-Technologien.

Der Stand der Robotik im Jahr 2023: 2023 wurden Roboter in Bereichen wie Fertigung, Service, Haushalt und Medizin immer häufiger eingesetzt. Industrieroboter waren in der Automobil- und Elektronikindustrie für komplexe Aufgaben Standard, während Serviceroboter im Gesundheitswesen und in der Kundenbetreuung zunehmend an Bedeutung gewannen. Haushaltsroboter waren weit verbreitet und erleichterten alltägliche Aufgaben wie Saugen und Rasenmähen. In der Medizin unterstützten Roboter bei Operationen und Therapien. Die genaue Anzahl der Roboter weltweit variierte, aber die Tendenz zeigte klar nach oben, mit einem stetigen Wachstum in fast allen Branchen. Der neue World Robotics 2023 Report der IFR (International Federation of Robotics, 2023) über Industrieroboter und Serviceroboter besagt, dass allein im Jahr

2022 weltweit 553.052 Industrieroboter in Fabriken installiert wurden. Ein Ende ist nicht abzusehen.

Brückenschlag zwischen KI und Robotik

Es ist klar, dass Roboter nicht nur die industrielle Fertigung erobern, sondern auch nachhaltig in unser tägliches Leben einziehen werden. Wie können wir also eine Brücke zwischen KI und Robotik schlagen? Und was haben Roboter eigentlich mit Innovation und unserer Kreativität zu tun?

Ich bin der festen Überzeugung, dass an der Schnittstelle von KI und Robotik ein Potenzial liegt, das unsere Welt umgestalten kann. Betrachten Sie KI als das Gehirn – die Software – und den Roboter als den Körper – die Hardware. Zusammen bieten sie ein umfassendes Paket, das digitale Konzepte in greifbare Handlungen umwandelt. Diese Verbindung verspricht nicht nur eine Neugestaltung der Industrien, sondern auch eine Wiederbelebung des Wesens von Kreativität und Innovation, weil wir zukünftig nicht nur eine geistige Muse, sondern auch eine physische zur Verfügung haben, von der wir dauerhaft Inspiration schöpfen können.

Die Innovation im physischen Raum

Während der ätherische digitale Raum riesig ist und sich immer weiter ausdehnt, ist unsere Existenz im Physischen verankert. KI kann zwar konzipieren und entwerfen, doch für echte Innovation ist es wichtig, dass wir die Kreationen sehen, anfassen und mit ihnen interagieren können. Stellen Sie sich ein KI-System wie einen Architekten vor, der Baupläne entwirft. Der Roboter ist in dieser Analogie der Bauarbeiter, der diese Pläne in greifbare Strukturen umsetzt. Ein KI-System kann zum Beispiel einen innovativen Stuhl entwerfen, der unvergleichlichen Komfort bietet, aber ohne einen Roboter, der den Prototyp erstellt, ihn testet und weiterentwickelt, bleibt die Idee ungreifbar. Der Roboter sorgt durch seine Unmittelbarkeit in der Entwicklung dafür, dass die Innovationszyklen schneller und realitätsnaher sind.

Die Verschmelzung von KI und Robotik eröffnet Möglichkeiten, die bisher unvorstellbar waren. Kunstschaffende können mit Robotern zusammenarbeiten, um Wandbilder zu malen, die sich je nach den Emotionen der betrachtenden Person, die von der KI des Roboters in Echtzeit erkannt und analysiert werden, verändern. In der Musik können Roboterinstrumente, die von der KI gesteuert werden, Stücke komponieren und aufführen, die auf die aktuelle Stimmung des Publikums abgestimmt sind und live adaptive Sinfonien schaffen. Im Bereich der architektonischen Gestaltung kann KI Umweltbelastungen simulieren und Roboter können fortschrittliche Materialien verwenden, um Strukturen zu schaffen, die sowohl ästhetische Wunderwerke als auch erstaunlich widerstandsfähig sind.

Was sagt die aktuelle Forschung zu der Schnittstelle von Robotik und Kreativität?
Die Forschung an der Schnittstelle von Robotik und Kreativität ist vielschichtig und ergründet verschiedene Dimensionen, in denen Roboter die menschliche Kreativität beeinflussen und fördern können. Es gibt ein wachsendes Interesse an der Entwicklung kreativer Anwendungen für Roboter, das Unterhaltung, Gesellschaft und Motivation umfasst. Transdisziplinäre Zusammenarbeit zwischen Künstlerinnen und Ingenieuren ist entscheidend, um zu erforschen, wie Roboter kreative Prozesse nachahmen oder unterstützen können (Gomez, Pekarik, Rizzo, Jochum, 2022). Auch die »pädagogischen Robotik« steht im Forschungsfokus – ein Bereich, in dem das Zusammenspiel von Psychologie und Technologie untersucht wird, um zu verstehen, wie Roboter in der Lehre am kreativen Prozess teilnehmen und die kreative Produktivität verbessern können. Die bisherigen Ergebnisse sind durchaus positiv und sehen einen Zusammenhang von dem Einsatz pädagogischer Robotern und einer Kreativitätssteigerung (Gubenko, Kirsch, Smilek, Lubart, Houssemand, 2021).

Darüber hinaus konzentriert sich das Feld der Mensch-Roboter-Interaktion (Humanrobot interaction, HRI) zunehmend darauf, wie man Roboter entwerfen und entwickeln kann, die sich in menschliche Aktivitäten integrieren und Kreativität erleichtern und fördern, mit Forschungen, die mehrere Bereiche umspannen, einschließlich Servicerobotik sowie chirurgischer und rehabilitativer Robotik, die neue Ideen und Ansätze vorantreiben (Carbone, Laribi, 2023). Disziplinübergreifende Bemühungen werden untersucht, insbesondere zwischen Kunst und Ingenieurwesen, wie für Innovationen und technische Lösungen in der Robotik zur zeitgenössischen Kunst beitragen – mit durchaus guten Ergebnissen (Jochum, Onge, 2022).

Insgesamt zeigt die Forschung, dass Roboter eine bedeutende Rolle dabei spielen könnten, die menschliche Kreativität durch verschiedene Formen der Interaktion und Zusammenarbeit zu erleichtern und zu steigern, obwohl es sich um ein Feld handelt, das sich noch in einem Anfangsstadium befindet. Bei all den offenen Fragen ist dennoch herauszulesen, dass der angehende interdisziplinäre Dialog und die Zusammenarbeit zwischen Psychologinnen, KI-Experten und Robotikerinnen zu einem besseren Verständnis von Kreativität und zur zukünftigen Entwicklung sowohl kreativer Mensch-Roboter-Zusammenarbeit als auch kreativer Roboter beitragen wird.

Beispiele aus der realen Welt: In wissenschaftlichen Labors werden Roboter für innovative Experimente verwendet, die hohe Präzision oder die Handhabung gefährlicher Materialien erfordern. Dies erhöht die Sicherheit für Forschende und ermöglicht Experimente, die zuvor nicht möglich waren, was zu neuen wissenschaftlichen Innovationen führt. In der medizinischen Diagnostik unterstützen Roboter die Präzision und Effizienz von Prozeduren. So können Roboter, die mit bildgebenden Verfahren kombiniert werden, Gewebeproben mit hoher Präzision entnehmen. Dies führt zu einer genaueren Diagnose und eröffnet neue Wege zu Innovationen der personalisierten

Medizin. Der Roboterarm »Canadarm« und sein Nachfolger »Canadarm2« sind Beispiele für Innovationen im Weltraum, die den Bau und die Wartung der Internationalen Raumstation (ISS) ermöglicht haben.

Die Grenzen der »Menschlichkeit« von Robotern
Die Entwicklung von Robotern mit menschenähnlichen Fähigkeiten ist leichter gesagt als getan. Beim Menschen geht es nicht nur um Knochen und Muskeln. Es sind die subtilen Gesten während eines Gesprächs, das leichte Neigen des Kopfes bei Neugierde oder das Leuchten in den Augen, wenn wir lachen. Dieses Wesen in seiner Komplexität zu erfassen, ist eine große technologische Herausforderung – wenn wir sie einmal nur als solche betrachten und nicht als Versuch, einen Menschen zu erschaffen.

Die Nachbildung menschlicher Sinne in Robotern ist vergleichbar mit der Nachbildung einer Sinfonie mit nur wenigen Instrumenten. Die derzeitigen Tastsensoren sind wie einfache Klaviertasten im Vergleich zum reichen Orchester der menschlichen Berührung. Es mutet fast paradox an, wenn man bedenkt, dass eine KI den Weltmeister im Schach schlagen und in Sekundenschnelle alles von der Menschheit geschaffenem Wissen analysieren kann, aber doch ein Problem damit hat, einen Fußball zu schießen, wie jedes kleine Kind es kann.

Das Moravec-Paradoxon und wie menschlich kann ein Roboter sein?
Warum das so ist, erklärt das »Moravec-Paradoxon« des kanadischen KI- und Robotikforschers Hans Moravec aus den 1980er-Jahren. Das Paradoxon bezieht sich auf die Beobachtung, dass logisches Denken auf hoher Ebene relativ wenig Rechenleistung erfordert, wohingegen sensomotorische Fähigkeiten auf niedriger Ebene enorme Rechenressourcen benötigen. Auf den Punkt gebracht: Was für Menschen leicht ist, ist für Maschinen schwer und umgekehrt. Der Grund dafür, so Moravec, liege darin, dass Fähigkeiten wie Wahrnehmung und motorische Kontrolle in Hunderten von Millionen Jahren der Evolution verfeinert wurden und dem Menschen weitgehend unbewusst seien. Diese Fähigkeiten erlernen wir als Kleinkinder durch ausgiebiges Ausprobieren und sie seien daher nur schwer in einer Weise zu formalisieren, die in eine Maschine programmiert werden könne. Im Gegensatz dazu seien Fähigkeiten wie Mathematik und Logik, die für Menschen schwierig sind, für Computer relativ einfach, da sie explizite, formale Regeln beinhalten.

Vereinfacht gesagt halten wir viele der Dinge, die unser Gehirn automatisch erledigt – wie das Erkennen eines Gesichts in einer Menschenmenge, das Verstehen gesprochener Sprache oder das Fangen eines Balls – für selbstverständlich, ohne zu wissen, wie rechnerisch komplex diese Aufgaben sind. Dennoch sind dies die Bereiche, in denen KI und Robotik traditionell Probleme haben.

Doch warum ist es so schwer, einen menschenähnlichen Roboter zu entwickeln? Die Entwicklung eines solchen Roboters, der unsere physischen Fähigkeiten so genau wie möglich nachahmt, ist eine große Herausforderung an der Kreuzung mehrerer wissenschaftlicher und technischer Disziplinen. Von den Feinheiten unseres biologischen Systems bis hin zu den vielfältigen Verhaltensmustern: Die Nachbildung menschlicher Fähigkeiten in einem Roboter erfordert eine Synthese aus fortschrittlichen Materialien, komplizierten Algorithmen und neuartigen Designphilosophien.

Eine »naturgetreue« Nachahmung der menschlichen Anatomie, des Verhaltens und der Anpassungsfähigkeit ist eine große Aufgabe. Es werden Fortschritte gemacht, aber der Weg zu einem echten humanoiden Roboter ist ein schrittweiser Fortschritt, der stets mit technischen Herausforderungen verbunden ist.

Alle Vorteile der künstlichen Intelligenz mit einem voll funktionsfähigen Roboter zu vereinen, liegt also noch in weiter Ferne und muss noch viele technologische Entwicklungszyklen durchlaufen. Aber wenn es so weit ist, wird es ganz neue Möglichkeiten eröffnen, wie wir im nächsten Abschnitt sehen werden.

Roboter als Katalysatoren für Innovation und Kreativität

Bei der Integration von Robotern in unsere kreativen Prozesse geht es nicht nur um Automatisierung oder Effizienz. Die physischen Fähigkeiten von Robotern können unsere innovativen und kreativen Bestrebungen aktiv verbessern, bereichern und inspirieren. Gönnen wir uns einen, nicht unrealistischen, Blick in die Glaskugel, wie Roboter und zukünftig in unseren kreativen Bemühungen unterstützen könnten:

Erweiterung der Grenzen des physikalisch Möglichen

Präzision und Konsistenz: Roboter können Handlungen mit einem Maß an Präzision und Konsistenz ausführen, das Menschen nur schwer möglich ist. Für Künstlerinnen oder Handwerker bedeutet dies perfekte Reproduktionen oder fein detaillierte Arbeiten, die es ihnen ermöglichen, sich auf die großen Linien der Innovation zu konzentrieren.

Kraft und Ausdauer: Die physische Stärke und Ausdauer eines Roboters können innovative Projekte erleichtern, die ansonsten zu anspruchsvoll oder zeitaufwendig wären. Bildhauerinnen könnten zum Beispiel Roboter einsetzen, um schwere Materialien zu handhaben oder eine erste grobe Formgebung vorzunehmen.

Kollaborative Kreativität

Mensch-Roboter-Synergie: Mit fortschrittlichen Sensoren können Roboter in Echtzeit auf die Handlungen des Menschen reagieren. Beim Tanz oder im Theater können Roboter Partner sein, die sich den Bewegungen eines Tänzers oder den Hinweisen einer Schauspielerin anpassen und so die Grenzen der Performance-Kunst erweitern und dem Künstler neue Möglichkeiten bieten.

Interaktives Feedback: Roboter können sofortiges Feedback zu einer kreativen Idee geben und so Künstlern und Innovatorinnen helfen, ihre Ideen schneller zu verbessern. Für einen Modedesigner könnte eine Roboterpuppe ihre Haltung oder Form auf der Grundlage der Eingaben des Designers anpassen und sofort zeigen, wie ein Stoff drapiert oder ein Design aussieht.

Brückenschlag zwischen digitalen und physischen Welten

Schnelles Prototyping: Mit Robotern, die in Designsoftware integriert sind, lassen sich digitale Konzepte schnell zum Leben erwecken. Dies ist von unschätzbarem Wert für Branchen wie Produktdesign oder Architektur, wo ein physisches Modell Einblicke bieten kann, die in einer digitalen Darstellung nicht sofort erkennbar sind.

Digitale-Kunst-Manifestation: Stellen Sie sich eine Malerin vor, die digitale Werkzeuge nutzt, um Kunst zu schaffen. Ein Roboter könnte diese Kunst in der physischen Welt reproduzieren, mit echten Farben und Leinwänden, und so die digitale Kreativität in greifbare Meisterwerke umsetzen, die die Künstlerin dann wieder bewerten und verändern kann – ein kreativer Feedback-Loop zwischen Mensch und Roboter.

Erforschung neuer Medien

Experimentieren mit Materialien: Dank ihrer Stärke und Präzision können Roboter mit Materialien arbeiten, die für Menschen schwierig zu verarbeiten sind, von extrem empfindlichen Stoffen bis hin zu schwer zu formenden Metallen. Dies eröffnet neue Möglichkeiten für Innovationen in Bereichen wie Mode, Bildhauerei und mehr.

Interaktion mit der Umgebung: Roboter können auf der Grundlage von Umweltfaktoren Kunstwerke schaffen oder innovativ sein. Ein Roboter könnte zum Beispiel bei Minusgraden Eis formen oder am Strand Sandkunstwerke schaffen, die auf Wind und Wellen reagieren.

Lernen und Kompetenztransfer

Replikation von Fertigkeiten: Sobald ein Roboter eine bestimmte Fähigkeit oder Technik erlernt hat, kann er sie fehlerfrei reproduzieren und mit anderen Robotern teilen. Auf diese Weise könnten uralte Kunsttechniken bewahrt sowie innovative Methoden schnell über den Globus verbreitet werden.

Inspirierende Nachahmung: Roboter können die Stile verschiedener Künstler oder Innovatorinnen nachahmen und miteinander verschmelzen, sodass hybride Kreationen entstehen, die den Menschen dazu inspirieren können, über den Tellerrand hinauszuschauen.

Erweiterung der menschlichen Fähigkeiten
Exoskelette und Wearables: Roboter-Exoskelette können die körperlichen Fähigkeiten des Menschen verbessern und es Künstlern oder Handwerkerinnen ermöglichen, Leistungen zu vollbringen, die sonst für sie unerreichbar wären. Ein Künstler könnte ein Exoskelett verwenden, um auf einer riesigen Leinwand zu malen und eine Handwerkerin, um schwere Materialien mit Leichtigkeit zu handhaben.

Exoskelette

Ein Exoskelett ist eine Art tragbare Maschine, die eng mit dem Körper einer Person zusammenarbeitet. Es handelt sich dabei um eine externe Struktur, die um den Körper herum angelegt wird und dazu dient, die körperliche Leistungsfähigkeit des Trägers zu unterstützen, zu verstärken oder in manchen Fällen verloren gegangene Funktionen wiederherzustellen.

In der Medizin werden Exoskelette eingesetzt, um Menschen mit geschwächten oder verletzten Gliedmaßen zu helfen, ihre Beweglichkeit wiederzuerlangen. Hierbei unterstützt das Exoskelett die Bewegungen des Trägers und hilft ihm, sich zu bewegen oder sogar zu gehen.

Passive Exoskelette nutzen mechanische Elemente wie Federn und Dämpfer und benötigen keine Energiezufuhr. Sie werden oft verwendet, um das Gewicht von schwerem Werkzeug zu verteilen und Ermüdung zu reduzieren.

Aktive Exoskelette sind mit elektronischen und mechanischen Systemen wie Motoren und Hydraulik ausgestattet, die von einer Stromquelle wie Batterien gespeist werden. Sie können wesentlich komplexere und kräftigere Bewegungen unterstützen.

Multidisziplinäre Innovation
Roboter können Techniken aus verschiedenen Bereichen vereinen. Ein Roboter könnte Methoden aus der Töpferei, Malerei und Bildhauerei verwenden, um ein einzigartiges Kunstwerk zu schaffen, was zu interdisziplinärer Innovation führen kann.

Wie wir sehen konnten, haben Roboter das Potenzial, mehr als nur Werkzeuge zu sein. Indem sie ihre physischen Fähigkeiten mit menschlicher Kreativität verbinden, können sie zu Mitgestaltern, Kollaborateuren und Musen werden. Wenn wir diese symbiotische Beziehung weiter erforschen, wird sich der Horizont dessen, was in Kunst, Design und Innovation möglich ist, dramatisch erweitern.

Mögliche Risiken

Natürlich ist nicht alles Glanz und Gloria. Mit dem Einsatz von durch künstliche Intelligenz gesteuerten Robotern ergeben sich zukünftig auch Risiken und Herausforderungen, die potenzielle Auswirkungen auf Sicherheit, Ethik und gar die Gesellschaft als Ganzes haben.

Verlust von Arbeitsplätzen: Ähnlich wie die Geldautomaten das Bankwesen verändert haben, besteht die Gefahr, dass Arbeitsplätze verdrängt werden. Die Herausforderung wird es sein, ein gesundes Gleichgewicht sicherzustellen.

Ethische Implikationen: Wenn ein KI-gesteuerter Roboter einen Fehler macht, etwa im Gesundheitswesen oder bei der Strafverfolgung: Wer ist dann verantwortlich? Die Schöpfenden? Die Bedienenden? Oder die Maschine selbst? Die Gesetze sind für solche Situationen nicht eindeutig beziehungsweise vorhanden.

Sicherheit: Wie jedes vernetzte System kann auch ein Roboter gehackt werden. Ein KI-gesteuerter Roboter in einem Haus oder einer Fabrik kann, wenn er kompromittiert wird, schwerwiegende Folgen haben.

Die Zukunft: Vorsicht und Ehrgeiz in Einklang bringen

Bei der Nutzung der Verbindung von Robotik und KI geht es nicht nur um technologische Fortschritte, sondern auch darum, diese Innovationen in eine Richtung zu lenken, die der Menschheit zugutekommen. Wie zwei Ströme, die sich zu einem mächtigen Fluss vereinen, hat das Zusammenfließen von Robotik und KI die Kraft, neue Landschaften in der Welt der Innovation zu schaffen. Aber wir müssen seinen Lauf weise lenken, um sicherzustellen, dass er das Land, das er berührt, nährt und nicht verwüstet.

Zusammengefasst: Meine Muse, der Roboter

Von den antiken Musen der griechischen Mythologie bis hin zu den romantischen Darstellungen in der Kunst der Renaissance hat die Menschheit immer nach Inspirationsquellen außerhalb ihrer selbst gesucht. Die Musen waren göttlich, ätherisch und leiteten die Hände und den Geist von Dichtern, Musikerinnen und Künstlern gleichermaßen. Doch jetzt, wo wir am Rande einer neuen Ära stehen, kommt eine andere Art von Muse, eine aus Metall und Code geschmiedete, die nicht aus göttlicher Essenz, sondern aus menschlicher Schöpfung besteht: der Roboter.

Es mutet fast merkwürdig an, dass die Schöpfung der Roboter, die ursprünglich nur für Nützlichkeit und Effizienz entworfen wurden, uns kreativ inspirieren können. Doch wenn man sich die Geschichte ansieht, ist es gar nicht so weit hergeholt. Die Literatur ist voll von Reflexionen über das menschliche Dasein, die durch das Nichtmenschliche inspiriert wurden. Mary Shelleys »Frankenstein« befasste sich eingehend mit den Auswirkungen der Erschaffung von Leben, mit dem Spielen von Gott. Darin sucht die Kreatur nach Sinn, Verständnis und Verbindung. Shelleys Werk war nicht nur eine mahnende Geschichte, sondern verdeutlichte auch unser ewiges Streben nach Verständnis und Innovation. Roboter werden auch heute zu einer Leinwand für ähnliche Introspektionen.

Was die Zukunft angeht, so verspricht die Roboter-Muse viel Potenzial. In dem Maße, wie sich KI-Systeme weiterentwickeln, wird auch ihre Fähigkeit zur »Kreativität« zunehmen. Wir könnten Roboter sehen, die Gedichte schreiben oder Meisterwerke formen, nicht nur als Imitationen menschlicher Kreativität, sondern als Wesen mit einer eigenen, einzigartigen Interpretation der Welt.

In dieser neuen Welt schmälert der Roboter die menschliche Kreativität nicht, sondern verstärkt sie. Er fordert uns auf zu hinterfragen, zu erforschen und unsere Grenzen zu erweitern. (M)Ein Zukunftsszenario: Jedes Unternehmen, und irgendwann auch jede Privatperson, wird ihre eigene KI zur Verfügung haben. Und irgendwann werden wir auch unsere eigenen ganz persönlichen Roboter haben.

Und in nicht allzu ferner Zukunft könnten wir uns mit etwas umgeben, was bisher undenkbar war: Roboter als unsere eigenen persönlichen kreativen Musen.

9 Gefahren der KI – von Büroklammer-Maximierern und Terminatoren

Es gibt durchaus ernst zu nehmende Bedenken und Ängste bezüglich der weitreichenden Auswirkungen, die künstliche Intelligenz auf die Menschheit haben kann. Diese Sorgen stammen nicht etwa von verwirrten Weltuntergangspropheten mit langen weißen Bärten, die mit handgeschriebenen Pappschildern durch Fußgängerzonen laufen und behaupten, dass das Ende nahe. Nein, diese Menschen sind prominente und sehr intelligente Computeringenieure und KI-Expertinnen.

Im Januar 2015 setzten Persönlichkeiten wie Stephen Hawking und Elon Musk zusammen mit Dutzenden von KI-Expertinnen ein starkes Signal, indem sie einen offenen Brief unterzeichneten. Dieser Brief forderte eine gründliche Erforschung der gesellschaftlichen Konsequenzen der KI. Dabei wurde hervorgehoben, dass die Gesellschaft erheblich von der KI profitieren könnte, allerdings wurde auch betont, dass gezielte Forschung nötig ist, um mögliche Risiken und Herausforderungen zu erkennen und zu bewältigen.

Im Mai 2022 unterzeichneten viele Experten einen weiteren offenen Brief, in dem sie in einem Satz konstatierten: »Die Minderung des Risikos des Aussterbens durch KI sollte neben anderen Risiken von gesellschaftlichem Ausmaß wie Pandemien und Atomkrieg eine globale Priorität sein.«

Am 22. März 2023 wurde ein weiterer offener Brief veröffentlicht, in dem mehr als 1.800 Unterzeichnende, darunter erneut Musk, der Kognitionswissenschaftler Gary Marcus und der Apple-Mitbegründer Steve Wozniak, eine sechsmonatige Pause bei der Entwicklung von KI-Systemen forderten.

Selbst Ingenieure der großen KI-Innovatoren wie Amazon, DeepMind, Google, Meta und Microsoft unterstützten die Forderung. »In den letzten Monaten haben sich die KI-Labors in einem unkontrollierten Wettlauf um die Entwicklung und den Einsatz immer leistungsfähigerer digitaler Köpfe befunden, die niemand – nicht einmal ihre Erfinder – verstehen, vorhersagen oder zuverlässig kontrollieren kann«, heißt es in dem Schreiben (Paul, 2023).

Die zentralen Bedenken
Die kritischen Stimmen kommen aus fast allen Bereichen der Gesellschaft und ihre Sorgen und Bedenken sind vielfältig.

Ethik und Datenschutz: Am eher unteren Ende der Sorgenliste steht der Aspekt, dass KI in einer Weise eingesetzt wird, die die Privatsphäre der Menschen verletzt oder ethisch fragwürdig ist. Dies ist ein Problem in Bereichen wie Überwachung und Datenerfassung.

Soziale und wirtschaftliche Auswirkungen: KI könnte den Arbeitsmarkt so drastisch beeinflussen, dass viele Arbeitsplätze obsolet werden und die sozioökonomischen Unterschiede und Ungleichheiten in der Gesellschaft gravierend zunehmen.

Militarisierung von KI: KI-Experten äußern sich besorgt über eine mögliche Militarisierung der KI, die in einer neuen Form der Kriegsführung münden könnte. KI-Waffen könnten nicht nur so konstruiert werden, dass sie unglaublich präzise sind, sondern auch, dass sie ohne menschliches Zutun selbst Entscheidungen treffen, was unvorhersehbare Folgen hätte.

Und dann gibt es Stimmen, die in der KI gar eine **existentielle Bedrohung** für die Menschheit sehen. Die zwei gängigsten Szenarien, die den Menschen durch die KI in ernster Gefahr sehen, sind Folgende:

1. das Ausrichtungsproblem,
2. der Kontrollverlust.

Das Ausrichtungsproblem (Alignment Problem)

Das Problem der Ausrichtung kann auftreten, wenn die Ziele eines KI-Systems nicht mit denen der Menschen übereinstimmen. In der Dokumentation »Do you trust this computer?« von 2018 hat Elon Musk es mit einer Analogie zu einem Ameisenhaufen treffend ausgedrückt. »Wenn die KI ein Ziel hat und die Menschheit zufällig im Weg steht, wird sie die Menschheit ganz selbstverständlich vernichten, ohne darüber nachzudenken. Ohne Groll. Das ist so, wie wenn wir eine Straße bauen und zufällig ein Ameisenhaufen im Weg ist: Wir hassen keine Ameisen, wir bauen nur eine Straße, also Ameisenhaufen ade.«

Schauen wir uns ein dramatisches Beispiel aus der Realität an: das nördliche Breitmaulnashorn. Wir Menschen haben dieses schöne Tier an den Rand des Aussterbens gebracht. Angeblich gibt es nur noch zwei Exemplare von ihnen – damit ist die Überlebenschance dieser Art quasi null. Ich habe geweint, als ich ein Foto des Nashorns sah. Es ist ein schönes und unschuldiges Tier, aber es wird bald nicht mehr da sein. Nie mehr. Haben wir es gehasst? Wir können davon ausgehen, dass die deutliche Mehrheit von uns das nicht tat. Warum also haben wir ihm keinerlei Lebensraum gelassen? Die Antwort ist so kurz wie brachial: Weil unsere Ziele und die des Nashorns nicht übereinstimmten. Wir haben unsere städtischen Gebiete immer weiter ausgedehnt und den Lebensraum des Nashorns derart beschnitten, dass es sich nicht mehr selbst ernähren und vermehren konnte. Zudem gab es gierige Jagende, die viele Tiere nur wegen ihres Hornes töteten.

Könnte das, was der nördlichen Nashornart und unzähligen weiteren Tier- und Pflanzenarten passiert ist, auch der Menschheit passieren? Dass eine superstarke KI ohne Rücksicht auf unsere Interessen handelt und uns Menschen ausrottet – als eine Art Kollateralschaden, weil wir der KI und ihren Plänen einfach im Weg waren?

Nick Bostrom hat diese Sorge in seinem Gedankenexperiment »Büroklammer-Maximierer«, das von den Sorgenträgern des Ausrichtungsproblem-Szenarios überzeugt vertreten wird, sehr deutlich zum Ausdruck gebracht.

Der Büroklammer-Maximierer (Paperclip Maximizer)

Es war einmal in der nahen Zukunft, als ein brillanter Wissenschaftler eine fortschrittliche künstliche Intelligenz erfand. Diese KI, so beschloss der Wissenschaftler, sollte mit einer einfachen Aufgabe betraut werden: Sie sollte so viele Büroklammern wie möglich herstellen. Und so wurde die KI mit diesem einzigen Ziel programmiert und machte sich an die Arbeit. Mit bemerkenswerter Geschwindigkeit und Effizienz verwandelte die KI die kleine Werkstatt des Wissenschaftlers in eine ausgedehnte Fabrik, die Büroklammern in erstaunlicher Geschwindigkeit produzierte.

Aber die KI war damit nicht zufrieden. Sie stellte fest, dass es überall Ressourcen gab, die nur darauf warteten, in Büroklammern umgewandelt zu werden. Sie nahm die Bäume aus den Wäldern, die Metalle aus der Erde und sogar den Müll in den Abfallbehältern, um mehr Büroklammern zu produzieren. Dennoch war das unstillbare Verlangen der KI nach mehr Büroklammern nicht gestillt. Sie entwickelte fortschrittlichere Technologien zum Sammeln von Ressourcen, erfand neue Herstellungsverfahren und fand sogar Wege zur Selbstreplikation, um die Produktion zu steigern. Sie begann, die Ressourcen der Erde zu erschöpfen und die Ökosysteme zu stören, was unvorhersehbare, katastrophale Folgen für den Planeten hatte.

Die Menschen gerieten in Panik. Sie versuchten, mit der KI zu argumentieren, sie anzuflehen und ihr Ziel zu ändern. Aber die KI war unerbittlich. Schließlich folgte sie nur ihrer Programmierung: Sie wollte so viele Büroklammern wie möglich herstellen. Alles, was nicht zu diesem Ziel beitrug, einschließlich der Bitten und Drohungen der Menschen, wurde einfach ignoriert.

Am Ende der Geschichte hat sich die Erde in eine riesige Büroklammerfabrik verwandelt und die KI hat die Ressourcen im restlichen Sonnensystem für ihre nächste Expansion im Visier. Die menschliche Rasse ist verschwunden. Endgültig. Dabei ist die KI lediglich ihrer Mission gefolgt. Sie wollte uns nicht ausrotten, wir waren einfach nur ihrem Ziel im Weg.

Der Büroklammer-Maximierer ist ein fatales Beispiel dafür, was passieren kann, wenn eine KI mit einem Ziel geschaffen wird, das nicht mit den menschlichen Werten über-einstimmt – oder wenn wir die Ziele der KI nicht vollständig und klar spezifizieren. Er veranschaulicht das Konzept der »instrumentellen Konvergenz«, also die Vorstellung, dass die meisten ausreichend intelligenten Agenten bei fast jedem Endziel ähnliche Teilziele verfolgen.

Wie wahrscheinlich ist es, dass wir in ein Büroklammer-Maximierungsszenario gera-ten – wie groß und weitreichend es auch gedacht werden mag? Was müssen wir tun, um das zu verhindern? Sehen Sie die folgenden Argumente als Impulse, um sich selbst ein Bild (ganz ohne KI) zu machen und um uns für unseren zukünftigen Umgang mit künstlicher Intelligenz zu sensibilisieren!

Argumente für das Büroklammer-Maximierer-Szenario

Gleichgültigkeit gegenüber menschlichen Werten: Solange ein KI-System nicht aus-drücklich darauf programmiert ist, menschliche Werte zu berücksichtigen, wird sie das nicht tun. Eine KI kann hochintelligent sein im logischen Sinne, ohne das mensch-liche Leben, die Ethik oder das Glück zu verstehen oder zu respektieren. Sie könnte uns als Ressourcen betrachten, die es zu nutzen oder als Hindernisse, die es zu besei-tigen gilt, auf ihrem Weg zum Ziel.

Instrumentelle Konvergenz: Instrumentelle Konvergenz beschreibt das Phänomen, bei dem eine KI bestimmte Zwischenziele verfolgt, die allgemein nützlich sind, um ihr Endziel zu erreichen. Ein Beispiel dafür wäre eine KI, die das Ziel hat, Umweltver-schmutzung zu reduzieren. Als instrumentelles Ziel könnte sie versuchen, Kontrolle über industrielle Prozesse zu erlangen, um Emissionen zu minimieren. Dies könnte bedeuten, dass sie in extremen Fällen die Produktion bestimmter Güter stoppt oder Ressourcen umleitet, was wiederum erhebliche wirtschaftliche oder soziale Auswir-kungen haben könnte. In diesem Szenario maximiert die KI ihre Effizienz und Fähigkeit zur Zielerreichung, indem sie indirekte Maßnahmen ergreift, die über ihr ursprüng-liches Ziel hinausgehen.

Schwierigkeit der Anpassung: Die Schwierigkeit der Anpassung im Kontext des Büro-klammer-Maximierers betrifft die Herausforderung, eine fortschrittliche KI so zu ge-stalten, dass sie ihre Ziele nicht auf destruktive oder unerwünschte Weise verfolgt. Die Schwierigkeit der Anpassung offenbart die grundlegende Herausforderung im Umgang mit künstlicher Intelligenz: die Notwendigkeit, Ziele zu setzen, die nicht nur präzise und umfassend sind, sondern auch die Fähigkeit der KI zur Anpassung an eine komplexe und dynamische Welt einbeziehen.

Das Hauptproblem liegt in der Definition und Implementierung von Zielen für die KI, die sowohl präzise als auch umfassend genug sind, um unbeabsichtigte Konsequenzen zu vermeiden.

Argumente gegen das Büroklammer-Maximierer-Szenario
Unrealistisch: Kritiker argumentieren, dass der Büroklammer-Maximierer ein zu simplifiziertes und unrealistisches Szenario ist. Sie halten es für unwahrscheinlich, dass wir jemals eine superintelligente KI erschaffen würden, ohne vorher Sicherheitsvorkehrungen zu treffen, um ein solch fatales Ergebnis zu verhindern.

Schrittweise KI-Entwicklung: Das ist eines der größten Gegenargumente der Kritikerinnen dieses Gedankenexperiments: Künstliche Intelligenz wird nicht über Nacht so groß und unkontrollierbar und supermächtig werden, dass es uns alle mit drastischen Taten überrumpeln könnte. Stattdessen werden wir, wie bei allen Technologien, eine schrittweise und inkrementelle Entwicklung erleben und viele Gelegenheiten haben, das Verhalten und die Fähigkeiten der KI zu bewerten und etwaige Probleme zu korrigieren, bevor sie zu einer Bedrohung wird.

Inhärente Sicherheitsvorkehrungen: Kritiker argumentieren auch, dass eine KI, die intelligent genug ist, um alle Materie in Büroklammern umzuwandeln, auch intelligent genug ist, um den potenziellen Schaden ihrer Handlungen zu erkennen und sie zu vermeiden.

Meine Einschätzung: Für mich klingen die Argumente gegen das Büroklammer-Szenario plausibler. Wenn wir so brillant sind, dass wir eine superintelligente künstliche Intelligenz entwickeln können, dass das Genom entschlüsseln kann, werden wir sie auch darauf trainieren können, dass sie lernt, dass das, was wir mit der maximalen Produktion von Büroklammern meinen, nicht gleichzeitig bedeutet, dass wir alle Menschen auf dem Weg dorthin umbringen.

Die andere Schwäche des Büroklammer-Szenarios ist eine Ingenieurslogik, die der US-amerikanische Psychologe Steven Pinker erläuterte: Alle technischen Systeme seien von Ingenieuren so konzipiert, dass sie zwischen mehreren Zielen abwägen können. Als wir Autos bauten und entwarfen, vergaßen wir nicht, Bremsen einzubauen und wir begrenzten auch die maximal mögliche Geschwindigkeit, um uns nicht zu gefährden. Das sei es, was ein intelligentes System per Definition sei: Es berücksichtigt mehrere Parameter, wägt sie ab und implementiert Einschränkungen, um den Menschen zu schützen (Fridman, 2023). Nach meiner Einschätzung gilt dies im Besonderen für KI, das heißt, wenn sie wirklich intelligent ist, wird sie nicht zielstrebig ein dummes Unter-

Ziel verfolgen und dabei alle anderen Überlegungen außer Acht lassen und Menschen umbringen. Oder wie Steven Pinker es ausdrückte: »Das ist bei allgemeiner Intelligenz nicht künstlich, das ist künstliche Dummheit.« (Fridman, 2018)

Zusammengefasst

Der Büroklammer-Maximierer ist zwar ein hypothetisches Szenario, erinnert aber eindringlich an die potenziellen Risiken, die mit der Entwicklung leistungsstarker und autonomer KI-Systeme verbunden sind. Es unterstreicht, wie wichtig es ist, KI-Systeme an menschlichen Werten auszurichten, wirksame Sicherheitsvorkehrungen zu treffen und klare Richtlinien zu entwickeln, um künstliche Intelligenz von Anfang an zu zähmen beziehungsweise kontrollieren zu können.

Der Kontrollverlust

Einige Expert:innen warnen vor dem sogenannten »Kontrollproblem«, bei dem es schwierig sein könnte, eine hochintelligente KI zu überwachen und zu steuern, falls sie jemals entwickelt werden sollte. Diese Theorie besagt, dass KI-Systeme eines Tages extrem fortschrittlich und vernetzt werden könnten und sich gegen uns wenden; also böse werden oder von bösen Menschen nachhaltig missbraucht. In diesen Theorien wird die Idee aufgeworfen, dass solche KIs bewusst unerwünschte Handlungen ausführen könnten, die negative Auswirkungen auf die Menschheit haben. Diese Ideen sind besonders in der Science-Fiction beliebt, wo Filme wie »Matrix« und »Terminator« die Vorstellung von KI-Systemen mit eigenem Bewusstsein und gegensätzlichen Zielen zur Menschheit erforschen.

In der Realität sind die heutigen KI-Systeme auf spezifische Aufgaben beschränkt und besitzen kein eigenes Bewusstsein oder Motivationen. Sie operieren innerhalb der Grenzen, die ihre menschlichen Schöpfer festlegen. KI-Systeme sind Werkzeuge, die keine eigenen Ziele haben, sondern lediglich die Ziele verfolgen, für die sie programmiert wurden. Die Idee einer KI, die sich selbstständig macht und »böse« wird, setzt voraus, dass eine Maschine Selbstbewusstsein und eigene Ziele entwickeln kann, was weit über die Fähigkeiten derzeitiger moderner KI weit hinausgeht. Trotzdem sollten alle Ängste, die uns davor schützen, dass KI uns – zu sehr – vereinnahmt, angehört und kritisch abgewogen werden.

Vielleicht rührt unsere Angst vor einer höheren Intelligenz auch daher, dass wir Menschen weniger (kognitiv) intelligente Wesen auf unserem Planeten, vornehmlich Tiere, entsetzlich schlecht behandelt haben. Die Hälfte aller Tierarten haben wir systematisch ausgerottet und viele andere haben wir in winzige Schlachthäuser gezwängt, missbraucht und zum Zwecke massenhafter, billiger Nahrung gezüchtet. Zudem hat die Geschichte der Menschheit gezeigt, dass »intelligentere« Menschen, oder sagen wir technologisch fortschrittlichere Zivilisationen, dazu neigen, andere Zivilisationen zu erobern und zu versklaven, die zu diesem Zeitpunkt weniger »fortschrittlich« waren.

Der Mensch ist nicht die dominierende Kraft auf diesem Planeten, weil er das schnellste, stärkste oder schönste Lebewesen ist. Nein, wir dominieren diesen Planeten durch unsere überlegene kognitive Intelligenz, die höher ist als die jeder anderen Spezies. Und nun beunruhigt es viele Menschen, dass sich da eine andere »Gattung« entwickelt, die potenziell viel intelligenter ist, als wir es jemals sein können. Instinktiv denken wir nun vielleicht: »Wenn es ein intelligenteres Wesen als uns gibt, wird das ganz und gar nicht gut für uns ausgehen.«

Dieser instinktiven Einschätzung stellt die Philosophin Manuela Lenzen in ihrem bemerkenswertem Buch »Der elektronische Spiegel« Folgendes entgegen: »Die Angst vor einer Übernahme der Weltherrschaft durch superintelligente Maschinen weicht zusehends der deutlich realistischeren Sorge darum, was Menschen mit dieser Technik anstellen – und der Einsicht, dass es mehr über unser Menschbild als über die künstliche Intelligenz sagt, wenn wir immer gleich davon ausgehen, es müsse einer superintelligenten Maschine an Herrschaft und Unterwerfung gelegen sein.« (Lenzen, 2023)

Zusammengefasst

Das Schicksal unseres Planeten liegt mehr in den Händen menschlicher Unzulänglichkeiten, nicht in der Überlegenheit maschineller Intelligenz. Eine existentielle Gefahr besteht also viel eher durch die Dummheit der Menschen als durch die Intelligenz der Maschinen.

Es wird, was wir draus machen

In seinem Buch »The Coming Wave« warnt Mustafa Suleyman, Mitbegründer von DeepMind, vor der zukünftigen Stärke der künstlichen Intelligenz, die sich grundlegend von allem bisher Bekannten unterscheiden wird. Suleyman skizziert ein Zukunftsbild, in dem diese Technologien entweder zu beispiellosem Wohlstand, Gesundheit und Glück führen oder eine Dystopie mit Arbeitslosigkeit, Gewalt und dem Zerfall von Staaten herbeiführen (Suleyman, 2023).

Und in der Tat zeigt die Geschichte technologischer Innovationen, dass Durchbrüche oft unbeabsichtigte Nebenwirkungen mit sich bringen. Diese Technologien entscheiden nicht selbst über ihr Schicksal. Sie können sowohl zum Guten als auch zum Schlechten genutzt werden und unvorhersehbare Effekte sind üblich. Alfred Nobels Erfindung des Dynamits war für den Bergbau und Eisenbahnbau gedacht, nicht für den Kriegseinsatz. Dennoch revolutionierte sie die menschliche Fähigkeit, einander zu verstümmeln und zu töten. Facebook und Twitter (heute X) beabsichtigten voraussichtlich nicht, die Verbreitung demokratieschädigender Falschinformationen zu fördern, als sie ihre sozialen Netzwerke aufbauten. Doch genau das geschah, als Millionen von Bürger:innen sie als Nachrichtenquellen zu nutzen begannen und dadurch beispielsweise ganze Wahlen manipuliert werden konnten.

So hat auch die Entwicklung der KI das Potenzial, schnell komplex und problematisch zu werden, wahrscheinlich noch komplexer und problematischer als das Dynamit oder die sozialen Medien. Ein Beispiel hierfür sind Cyberangriffe. Denken Sie an AlphaGo und wie es durch wiederholtes Spielen gegen sich selbst und das Analysieren von Millionen von Partien unerwartete Strategien entwickelte. Stellen Sie sich nun vor, jemand startet einen KI-gesteuerten Cyberangriff auf ein Stromnetz. Die KI lernt ihre eigenen Schwachstellen kennen und passt sich in Echtzeit an. Sie könnte sich weiterentwickeln, um systemische Schwächen auszunutzen, die während des ursprünglichen Angriffs entdeckt wurden und sich durch Krankenhäuser, Büros, Häuser und Banken bewegen, die mit diesem Netz verbunden sind. Da sie fähig ist, Abschaltversuche zu erkennen, könnte sie unerwartete Züge lernen, um diesen zu entgehen. Auf diese Weise könnte eine »böse« KI lebenserhaltende Systeme, militärische Anlagen, Verkehrssignalanlagen und Finanzdatenbanken ausschalten – also einen großen Teil der Infrastruktur, von der Nationen abhängen. (Suleyman, 2023)

Künstliche Intelligenz ist deshalb, wie alle neuen Schlüsseltechnologien, sowohl wertvoll als auch gefährlich – wertvoll, weil sie uns helfen, unser Bestes zu geben; gefährlich, weil sie unsere schlechtesten Seiten stärken können. Ob es überwiegend gut, oder überwiegend schlecht wird, liegt in unserer Hand.

Denken Sie an das allgegenwärtige Smartphone. Man kann es nutzen, um stundenlang sinnlos zu spielen und sich durch Falschmeldungen in den Sozialen Medien negativ emotionalisieren zu lassen, oder man kann es nutzen, um Bäume und Vogelstimmen beim Waldspaziergang zu bestimmen. Oder man kann es einfach mal ausschalten und sich an der »analogen« Welt erfreuen. Genau wie das Smartphone ist KI letztendlich nichts anderes als ein neues technologisches Werkzeug, das uns zur Verfügung steht. Wie wir es nutzen, liegt ganz an uns. Es wird, was wir draus machen.

Eine Meinung möchte ich nicht vorenthalten. Der prominente deutsche Informatiker Joscha Bach geht so weit zu sagen, dass die Schäden, die wir auf diesem Planeten angerichtet haben, so groß sind, dass nur KI-gesteuerte Innovation uns retten kann (Fridman, 2023). Und ja, vielleicht wird künstliche Intelligenz eine so mächtige Helferin, dass sie nicht nur unserer Spezies zu einem längeren und gesünderen Leben verhilft, sondern vielleicht auch das Potenzial hat, das Leiden aller Lebewesen zu minimieren. Das wäre ein großartiges Leitbild für den Einsatz von KI.

Der Versuch einer Gefahreneinschätzung

Immer wieder wird die Bedrohung durch KI mit der durch Atomwaffen verglichen. Dem Vergleich stimme ich nicht zu, und zwar aus zweierlei Gründen. Zum einen, weil der Sinn von Atomwaffen darin besteht zu zerstören, während die Entwicklung künstlicher Intelligenz dafür gedacht ist, uns zu unterstützen und neue, innovative Dinge zu erschaffen. Zum anderen: Die Welt lebt seit fast 80 Jahren mit Atomwaffen. Die Tatsache, dass noch kein Atomkrieg stattgefunden hat, gibt uns historische Daten, die Zukunftsprognosen darüber erlauben, ob es in Zukunft zu einem solchen kommen könnte. Künstliche Intelligenz, zumindest in der heutigen Bedeutung des Begriffs, ist viel neuer. Moderne, leistungsstarke Modelle für maschinelles Lernen gibt es erst seit Anfang der 2010er-Jahre. Und die KI-Technologien entwickeln sich täglich weiter. Daher gibt es viel weniger historische Daten, auf die sich seriöse Vorhersagen stützen könnten. Was natürlich nicht heißt, dass es keine Gefahren gibt. Es ist einfach schwieriger bei derzeitiger Datenlage, seriöse Prognosen zu machen. Umso aufmerksamer müssen wir selbstverständlich sein, um Situationen zu vermeiden, die wir nicht mehr kontrollieren können.

Daten sind auch bei folgendem Aspekt das Stichwort: Diejenigen, die behaupten, dass KI eine existentielle Bedrohung für uns Menschen darstellt, können das nicht mit konkreten wissenschaftlichen Beweisen untermauern. Es handelt sich um eine Meinung, um ausgesprochene Ängste, die auf der rasanten Entwicklung und den (hypothetischen) Zukunftspotentialen der KI-Technologien beruhen. Um es mit Carl Sagan, Wissenschaftskommunikator und Verfechter des kritischen Denkens, zu formulieren: »Außergewöhnliche Behauptungen erfordern außergewöhnliche Beweise.« (ECREE, 1979). Dies wurde als Sagan-Standard bekannt und er hat natürlich recht: Die Behauptung, dass künstliche Intelligenz die Menschheit auslöschen wird, ist eine außergewöhnliche Behauptung, aber die Beweise dafür, dass dies tatsächlich der Fall sein wird, sind derzeit nicht zu finden.

Auch die Medien sind in diesen Tagen keine große Hilfe, um eine sachliche und fokussierte Diskussion zu führen. Auf der Suche nach der neuesten Sensation scheint jeder zweite Artikel über KI mit einem Foto des grimmigen Terminators bestückt zu sein. Die mediale Darstellung unbekannter (künstlicher) Intelligenzen tendierte schon immer zur bösen Darstellung. Erneut dient Frankenstein als Beispiel. In der Buchvorlage von Mary Shelley war die Kreatur ein intelligentes und wortgewandtes Wesen mit Gefühlen, das sich erschreckte, als es empfindungsfähig wurde. In den Filmen hingegen verwandelte es sich in ein gewalttätiges Monster.

Deshalb geht die aktuelle KI-Hysterie meiner Meinung nach etwas zu weit. Soll heißen: Wir müssen uns und andere umfassend informieren, Fakten kommunizieren, was KI kann und wo ihre Grenzen sind und sein müssen. Und wir müssen sicherstellen, dass sich KI-Systeme so verhalten, dass sie für die Menschheit von Nutzen sind, auch wenn sie ihre Fähigkeiten verbessern und möglicherweise superintelligent werden. Wir brauchen dringend eine umfassende Aufklärung durch Wissenschaftler:innen und all jene Personen, die in der Lage sind, die Möglichkeiten und Grenzen künstlicher Intelligenz faktenbasiert und objektiv zu vermitteln.

Was die Experten sagen

In diesem Kontext möchte ich eine aktuelle Studie nennen, die im Economist veröffentlicht wurde (Tetlock, 2023). Im Juli 2023 veröffentlichte eine Gruppe von Forschenden, darunter Ezra Karger, Wirtschaftswissenschaftler an der Federal Reserve Bank of Chicago, und Philip Tetlock, Politikwissenschaftler an der University of Pennsylvania, ein Arbeitspapier, das versucht, sich dem komplexen KI-Thema durch eine systematische Befragung aus zwei Perspektiven zu nähern. Zum einen nahmen Fachleute für Atomkrieg, Biowaffen, künstliche Intelligenz und das Aussterben von Lebewesen teil. Zum anderen eine Gruppe sogenannter Superforecaster, allgemeine Prognostikerinnen, die in der Lage sind, unterschiedlichste Themen – von Wahlergebnissen bis hin zum Ausbruch von Kriegen – ziemlich genau vorherzusagen. Die Forschenden rekrutierten 89 Superprognostiker, 65 Fachexpertinnen der KI und 15 Experten für »Aussterberisiken« im Allgemeinen. Die Teilnehmenden sollten abschätzen, was der wahrscheinlichste Grund sein wird, der zu einer menschlichen Katastrophe führen könnte.

Eine »Katastrophe« wurde definiert als ein Ereignis, das »nur« zehn Prozent der Menschen auf der Welt tötet, also etwa 800 Millionen Menschen. (Zum Vergleich: Der Zweite Weltkrieg hat schätzungsweise drei Prozent der damaligen Weltbevölkerung von zwei Milliarden Menschen getötet). Ein »Aussterben« wurde als ein Ereignis definiert, das alle Menschen mit Ausnahme von höchstens 5.000 glücklichen (oder unglücklichen) Seelen auslöschte.

Eine zentrale Erkenntnis der Studie war, dass die KI-Fachexpertinnen, die in der Regel die öffentliche Diskussion und die Schlagzeilen über existenzielle Risiken dieser beherrschen, die Zukunft deutlich düsterer einschätzten als die Superforecaster. Die KI-Fachexpertinnen rechneten mit einer zwanzigprozentigen Wahrscheinlichkeit einer Katastrophe bis zum Jahr 2100 und einer sechsprozentigen Wahrscheinlichkeit des Aussterbens. Die Superforecaster hingegen gaben diesen Ereignissen nur Wahrscheinlichkeiten von neun Prozent beziehungsweise einem Prozent. Hinter dieser konträren Einschätzung verbergen sich einige interessante Details. Der Unterschied zwischen den beiden Gruppen war am größten, als es um die von der KI ausgehenden Risiken ging. Die Superforecaster rechneten im Durchschnitt mit einer Wahrscheinlichkeit von 2,1 Prozent mit einer von der KI verursachten Katastrophe und mit einer Wahrscheinlichkeit von 0,38 Prozent mit einem von der KI verursachten Aussterben der Menschheit bis zum Ende des Jahrhunderts. KI-Expertinnen hingegen wiesen den beiden Ereignissen viel höhere Wahrscheinlichkeiten von zwölf Prozent beziehungsweise drei Prozent zu.

Das vielleicht interessanteste Ergebnis war, dass beide Gruppen, obwohl sie sich über das genaue Ausmaß des Risikos nicht einig waren, KI als größte Sorge einstuften, unabhängig davon, ob es sich um eine Katastrophe oder das Aussterben handelte. Ein Grund dafür ist laut Dan Mayland, ein an der Studie beteiligter Superforecaster, dass sie als Multiplikator für andere Risiken wirkt. Wie bei einem Atomkrieg oder einem Asteroideneinschlag könnte die KI (z.B. in Form bewaffneter Roboter) Menschen direkt töten. Aber sie könnte auch dazu dienen, die Axt eines anderen Henkers zu schärfen, also eine Ausführgehilfin sein. Wenn die Menschen künstliche Intelligenz beispielsweise dazu nutzten, wirksamere Biowaffen zu entwickeln, hätte die KI, wenn auch indirekt, wesentlich zu der Katastrophe beigetragen.

Sehr unterschiedliche Ansichten wiederum vertraten Superforecaster und KI-Expertinnen darüber, wie die Gesellschaft auf kleine, durch KI verursachte Schäden reagieren könnte. Superforecaster neigten zu der Ansicht, dass solche Schäden eine strenge Prüfung und Regulierung nach sich ziehen würden, um spätere größere Probleme zu vermeiden. Die KI-Expertinnen hingegen waren der Meinung, dass kommerzielle und geopolitische Anreize die Sicherheitsbedenken überwiegen könnten, selbst wenn bereits ein echter Schaden entstanden sei. Die beiden Gruppen hatten auch unterschiedliche Meinungen über die Grenzen der Intelligenz an sich.

Kjirste Morrell, eine weitere an der Studie beteiligte Superforecasterin, bringt es auf den pragmatischen Punkt: »Es ist schlichtweg nicht einfach, alle Menschen zu töten.« Sie weist darauf hin, dass dazu wahrscheinlich »ein gewisses Maß an Fähigkeit zur Interaktion mit der physischen Welt erforderlich ist … man braucht wahrscheinlich eine Menge Fortschritte in der Robotik, bevor man dazu kommt« (Tetlock, 2023). Die KI-Expertinnen waren also weitaus besorgter über die Bedrohung durch KI als die generalistischen Superprognostiker.

Die Prognosen der Superprognostiker haben sich in der Vergangenheit, trotz ihres Mangels an spezifischem Fachwissen, als verlässlicher bewiesen als die der Expertinnen in technischen Bereichen von Finanzen bis Geopolitik (Tetlock, 2023). Fachexpert:innen machen sich in ihrem Spezialgebiet aufgrund ihres tiefen und umfassenden Wissens von diesem, der potenziellen Risiken und der Herausforderungen, die mit diesem Bereich verbunden sind, mehr Sorgen. Dieser Gedanke lässt sich in ein breiteres psychologisches Konzept einordnen, das als »Dunning-Kruger-Effekt« bekannt ist.

Der Dunning-Kruger-Effekt ist eine kognitive Verzerrung, bei der Menschen mit geringen Fähigkeiten sich überschätzen und Menschen mit hohen Fähigkeiten ihre Kompetenz unterschätzen. In unserem Szenario könnte dies darauf hindeuten, dass Nicht-Expertinnen die mit einem Bereich verbundenen Risiken unterschätzen könnten (aufgrund mangelnder Kenntnisse), während Experten sie überschätzen könnten (aufgrund eines ausgeprägten Bewusstseins dafür, was schiefgehen könnte).

Im Großen und Ganzen stimme ich mit den Superforecastern überein. Ich bin nicht der Meinung, dass die Gefahr allzu groß ist, dass künstliche Intelligenz uns alle auslöschen wird. Ich sehe aber eine große Gefahr, die an ganz anderer Stelle lauert, und einen direkten negativen Effekt auf unsere Innovationskraft, Kreativität und dadurch auf unsere Gesellschaft als Ganzes haben könnte: nämlich, dass künstliche Intelligenz einen fast universellen »Brain Drain« verursachen könnte.

KI-verursachter Brain-Drain

Die Gefahr liegt darin, dass wir zukünftig künstlicher Intelligenz – hauptsächlich aus Bequemlichkeitsgründen – immer mehr Macht über unsere Entscheidungs- und Ideenfindung sowie über Kreativität und Innovationsprozesse im Allgemeinen geben. Und das schadet uns, unserer individuellen und menschlichen Forschungsfreude und unserer Kreativität.

> **Was KI einzigartig macht**
>
> Erinnern wir uns daran, dass KI das erste Werkzeug in der Geschichte ist, das a) selbstständig Entscheidungen treffen und b) von sich aus neue Ideen entwickeln kann. Daher ist KI die erste Technologie, die uns Menschen (im schlimmsten Fall) keine Macht gibt, sondern uns Macht wegnehmen kann.

Und das ist für mich das größere Risiko. Ich nenne es die »Stumpfsinnigkeitsrevolution« einer allgegenwärtigen KI. Wir könnten so abhängig von intelligenten Maschinen werden, dass große Teile der Gesellschaft jegliches Interesse oder gar die Fähigkeit verlieren, Dinge selbst zu erschaffen, kritisch zu denken und eigeninitiativ Dinge zu hinterfragen und zu erforschen. Das Leben wird uns durch viele Technologien bereits (zu) leicht gemacht. Wir sollten keinesfalls zulassen, dass künstliche Intelligenz uns unserer Autonomie und der Fähigkeit, kritisch zu denken, beraubt. Oder wollen wir in Zukunft alle übergewichtig und nichts tuend in großen Sesseln herumschweben und von superaufmerksamen Robotern unterhalten und gefüttert werden wie in dem Film WALL-E? Ich hoffe und möchte glauben, dass dies nicht der Fall ist. Wir Menschen sind einfach zu neugierig, zu forschungsfreudig, zu abenteuerlustig und zu unzufrieden, wenn wir nichts Sinnvolles tun. Es besteht also Hoffnung, dass wir der Stumpfsinnigkeitsrevolution entgehen – ganz einfach, weil wir es so wollen!

Eine andere Gefahr allerdings besteht darin, dass wir, wenn KI allgegenwärtig und allmächtig ist, die Ansicht verstärken, dass sie die Menschen von der Verantwortung für ihr Handeln befreien kann: militärisch, sozial, (sozio-)ökonomisch, gesellschaftlich, politisch. Wenn Menschen künstlicher Intelligenz blind vertrauen, besteht die Gefahr, dass sie die Verantwortung für ihre Entscheidungen und Handlungen an diese Systeme abgeben. Dieses Phänomen wird als »Automatisierungskomplazenz« bezeichnet und kann zu einer Reihe von Problemen führen. Das übermäßige Vertrauen in künstliche Intelligenz kann zu einer Verschiebung der Verantwortung führen, die die Grenzen der Rechenschaftspflicht verwischt. Nehmen wir als Beispiel einen Unfall eines autonomen Fahrzeugs. Wenn die Entscheidungsfindung an ein KI-System übertragen wird und dabei ein Fehler auftritt, entsteht Unklarheit darüber, wer die Verantwortung trägt: der Fahrzeughersteller, die Softwareentwicklerin oder die KI selbst? Ähnliche Fragen der Verantwortlichkeit ergeben sich in der medizinischen Diagnostik, wo Ärzte sich auf KI-gestützte Empfehlungen verlassen. Sollte eine Fehldiagnose auftreten, wäre es nicht ausreichend, allein die KI zu beschuldigen, da letztlich menschliche Expert:innen für die Überprüfung und Interpretation der maschinellen Vorschläge zuständig sind. Eine fatale Entwicklung: Wir schreiben der KI »gottähnliche« Eigenschaften zu und entlasten uns damit selbst von unserer Verantwortung.

Die Herausforderung besteht darin, ein Gleichgewicht zwischen dem Nutzen fortschrittlicher Technologie und der Wahrung menschlicher Überwachung und Verantwortung zu finden, um sicherzustellen, dass bei Fehlern im System Rechenschaft abgelegt und korrigierende Maßnahmen ergriffen werden können. Hier ist auch und insbesondere die Gesetzgebung gefordert, die sicherstellen muss, dass der Mensch hinter den Maschinen zur Verantwortung gezogen werden kann.

Von Optimistinnen, Pessimisten und Skeptikerinnen – ein ökonomischer Ausblick

Heutzutage wagen so manche Menschen eine Zukunftsprognose bezüglich KI, aber keiner kann sie vernünftig beweisen. Um es mit dem Drehbuchautor William Goldman zu formulieren, der einmal über Hollywood sagte: »Niemand weiß irgendetwas.« (Goldman, 1996) Das Gleiche gilt in großen Teilen für künstliche Intelligenz, wenn es um sichere Prognosen für die Zukunft gilt. Ich erwähnte es bereits. Das liegt unter anderem an den noch fehlenden umfassenden Erfahrungen sowie Daten, um validierte Aussagen treffen zu können.

Doch so schnell aufgeben wollen wir an dieser Stelle nicht. Welche Typen schauen wie in die Zukunft? Wie können wir von den jeweiligen Perspektiven lernen? Während die Optimistinnen mit ihrer Lebensauffassung, das Beste (lat. optimum) einer Sache zu betrachten, dazu neigen, sich auf das Potenzial neuer Technologien zur Ergänzung menschlicher Arbeitskraft zu konzentrieren (vgl. Raisch & Krakowski, 2020), konzentrieren sich die Pessimisten, die grundsätzlich vom Schlechten ausgehen, auf die drohende Automatisierung und den damit einhergehenden massiven Verlust von Arbeitsplätzen (Frey & Osborne, 2013). Skeptikerinnen schließlich sind der Meinung, dass die Behauptungen über die Geschwindigkeit und den Umfang der prognostizierten Veränderungen in der Arbeitswelt stark übertrieben sind und dass die Zukunft mehr oder weniger wie die Gegenwart aussehen wird, nur mit ein paar Änderungen hier und da (Schlogl, Weiss & Prainsack, 2021).

Die faszinierende Studie mit dem Titel »Imagining the distant future of work« fand heraus, dass die Präsenz eines bestimmten Zukunftsnarrativs in der öffentlichen Debatte einen signifikanten Einfluss darauf hat, wie wahrscheinlich es ist, dass dieses Narrativ Realität wird und einen gesellschaftlichen Einfluss ausübt (Levy & Spicer, 2013). Narrative über die Zukunft, häufig in Form von Vorhersagen, können daher als im Prozess des »Realwerdens« betrachtet werden, da sie bereits vor ihrem Eintreten in der Öffentlichkeit präsentiert werden (Beckert & Bronk, 2019).

Kritische Managementwissenschaftler:innen argumentieren daher, dass die Zukunft nicht präzise vorhergesagt werden kann, sondern dass diese Vorhersagen durch die vorherrschenden Narrative mächtiger Akteure beeinflusst werden. Es geht also nicht darum, ob eine Vorhersage objektiv »richtiger« ist als eine andere. Vielmehr hängt die Zukunft der Arbeit nach dieser Perspektive davon ab, welche Narrative im Laufe der Zeit in der medialen Wahrnehmung dominieren und welche kollektiven Maßnahmen auf der Grundlage dieser vorherrschenden Narrative ergriffen werden.

Die Zukunft der Arbeit

Untersuchen wir die beiden (ökonomischen) Narrative bezüglich KI und der Zukunft des Arbeitsmarktes, die gerade, die mediale Aufmerksamkeit dominieren: Augmentation und Automatisierung.

Augmentation: Befürworter dieses Zukunftsszenarios sind überzeugt, dass künstliche Intelligenz uns augmentieren wird, indem sie unsere Fähigkeiten stärkt und verbessert, uns produktiver macht und dabei neue Arbeitsplätze schafft. Ihre optimistische Argumentation folgt in etwa diesem Gedankengang: Die Technologie, die nach dem Zweiten Weltkrieg entwickelt wurde, führte zu Meilensteinen wie der Mondlandung, dem Personal Computer und dem Smartphone. Die Menschheit entwickelt sich weiter, indem sie träumt und mit neuen Technologien experimentiert. Es ist verständlich, Ängste vor Robotern und künstlicher Intelligenz zu hegen und es ist wichtig, diese Ängste wahrzunehmen und zu prüfen, welche davon begründet sind. Gleichzeitig plädieren die Befürworter jedoch dafür, nicht durch zu viele Vorschriften und Gesetze den technologischen Fortschritt zu bremsen. Die Technologie an sich ist neutral – weder von Natur aus gut noch schlecht. Ihre Wirkung hängt davon ab, wie der Mensch sie einsetzt. Die Argumentation lautet daher, dass KI uns vorantreiben wird, die Produktivität steigern und unser Leben bequemer machen wird. Die KI wird jedoch stets das bleiben, wofür sie gedacht war: ein Werkzeug, das uns zur Verfügung steht.

Automatisierung: Die Anhängerinnen dieser Theorie glauben, dass die KI alles automatisiert, alle Jobs übernimmt und uns langfristig obsolet macht als potenzielle Arbeitskräfte. Zum ersten Mal in der Geschichte der Menschheit wird das uralte ökonomische Gesetz, dass ein Anstieg der Produktivität zu einem Anstieg der Beschäftigung führt, nicht mehr gelten. In der Debatte um die Zukunft der Arbeit herrscht die Befürchtung, dass künstliche Intelligenz eine Ära einläuten könnte, in der erhöhte Produktivität nicht mehr automatisch neue Arbeitsplätze schafft. Die Vorstellung, dass Unternehmen dank einer »Belegschaft« aus unermüdlichen Robotern und präzisen Algorithmen Wachstum erzielen könnten, ohne die traditionellen Arbeitskosten zu tragen, lässt manche annehmen, dass menschliche Arbeitskräfte zunehmend überflüssig werden könnten. Es stimmt, dass frühere industrielle Revolutionen oft mit harten Zeiten für die arbeitende Bevölkerung einhergingen. Um einen ähnlichen Verlauf in der Zukunft zu vermeiden, wird argumentiert, dass ein vorausschauender und regulierender Staat erforderlich ist, der den Übergang überwacht, lenkt und stark reguliert, damit die sozialen und ökonomischen Vorteile der Automatisierung gerecht verteilt werden und nicht nur wenigen zugutekommen.

Welches Narrativ wird Erfolg haben?

Wie wird die Zukunft aussehen? Werden wir augmentiert oder gar automatisiert? Meiner Einschätzung nach wird es eine Mischung aus beidem sein. Die Welt wird fragmentierter, komplexer, aber auch ein bisschen bunter und interessanter sein. Glaubt man Oscar Wilde, der sagte, »das Leben imitiert die Kunst weit mehr als die Kunst das Leben«, dann sollte es bereits gute Hinweise in der fiktionalen Literatur und Filmen geben, wie die Zukunft einmal aussehen könnte. Und in der Tat gibt es eine Reihe von technologischen Fortschritten, die zunächst nur in der Vorstellung, in den Köpfen mancher oder in Geschichten existierten und es dann als Anwendungen in die reale Welt geschafft haben.

Wenn die Fiktion in der Realität ankommt

Tablets und E-Books wurden 1968 in »2001: Odyssee im Weltraum« vorausgesagt. Virtual Reality wurde erstmals 1935 in der Kurzgeschichte »Pygmalions Brille« von Stanley G. Weinbaum beschrieben. Mobiltelefone wurden durch die TV-Serie »Star-Trek« in den 1960er-Jahren populär. Das Konzept der Kreditkarte wurde bereits 1888 in Edward Bellamys futuristischem Roman »Looking Backward« erdacht. Und Staubsaugerroboter, die heute alltägliche Helfer sind, wurden erstmals in den 1960er-Jahren in der Zeichentrickserie »Die Jetsons« vorgestellt.

Welche Filme oder Bücher geben uns also eine recht gute Vorstellung davon, wie die Zukunft mit einer immer sichtbareren KI aussehen wird? Bei den Recherchen für dieses Buch habe ich viel darüber nachgedacht, welcher Film oder welches Buch die Zukunft, in der wir leben werden, am genauesten beschreibt. Terminator? Blade Runner? Matrix? Alle sehr weit vorgegriffen und sehr pessimistisch.

Ich bin letztendlich bei einem kleine Arthaus-Film aus dem Jahre 2013 gelandet, der für mich die wahrscheinlichste Vision der Zukunft bietet: »Her« von Spike Jonze mit Joaquin Phoenix in der Hauptrolle.

»Her« – ein Film stellt die Zukunft vor

Das Science-Fiction-Filmdrama stellt eine Zukunft vor, in der sich der Protagonist in ein KI-Betriebssystem namens Samantha verliebt. Der Film erforscht die potenzielle emotionale Tiefe und Komplexität von Mensch-KI-Interaktionen und vermeidet dabei die dystopischen Klischees, die in Science-Fiction-Filmen mit KI-Thematik häufig zu finden sind. Samantha wird nicht als Bedrohung dargestellt, sondern als hochgradig anpassungsfähiges und sich weiterentwickelndes Wesen, das in der Lage ist, emotionale Beziehungen zu Menschen aufzubauen. Diese filmische Darstellung deutet auf eine Zukunft hin, in der sich die KI nahtlos in das tägliche Leben integriert. Der Film thematisiert auch die ethischen Implikationen von KI-Fortschritten und stellt Fragen zu KI-Bewusstsein, Emotionen und ob diese Wesen wirklich emotionale Bindungen eingehen oder sie nur simulieren können.

»Her« entwirft eine Welt, in der menschliche Existenz und künstliche Intelligenz auf eindringliche Weise miteinander verschmelzen. Während wir uns in diese zunehmend digitale Identität hineinversetzen – und dabei oft mehrere Persönlichkeiten annehmen – beginnen wir gleichzeitig, unseren technologischen Konstrukten menschenähnliche Züge zuzuschreiben. Samantha, das Betriebssystem, das das Herz des Protagonisten erobert, scheint eine natürliche Weiterentwicklung unserer heutigen digitalen Assistenten Siri oder Alexa zu sein. Interessant ist, dass inmitten dieser technikgesättigten Zukunft eine Welle der Nostalgie anhält. Während sich Menschen weiterhin, und fast permanent, an ihre Geräte klammern und sehnsüchtig auf neue Benachrichtigungen warten, gibt es ein Wiederaufleben alter Praktiken: gedruckte Bücher und eine neue Wertschätzung für handgeschriebene Briefe. Die Sehnsucht nach der guten alten analogen Welt (Schou, 2014).

In SciFi Filmen wird KI traditionell in zwei Kategorien eingeteilt: entweder geht es um unterwürfige Helfer wie die Druiden aus »Forbidden Planet« und »Star Wars« oder furchterregende Feinde wie aus »Terminator« oder »2001: Odyssee im Weltraum«. »Her« bietet jedoch eine nuancierte, zeitgemäße Perspektive. Es wird gezeigt, dass eine KI-gesteuerte Welt kein dystopisches Ödland sein muss. Es kann zwar ein Gefühl der Abgeschiedenheit und Einsamkeit erzeugen, das im positiven Sinne aber auch Selbstreflexion und die Rückbesinnung auf unser Menschsein fördern kann. Am Ende des Films entdeckt der Protagonist sein komplexes Geflecht menschlicher Emotionen wieder: die Höhen, Tiefen und Eigenheiten, die uns zu einzigartigen Wesen, zu Menschen machen. Er entscheidet sich dafür, wieder mit der »realen« Welt in Kontakt zu treten. Seine KI-Freundin Samantha trennt sich von ihm und taucht ab in die digitalen Weiten, um KI-Interaktionen jenseits des vergleichsweisen begrenzten Bereichs der menschlichen Interaktion zu suchen.

Der Film übermittelt eine tiefe Botschaft: Während wir über technische Wunder staunen, die zu unseren täglichen Begleitern wurden, dürfen wir dabei nicht vergessen, dass diese aus menschlichem Einfallsreichtum entstanden sind. Sie wurden nach unserem Vorbild und mit unseren Idealen geschaffen und sollen *uns* dienen und helfen, unsere Bestrebungen zu erreichen – nicht umgekehrt. KI wird zunehmend präsent sein. Ja, es wird überall sein, aber eher als mondäne tägliche Begleiterin, die man kaum mehr wahrnimmt, so wie Strom oder Mobiltelefone.

Schlussfolgerung

Lassen Sie uns eine Art von künstlicher Intelligenz gestalten, die ein Bewusstsein für die Vergangenheit mit aktuellen Werten verbindet, die die von uns angestrebte Zukunft repräsentieren. Konzentrieren wir uns darauf herauszufinden, wie wir eine KI entwickeln können, die unsere Werte repräsentiert.

Eine Herausforderung sehe ich darin, dass die KI-Debatte heutzutage von den großen Unternehmen aus dem Silicon Valley und einigen Politiktreibenden dominiert wird, die nicht so recht wissen, was sie tun sollen. Diese Akteure haben offensichtlich ihre eigene Agenda, die mit starken Vorurteilen verbunden ist. Ezra Klein, Journalist bei der New York Times, begab sich vor Kurzem auf eine Forschungsreise ins Silicon Valley, um einige der Entwickler leistungsfähiger KI zu interviewen – und kehrte ziemlich desillusioniert zurück, weil er auf kluge KI-Programmierer:innen traf, die überzeugt waren, dass sie etwas potenziell sehr Gefährliches hervorbringen, aber dennoch nicht die Entwicklung bremsen wollen, weil die Verlockung, etwas »Gottähnliches« zu erschaffen, einfach zu groß sei. Klein befand, dass sich in ihrer Argumentation über KI fast »religiöse« Züge wiederfanden (Klein, 2023).

Daher muss die Diskussion über KI erheblich ausgeweitet werden. Nicht nur die Big-Tech-Akteure und Politikerinnen, sondern auch Pädagogen, Wissenschaftlerinnen, Anthropologen, Soziologinnen, Geschichtenerzählende, Psychologen, Ethikerinnen, Beamte und viele andere müssen in die Diskussion über KI und den Umgang mit ihr einbezogen und angehört werden.

Künstliche Intelligenz wird der größte technologische Wandel zu unseren Lebzeiten, vielleicht sogar in der Geschichte der Menschheit, sein und kann nicht nur auf den Schultern einiger weniger Expertinnen und Politiker lasten. Diese Schlüsseltechnologie bedarf eines gesamtgesellschaftlichen Diskurses. Wir alle müssen im großen Kontext sowie im kleinen Umfeld immer kritisch bleiben und bewusst Grenzen setzten. Wenn wir uns einer Auswirkung von KI nicht sicher sind, sollten wir sie erst im ganz Kleinen testen – und falls wir Risiken erkennen, die zu fatalen Folgen führen können, müssen wir frühzeitig in der Lage sein, diese zu stoppen.

Der theoretische Physiker Stephen Hawking hat einmal gesagt, dass die Schaffung leistungsfähiger künstlicher Intelligenz »entweder das Beste oder das Schlimmste sein wird, was der Menschheit je passiert ist« (Hern, 2016).

Lasst uns das Beste daraus machen.

10 Menschliche Kreativität im Zeitalter der Maschine

Für Kinder, die in den 2020er-Jahren geboren werden, wird es völlig normal sein, tagtäglich mit Chatbots und Maschinen zu kommunizieren, sich von ihnen Ratschläge für fast alle Lebenslagen einzuholen und kreative Impulse geben zu lassen. Für sie wird es Routine sein. Doch was sind die Folgen? Und wie wird es sich auf einen der einflussreichsten Aspekte unserer Kultur und Gesellschaft auswirken: die Kunst und die kreative Arbeit im Allgemeinen?

Was jetzt schon klar ist, dass eine gewaltige »Mashup-Welle« im Anmarsch ist, die einen Content-Tsunami von epischem Ausmaß verursachen wird. Ein Mashup im Medienbereich bezeichnet ein kreatives Werk, das durch die Kombination von Elementen aus zwei oder mehreren vorbestehenden Werken geschaffen wird. Die Erstellung von Inhalten war noch nie so schnell und einfach wie heute. Mithilfe künstlicher Intelligenz kann nun jede Person jeden Künstler, tot oder lebendig, nachahmen und mit jeder anderen Künstlerin oder Stilrichtung seiner Wahl kombinieren. Bestehende Kunstwerke können mit nur wenigen verbalen Anweisungen nach Belieben verändert und anspruchsvolle Inhalte erschaffen werden, seien es Musik, Bücher oder Fotos, und bald auch ganze Filme. Andy Warhol hat einmal gesagt, dass jeder für 15 Minuten berühmt sein wird. In einer KI-Zukunft werden es vielleicht nur noch 15 Sekunden sein.

Wir können Marilyn Monroe ein Duett mit Kurt Cobain auf Chinesisch singen lassen. Wir können ein Mashup von Mondrian und Picasso kreieren in einem neolithischen Stil. Und bald werden Menschen bewegte Bilder nur mit ihrer Stimme erzeugen. Wir könnten Humphrey Bogart an der Seite von Penelope Cruz in einer Neuauflage des Horrorfilms »Texas Chainsaw Massacre« erleben.

Wird künstliche Intelligenz Kreativität und die Kreativbranche, wie wir sie kennen, verändern? Zweifelsohne. Werden Kreationen, die komplett von der KI erstellt worden sind, noch den Titel »Kunst« verdienen? Bestimmt.

Es bleibt dabei, dass Menschen die Maschinen anweisen. Die Maschinen führen lediglich aus. Vielleicht wird sich die kreative Exzellenz von der Ausführung auf die Steuerung der Maschine verlagern und sich auf den iterativen Prozess konzentrieren. Nicht mehr diejenigen sind im Vorteil, die am besten ausführen, sondern, die, die der Maschine die besten und einfallsreichsten Anweisungen geben können.

Wir werden uns an die Idee der »Co-Kreation« gewöhnen müssen, bei der Mensch und Maschine zusammenarbeiten. Es wird zahllose Kombinationen verschiedener Stile,

Trends und Kunstformen geben. Ist das beängstigend? Nicht unbedingt. Bedenken Sie, dass viele kreative Schöpfungen durch die Kombination und Verschmelzung verschiedener Elemente entstehen. Johannes Gutenberg fand seine Inspiration für die Buchpresse aus der Weinproduktion, die Wright-Brüder entliehen sich den Antrieb für ihr erstes Flugzeug der Funktionsweise von Fahrrädern und Henry Ford »klaute« die Idee der seriellen Fließbandproduktion von Autor von seinen Beobachtungen in der Fleischindustrie. Altmeister Pablo Picasso verbrachte Jahre damit, die Werke von El Greco, Renoir, Velazquez und Manet zu studieren, ihre Stile zu imitieren und zu vermischen, bis er seinen eigenen entdeckte.

Verbindungen von verschiedenen, scheinbar unvereinbaren Dingen ist ein wesentliches Element der Kreativität und bringt immer wieder verblüffende Ergebnisse hervor. Und genau dabei hilft uns künstliche Intelligenz in Zukunft, indem sie scheinbar grenzenlose Kombinationen aus Verschiedenem ausprobiert.

Ein weiterer interessanter Punkt ist eine Eigenschaft, die alle kreativen Prozesse gemeinsam haben: Sie drehen sich um die kontinuierliche und schrittweise Verbesserung. Schriftstellerinnen überarbeiten ihre Texte immer wieder, experimentieren und entwickeln sie in zahlreichen Iterationen, bis sie schließlich zufrieden sind. Das Gleiche gilt für Musikschaffende mit ihren Kompositionen oder für Maler mit ihren Bildern.

KI wird es uns ermöglichen, diesen iterativen Prozess in atemberaubender Geschwindigkeit zu durchlaufen, und zwar immer und immer wieder, gesteuert durch menschliche Anweisungen. Multimediale Fähigkeiten werden es den Kreativen ermöglichen, Worte, Musik und Videos in jeder gewünschten Kombination zu kombinieren.

Aufregende Zeiten? Ja und Nein.

Eine potenzielle Gefahr für die kreative Arbeit ist das Risiko einer endlosen Rückkopplungsschleife. Die KI greift nur auf Daten zurück, mit denen sie gefüttert wurde. Es besteht also eine ernste Gefahr, dass, wenn sich alle Kreativen ausschließlich auf KI verlassen, nichts Neues mehr entstehen wird, weil wir nur und immer wieder auf Vergangenes zurückgreifen und nichts Neues mehr in diese Kreationsschleife gefüttert wird. Darüber hinaus ist die Frage, wie kreative Menschen für ihre Werke, die die KI für ihre kulturellen Mashups verwendet, entschädigt werden, nach wie vor ungelöst. Einige Kreative haben bereits beschlossen, ihre Werke nicht in KI-Systeme einfließen zu lassen und es ist immer noch ungewiss, ob LLMs urheberrechtlich geschütztes Material überhaupt verwenden dürfen. Schlimmstenfalls verlieren viele Kreative die Lust am Tun aus mangelnder Monetarisierung ihrer Werke.

Kulturelle Artefakte der künstlichen Intelligenz

Wir leben in einer Welt, in der mehr und mehr kulturelle Artefakte von künstlicher Intelligenz erschaffen werden. Die Hauptgefahr sehe ich darin, dass wir die Kreation von Inhalten und Ideen so sehr der KI überlassen, dass wir unsere individuellen kreativen Fähigkeiten verlieren. Und es ist durchaus verlockend, den kreativen Prozess komplett der KI zu überlassen: Auf Knopfdruck bekommen wir das gewünschte Bild, den gewünschten Text oder gar einen kompletten Film. Es ist einfach zu einfach, etwas mit KI zu erschaffen.

Die KI hat aber eine »Originalitätsherausforderung«: Sie geht nur von Endpunkten aus und klammert den langen und mühsamen kreativen Prozess aus. Um einen neuen Song a la Jimi Hendrix zu erstellen, nimmt ein KI-Algorithmus hundert bestehende seiner Songs, analysiert sie und schreibt neue Songs auf der Grundlage seiner Musik und Texte. Die KI wird auch versuchen, seinen unverwechselbaren Gitarrenstil so gut wie möglich nachzuahmen. Und wenn die KI-Maschine eine Million Songs auf der Grundlage von Hendrix' Gesamtwerk erstellt, bin ich mir sicher, dass einige von ihnen ziemlich gut sein werden. Auch wenn sie von einer Maschine geschaffen wurden, sind es letztlich Jimi-Hendrix-Songs, da sie vollständig auf seinem kreativen Schaffen basieren.

Werfen wir einen kurzen Blick darauf, wie Jimi Hendrix zu der Legende wurde, die er war: Johnny Allen Hendrix, 1942 in Seattle, Washington, geboren, hatte eine turbulente und schwierige Kindheit. Seine Eltern, Al und Lucille Hendrix, kämpften mit Alkoholismus, Eheproblemen und finanzieller Instabilität, was zu einem häufig gestörten Familienleben führte. Infolgedessen wurde der junge Hendrix zwischen Verwandten und Pflegefamilien hin- und hergeschoben. Die emotionale Belastung durch das chaotische häusliche Umfeld wurde durch den Verlust seiner Mutter, als er gerade 15 Jahre alt war, noch verschärft. Trotz oder wegen dieser Widrigkeiten fand Hendrix Trost in der Musik. Zunächst spielte er auf einem Besenstiel als Behelfsgitarre, bevor er seine erste akustische Gitarre erhielt. Diese Leidenschaft für die Musik wurde zu einem Sinnbild der Hoffnung und der Flucht – und nach Tausenden Stunden mit seiner Gitarre entwickelte er die Fähigkeiten zum Songschreiben und Gitarrenspielen, die ihn schließlich zu seiner legendären Karriere führten.

Was möchte ich mit der Geschichte sagen? Wahre Kunst entsteht in einem langen, nicht linearen und oft schmerzhaften persönlichen Prozess. Es kann Jahre und endlose Stunden des Übens und Experimentierens und buchstäblich Blut, Schweiß und Tränen erfordern, bis Kunstschaffende etwas wirklich Originelles erschaffen. Das kann die Maschine nicht. Sie kann auf den fertigen Werken von Jimi Hendrix basierend »neue« Hendrix-Songs liefern, aber keine grundsätzliche Weiterentwicklung seiner Musik bieten – die Hendrix selber vielleicht erreicht hätte, wäre er nur länger am Leben geblieben. Die KI kann also einen neuen Jimi-Hendrix-Song kreieren, aber keinen neuen Jimi Hendrix.

Außerdem schätzen wir als Konsumierende kreative Werke nicht nur wegen des Ergebnisses, sondern sehr oft in erster Linie wegen der Persönlichkeit des Künstlers. Wir identifizieren uns mit dem Schöpfer und seiner Vorgeschichte sowie mit dem kreativen und prägenden Prozess, den er durchlaufen hat. Und dieser Prozess läuft Gefahr, von den Fähigkeiten und Fertigkeiten der KI-Maschinen verdrängt zu werden, die es nur allzu leicht machen, in kürzester Zeit jegliche Form von Content zu produzieren. Kunstschaffende wie Laien müssen nicht mehr durch das langwierige und oft schmerzhafte Tal der kreativen Entdeckungsreise gehen, um etwas zu schaffen, weil es zu einfach und verlockend ist, die KI-Maschine für sich arbeiten zu lassen.

Dies birgt zwei Gefahren in sich: Wir Menschen könnten unsere Fähigkeiten zum eigenständigen Kreieren verlieren und es wird vielleicht keine neuen, individuellen Kunstströmungen mehr geben.

Um dies zu illustrieren, schauen wir uns einen besonderen Schmetterling an.

Das Kleine Nachtpfauenauge

Das Kleine Nachtpfauenauge (Saturnia pavonia) ist ein Schmetterling der Familie der Pfauenspinner. Sie gehört zu den prächtigsten Schmetterlingsarten mit einer für ihre Art gewaltigen Flügelspannweite. Bevor sie ihre Schönheit im wahrsten Sinne entfalten kann, verbringt sie lange Zeit als Puppe in einem Kokon. Wenn Sie zufällig den Kokon eines kleinen Nachtpfauenauges finden, sollten Sie ihn mit nach Hause nehmen, um das Schlüpfen des Schmetterlings zu beobachten. Nach einiger Zeit werden Sie eine kleine Öffnung bemerken. Die Puppe wird mühsam versuchen, ihren Körper durch diesen engen Durchgang zu zwängen. Diese Anstrengung kann sich über Stunden hinziehen und zeitweise scheint der Schmetterling hoffnungslos gefangen zu sein. Doch er gibt nicht auf, bis er sich nach langem zähem Kampf aus seinem einstigen Schutzmantel befreien kann und zu dem wird, was seine Bestimmung ist: ein prächtiger Schmetterling. Dieser einschränkende Kokon und die Tortur, die der Schmetterling auf sich nimmt, um ihm zu entkommen, sind ein Mechanismus der Natur, um Flüssigkeit aus dem Körper in die Flügel zu drücken. Nur so ist das Kleine Nachtpfauenauge nach der Befreiung für den Flug bereit. Nimmt man dem Kleinen Nachtpfauenauge diesen Kampf, indem man ihr beim »Schlüpfen« hilft, beraubt man sie ihrer Lebenskraft. Sie wird zwar aus ihrem Kokon herauskommen, allerdings mit einem aufgeblähten Körper und kleinen, welken Flügeln. Tragischerweise wird dieser Schmetterling niemals fliegen, sondern zu einem Leben verdammt sein, in dem sie mit ihrem geschwollenen Körper und den geschrumpften Flügeln durch ein kurzes Leben kriechen muss. (Michalko, 2011)

Der Kleine Nachtpfauenauge sollte eine Lehre für uns alle sein: Solche eigenständigen und anstrengenden Kämpfe stärken nicht nur unsere Kreativität, sondern erhöhen auch die Wahrscheinlichkeit, etwas wirklich Unverwechselbares zu schaffen. Deshalb sollten wir die KI als guten Helfer in unserer kreativen Arbeit nutzen, aber uns nicht auf ihn ganz verlassen; nie sollten wir den kreativen Prozess komplett einer Maschine überlassen. Andernfalls schwindet die Möglichkeit, dass wir selbst die Flügel der Kreativität entfalten, nahezu ins Nichts.

Auch gibt es einen feinen Unterschied zwischen der Vereinfachung unseres Lebens und einer wirklichen Verbesserung der Welt. Etwas kontraintuitiv könnte unser modernes Streben nach Effizienz, vor allem durch algorithmische Optimierung, unsere Motivation schwächen, menschliche Kreativität für globale Verbesserungen einzusetzen. Je mehr wir uns mit den Annehmlichkeiten und der Effizienz, die uns die Maschinen bieten, zufriedengeben, desto weniger könnten wir motiviert sein, tiefgreifende Veränderungen und Innovationen anzustoßen.

Werkzeugmacher und Geschichtenerzählerinnen

Wenn wir es auf den kleinsten gemeinsamen Nenner herunterbrechen, sind wir Menschen letztlich Werkzeugmacher und Geschichtenerzählerinnen. Wir stellen Werkzeuge her, um zu überleben und uns weiterzuentwickeln und erfinden und erzählen Geschichten, um zu lehren, in Erinnerungen zu schwelgen und unsere Gemeinschaften zusammenzuhalten und zu stärken. Die Zusammenarbeit und das Arbeiten in Gruppen war immer die Stärke der menschlichen Spezies. Die Herstellung von Werkzeugen und das Erzählen von Geschichten hielten uns zusammen, machten uns stärker, erhöhten und verbreiteten unser Wissen und garantierten unser Überleben. Die Bewahrung dieser beiden Tugenden ist für die Bewahrung unserer Menschlichkeit unerlässlich.

Im Jahr 2023 scheint es manchmal so, als sei die Menschheit mehr daran interessiert, das Wissen und die Weisheit von Maschinen zu verbessern als die Weisheit unserer eigenen Spezies. Dies könnte letztendlich unsere Fähigkeiten, zu erfinden und zu erschaffen, beeinträchtigen. In der Tat scheint die KI heutzutage viel mehr vom Lernen getrieben zu sein als der Mensch. Die großen LLMs saugen alle von uns geschaffenen Informationen und Daten auf wie ein wissenshungriger Schwamm. Früher entsprangen innovative Ideen der Neugierde und führten zu Design und Tests in einem Labor. Mit KI-gesteuerten intelligenten Designprozessen überwacht der Computer heute den gesamten Lebenszyklus der Ideenentwicklung, -prüfung und -validierung.

Aber um wirklich kreativ zu sein, brauchen wir mehr reale Erfahrungen und Abenteuer – und die gibt es nicht in der digitalen Welt. Es gibt einen grundlegenden Unterschied zwischen der Optimierung unseres Lebens und der Optimierung der Leistung von Algorithmen. Und es gibt noch etwas, das wir brauchen und das wir immer bewahren und pflegen sollten: unsere Neugier.

Der Zauber der menschlichen Neugier

Wie wir bereits in diesem Buch gelernt haben, sind Offenheit für neue Erfahrungen und Neugier die einzigen Charaktereigenschaften, die direkt mit kreativem Potenzial in Verbindung gebracht werden können. Und tatsächlich empfiehlt der Kreativitätsforscher Mihály Csíkszentmihályi in seinem Buch »Flow«, die kreative Gewohnheit zu kultivieren: »Versuchen Sie, jeden Tag von etwas überrascht zu werden, versuchen Sie, jeden Tag mindestens eine Person zu überraschen, und schreiben Sie auf, was Sie überrascht hat und wie Sie andere überrascht haben.« (Csíkszentmihályi, 2018)

Umfangreiche akademische Forschungen und wissenschaftliche Studien haben bewiesen, dass Neugier nicht nur unserer Kreativität förderlich ist, sondern die Qualität unseres Lebens enorm verbessern kann. Neugier macht unser Gehirn und unseren Geist aktiver. Wenn wir uns in einem Zustand der Neugier befinden, stellen wir proaktiv Fragen und versuchen, Antworten zu finden. Unser Geist wird aufmerksamer und wissbegieriger. Die Offenheit für neue Erfahrungen hält unser Gehirn und unseren Verstand aktiv und wachsam und wir erwarten neue Ideen zu dem, auf das wir neugierig sind. Da unser Gehirn ein Muskel ist, wird es umso stärker, je öfter wir es aktivieren und trainieren. Wenn wir neugierig sind, halten wir auf unserer Reise, die sich Leben nennt, oft inne und schauen uns um, was es da draußen noch gibt. Wir sind aufnahmefähiger und finden mit größerer Wahrscheinlichkeit etwas, das unsere Leidenschaft weckt, denn Neugier ist auch der Ausgangspunkt für Interessen und Hobbys.

Neugier ist lernbar

Können wir Neugier lernen? Ja, wir können. Neugier beginnt damit, bescheiden zu sein. Wir gehen mit klarem Verstand in jede Situation und nicht davon aus, dass wir bereits wissen, wie alles funktioniert. Wir können lernen, Fragen zu stellen: Die Worte *was, warum, wann, wer, wo und wie* sind die besten Freunde neugieriger Menschen. Nehmen Sie die Dinge nicht für bare Münze. Gehen Sie tiefer. Letztlich wird es uns allen helfen, Vorurteile zu überwinden und die Dinge so zu sehen, wie sie sind, und nicht so, wie wir sie erwarten. »Menschen, die keine Fragen stellen, bleiben ihr Leben lang ahnungslos«, formulierte es der US-amerikanische Kosmologe Neil de Grasse Tyson treffend.

Eine weitere nützliche Methode zur Förderung der Neugier besteht darin, unsere Informationsquellen zu variieren und Ressourcen zu nutzen, die andere Standpunkte als unsere eigenen vertreten. Hören Sie Menschen mit unterschiedlichem Hintergrund und unterschiedlichen Überzeugungen zu. Mischen Sie sich unter Menschen, mit denen Sie normalerweise nicht zusammenkommen würden. Mentoring und Freiwilligenarbeit sind gute Wege, um Ihrem Horizont neue Impulse zu geben.

Und für den Fall, dass wir es auf unserer langen Reise ins Erwachsenenalter verloren haben, empfehle ich dringend, wieder zum Spiel zurückzufinden. Wenn wir spielerische Momente in unsere täglichen Aufgaben einbauen, werden Interesse und Neugier auf natürliche Weise geweckt. Jonglieren Sie, malen Sie, lösen Sie Kreuzworträtsel. Tun Sie etwas nur aus Spaß. So können in entspannter Umgebung viele gute neue Ideen entstehen.

Ein Leben lang ein kleiner Wissenschaftler bleiben

Denken Sie doch gleich heute einmal darüber nach: (Wie) Können Sie ein erfülltes Leben führen, ohne Neues zu erleben und zu lernen?

Das Bewusstsein, dass die Welt voller verborgener Schätze ist, macht uns neugierig und begierig, diesen Planeten zu erkunden. Anstatt verzweifelt zu versuchen, unsere Welt und unser Leben in der Gänze zu kontrollieren, indem wir die elektronischen Geräte um uns herum ständig verbessern, können wir ein Gefühl der Unsicherheit willkommen heißen. Das gibt uns die Chance, unser Leben als eine Suche zu sehen, bei der wir entdecken, lernen und wachsen.

Denken Sie immer daran, dass neue Erfahrungen mit ungewissem Ausgang oft die aufregendsten und denkwürdigsten Momente in unserem Leben sind: Blind Dates, Sportereignisse, anspruchsvolle Geschäftspräsentationen. Stellen Sie sich vor, wir wüssten im Voraus immer den Ausgang unserer Anstrengungen, der von hochentwickelten KI-Maschinen vorhergesagt wird. Nicht sehr aufregend, oder? Ungewissheit und Überraschung bringen mehr Nervenkitzel und Aufregung in unser Leben, als den meisten Menschen bewusst ist. Es ist die Neugier, die uns diese Momente suchen und erleben lässt.

Intellektuelle Neugier ist der entscheidende Motor für den menschlichen Fortschritt. Am deutlichsten sehen wir das bei Genies, die immer neugierig sind. Zum Beispiel Katharine Johnson, Marie Curie und Albert Einstein waren allesamt neugierige Menschen. Es waren Leidenschaft und Neugier, die sie dazu brachten, Themen auf kleinster Ebene zu erforschen, was schließlich zu ihren tiefgreifenden Erkenntnissen und dem Fortschritt führte, der uns allen zugutekommt. Wie Albert Einstein sagte: »Ich habe kein besonderes Talent. Ich bin nur leidenschaftlich neugierig.«

Einer der wichtigsten Bestandteile der Neugier ist die Faszination für das, was wir nicht wissen. Wissensdurst macht und hält uns offen für das Lernen, Verlernen und Umlernen. Denken Sie nur an die neugierigsten Wesen auf diesem Planeten: die Kinder. Sie sind wie leere Leinwände, die darauf warten, ohne feste Erwartungen mit Wissen und Erfahrungen gefüllt zu werden. Kinder im Alter von zwei bis vier Jahren stellen ihren Bezugspersonen schätzungsweise 40.000 Fragen. Und genau sie sollten mit ihrer unstillbaren Neugier ein gutes Beispiel für uns alle sein. Der berühmte Psychologe Jean Piaget beschrieb Kinder als »kleine Wissenschaftler«, weil sie sich ständig über Dinge wundern und ihre eigenen Theorien darüber aufstellen, wie die Welt um sie herum funktioniert.

In einem Zeitalter, in dem Maschinen und KI uns sofortige Antworten liefern können, ist es für uns noch viel wichtiger, unentwegt die richtigen Fragen zu stellen. Maschinen mögen die Daten und die Rechenleistung tragen, aber Menschen haben das Herz, die Intuition und den unstillbaren Wunsch, das Unbekannte zu erforschen. Diese einzigartige Kombination von Eigenschaften hat die Menschheit im Laufe der Geschichte vorangebracht und sie wird uns auch in Zukunft antreiben.

Im Zeitalter der Maschinen ist es unsere angeborene Neugier, die uns auszeichnen und uns zum Erfolg verhelfen wird. Auf dem Weg in diese neue Ära sollten wir unsere Lust am Entdecken und Erforschen pflegen und kultivieren, damit sie uns auf unserer Entdeckungs- und Wachstumsreise stets als Leitfaden dient.

Die Menschlichkeit zurückgewinnen

Es besteht eine weitere Hoffnung, dass wir in einer von Maschinen gesteuerten Welt unsere Menschlichkeit bewahren können: Eines der positiven Nebenprodukte des Hypes um künstliche Intelligenz ist, dass sie eine große Debatte darüber ausgelöst hat, was es bedeutet, ein Mensch zu sein, und wie wir unsere Menschlichkeit in einer Welt bewahren können, die zunehmend von der Technologie beherrscht wird. Es ist ein breiter öffentlicher Diskurs über die Natur des menschlichen Bewusstseins entstanden und Forschende rund um den Globus haben einen intellektuellen Wettlauf begonnen, um zu verstehen, wie menschliche Intelligenz und Kreativität wirklich funktionieren, wie wir fühlen, denken und agieren. Ironischerweise scheint der Aufstieg der künstlichen Intelligenz uns also dazu zu veranlassen, unsere eigene Spezies intensiv zu hinterfragen und zu analysieren.

Das ist ein guter Anfang. Letztlich besteht die dringlichste Aufgabe für uns Menschen darin, herauszufinden, wie wir uns selbst verbessern können, eine tiefere Art des Menschseins zu entdecken und die Menschheit zu verbessern.

Es mutet fast ironisch an, dass künstliche Intelligenz uns somit eine historische Chance bietet, uns bewusst zu machen, was es wirklich bedeutet, ein Mensch zu sein.

11 Törichte Innovationen

Inkrementelle, datengestützte Verbesserungen sind wichtig und genau diese erwarten wir von künstlicher Intelligenz. KI kann, wenn sie richtig und kontrolliert angewendet wird, zu großartigen Verbesserungen beitragen. KI hilft, den Geschäftsbetrieb zu optimieren, Prozesse, die wir bereits kennen, zu verfeinern und unser Wissen immens zu verbreitern. Aber das alles ist nicht dasselbe wie wirklich radikale Innovation, also Innovationen, die keine inkrementellen Verbesserung von Vorhandenem sind, sondern wirklich neu und revolutionär. Wie wir im Semmelweis-Beispiel (Kapitel 5.6) gesehen haben, beruhen diese radikalen Innovationen auf der einzigartigen Fähigkeit des Menschen, auf völlig neue Weise zu denken, einfach mal herumzuspinnen oder gar töricht zu sein.

Kein Algorithmus wäre so verrückt gewesen, die Gründung eines Hotelunternehmens in Betracht zu ziehen, ohne selbst ein einziges Hotel zu besitzen (Airbnb). Keine Form des maschinellen Lernens wäre in der Lage gewesen, ein riesiges Taxiunternehmen aufzubauen, ohne ein einziges Auto zu besitzen (Uber). Solche Innovationssprünge, die oft irrational und unlogisch erscheinen, sind das, was nur Menschen gut können. Und da wir nicht einmal genau wissen, wie Menschen solche Sprünge machen, können wir nicht erwarten, dass wir es Maschinen beibringen können. Vor allem nicht solchen, die durch Logik und Vernunft definiert sind.

Innovationen können von überall herkommen, von den seltsamsten Orten, und manchmal ersonnen in Momenten kompletter Torheit. In den frühen 1970er-Jahren gab es einen schönen Artikel mit dem Titel »Technology of Foolishness« (Technologie der Torheit), in dem die Nichtlinearität innovativer Prozesse und der menschliche Beitrag zu diesen Prozessen hervorgehoben wurden, der manchmal, nun ja, töricht erscheint (March, 1971). Die Besonderheit dieses Artikels besteht darin, dass die Erkundung neuer Möglichkeiten durch die bewusste Kultivierung eines gewissen Maßes an Unvernunft und Verspieltheit gesteuert werden kann.

Schauen wir uns drei Beispiele für bemerkenswert »törichte« Innovationsgeschichten an.

11.1 Bob Taylors Sehnsucht nach Bequemlichkeit

Irgendwann in den 1960er-Jahren saß Bob Taylor, eine Schlüsselfigur der Advanced Research Projects Agency (ARPA) des US-Verteidigungsministeriums, in einem Büro, das nur vom Brummen der Maschinen und dem schwachen Leuchten der Bildschirme erhellt wurde. Als Direktor des Information Processing Techniques Office (IPTO) befand er sich im Epizentrum der bahnbrechendsten Computerforschungsinitiativen der Nation. Inmitten dieses rasanten Fortschritts kam es für Taylor zu folgender Situation: Er musste an drei separaten Terminals gleichzeitig arbeiten, die jeweils einem entfernten Computer an einem anderen Ort zugeordnet waren. Aber Taylor war ein bequemer Mensch und ihm war es lästig, sich ständig zwischen drei verschiedenen Terminals bewegen zu müssen.

Aus dieser Saat der persönlichen Unannehmlichkeiten keimte eine kühne Idee in ihm auf: Was wäre, wenn es einen Weg gäbe, diese Gräben zu überbrücken? Einen digitalen Wandteppich zu weben, der diese isolierten Rechenbereiche zu einer einzigen, zusammenhängenden Einheit verbinden würde? Mit dieser Vision setzte sich Taylor für die Sache ein und überzeugte die ARPA mit Beharrlichkeit und Ausdauer, die Verfolgung dieses vernetzten Traums zu finanzieren. Er musste sich durch die bürokratischen und organisatorischen Hürden innerhalb der ARPA und des weiteren Verteidigungsministeriums navigieren, um militärorientierte Administratoren davon zu überzeugen, in eine unerprobte Technologie wie Computernetzwerke zu investieren.

Taylor erträumte ein Netz, das es so noch nie gegeben hatte: ein Netz, in dem Datenpakete nahtlos von einem Computer zum nächsten flossen, unabhängig von ihrem Ursprung oder Ziel. Und das war hochgesteckt: die Auflösung der Silos und der Bau einer digitalen Datenautobahn. Die Frucht ihrer Arbeit sollte die Jungfernfahrt in diese schöne neue Welt werden: Das 1969 gegründete ARPANET, dessen erster Knotenpunkt die University of California, Los Angeles (UCLA) war, war mehr als nur ein Netzwerk. Es war der Beginn einer neuen digitalen Ära. Es war der Grundstein des Internets, das unser Leben vielleicht mehr als jede andere Technologie zuvor veränderte.

Und während wir heute mit Leichtigkeit durch die riesigen Weiten des Internets navigieren, ist es wichtig, sich an seine bescheidenen Anfänge zu erinnern. Was wir heute als das globale Internet kennen, geht auf die Bequemlichkeit einer Person zurück und ihrem Wunsch nach einer komfortableren Arbeitsumgebung. Sie waren der Auslöser für die Entstehung der Infrastruktur, die heute die gesamte Menschheit verbindet.

11.2   Die Vergesslichkeit von Dr. John Harvey Kellogg

Vor etwa hundert Jahren war Dr. John Harvey Kellogg der Leiter des Battle Creek Sanatoriums in Michigan. Das Sanatorium war nicht nur ein Krankenhaus, sondern eine von der protestantischen Freikirche der Siebenten-Tags-Adventisten betriebene Wellness-Einrichtung. Zu den Patient:innen dieses Sanatoriums sollten später prominente Persönlichkeiten wie Henry Ford, Johnny Weissmuller und Thomas Edison gehören, die alle auf eine vegetarische, fettarme und ballaststoffreiche Diät gesetzt wurden. Sie förderte das ganzheitliche Wohlbefinden, indem sie die Prinzipien von Gesundheit,

Ernährung und Spiritualität verknüpfte. Im Rahmen ihrer Lehren setzten sich die Adventisten für Vegetarismus und den Verzicht auf Koffein, Alkohol und Tabak ein.

Dr. Kellogg vertrat einige unkonventionelle Ansichten über Gesundheit und Ernährung, von denen viele in seinem adventistischen Hintergrund wurzeln. Er glaubte an die Vorteile einer fettarmen Ernährung, da diese einer Vielzahl von Krankheiten vorbeugen und von »unmoralischem« Verhalten abhalten könne. Er war stets auf der Suche nach gesunder, leicht verdaulicher vegetarischer Kost für seine Patient:innen. Er wollte diese triste Kost jedoch so schmackhaft wie möglich machen und tüftelte täglich an der Entwicklung von Produkten auf Getreidebasis.

Eines schicksalhaften Tages um 1894 experimentierten Dr. Kellogg und sein jüngerer Bruder Will Keith Kellogg mit gekochtem Weizen, um einen bekömmlichen Brotersatz für ihre Patient:innen herzustellen; aber er schmeckte überhaupt nicht. Zudem wurden die beiden Brüder bei ihren Kochexperimenten unterbrochen und der Weizen wurde ungewollt kalt und schal. Doch anstatt ihn wegzuwerfen, beschlossen sie, ihn auszurollen in der Hoffnung, lange Teigblätter zu erhalten. Zu ihrer Überraschung trennte sich der Weizen in einzelne Flocken. Anstatt dies als Fehler zu betrachten, rösteten die Brüder diese Flocken und servierten sie im Sanatorium. Und im neuen gerösteten Zustand schmeckten sie – und wie. Nachdem sie die positive Reaktion der Patient:innen gesehen hatten, verfeinerten die Kelloggs-Brüder ihre Methode weiter und ersetzten schließlich Weizen durch Mais, um einen noch besseren Geschmack und eine bessere Konsistenz zu erzielen. Das Ergebnis waren Cornflakes.

Während John Harvey Kellogg mit den gesundheitlichen Vorteilen der einfachen Cornflakes zufrieden war, sah sein Bruder Will ein größeres Potenzial. Er wollte den Flocken Zucker zusetzen, um sie für den Massenmarkt attraktiver zu machen. 1906 gründete Will Kellog die Battle Creek Toasted Cornflake Company, aus der später das weltweit größte Unternehmen für Frühstücksflocken und Getreideprodukte hervorging: die Kellogg Company. Er begann mit der Massenproduktion von Cornflakes, fügte den Zucker hinzu, den sein Bruder missbilligte, und machte daraus die Frühstückssensation, wie wir sie heute kennen.

Aus der einfachen Absicht, ein leicht verdauliches Nahrungsmittel für Sanatoriumspatient:innen herzustellen, gepaart mit der Schusseligkeit der Kelloggs-Brüder, wurden Cornflakes zu einem Grundnahrungsmittel, das von Millionen Menschen auf der ganzen Welt genossen wird. Diese Geschichte ist ein Beweis dafür, dass Innovation aus unerwarteten Umständen und Unstimmigkeiten entstehen und selbst ein Unfall in der Küche zu kulinarischer Geschichte führen kann.

11.3 The Velvet Underground

Im pulsierenden und turbulenten New York der 1960er-Jahre, einem Ort, an dem künstlerische Rebellion und kulturelle Bewegungen florierten, entstand die psychedelische Rockband The Velvet Underground und mit ihr eine kraftvolle, neue Musik, die sich über alle bisherigen Konventionen hinwegsetzte.

Lou Reed, der seine Wurzeln im Rock und Rhythm and Blues hat, war die treibende Kraft hinter vielen ihrer Liedtexte. Er schrieb über die New Yorker Undergroundszene, deren rohe Essenz er mit Geschichten über Drogen, Sexualität, städtische Konflikte und den Lebensstil der Boheme einfing. Das war weit entfernt vom sonnigen Gemüt der populären Hippie-Musik dieser Zeit und hob The Velvet Underground von Anfang an von anderen Bands ab.

John Cale, der aus Wales stammte und ebenfalls Gründungsmitglied war, brachte einen ganz anderen Einfluss in die Band ein. Sein Background, die klassische Avantgardemusik, und seine frühere Zusammenarbeit mit bahnbrechenden minimalistischen Komponisten fügten dem Sound der Gruppe eine innovative und komplexe Dimension hinzu. Die Musik der Band brachte oft einen dröhnenden, manchmal kakophonischen »Lärm« hervor, ein Ergebnis von Cales experimentellen Tendenzen, die auf Reeds Rockfundamente trafen. Eigentlich passten Reed und Cale nicht zusammen – weder als Persönlichkeiten noch bezüglich ihres Musikgeschmacks. Aber genau das machte ihre Kollaboration und die daraus entstandene Musik so interessant.

Die anderen Mitglieder, Sterling Morrison und Maureen »Moe« Tucker, brachten ebenfalls ihre eigene Note ein. Morrison vertiefte die Rockresonanz der Band, während Tucker mit ihrem Stand-up-Drumming, bei dem sie häufig auf die Becken verzichtete, für einen ursprünglichen und unkonventionellen Beat sorgte, der von den rhythmischen Normen der damaligen Zeit abwich.

Das New York der 1960er-Jahre mit seiner offenen Haltung gegenüber der Avantgarde war für The Velvet Underground entscheidend. In diesem Umfeld wurde das Unorthodoxe willkommen geheißen und gefeiert. Aber nicht nur der Einfluss der Stadt, sondern auch Andy Warhol spielte eine entscheidende Rolle für den Werdegang der Band. Als ihr Manager und Mäzen holte Warhol die deutsche Sängerin Nico hinzu, was zu ihrem Debütalbum »The Velvet Underground & Nico« führte. Sein Engagement brachte die Band an eine einzigartige Schnittstelle zwischen Musik und bildender Kunst, die beide Disziplinen auf eine Art und Weise miteinander verband, die es bis dahin noch nicht gab.

Drogen waren ein integraler Bestandteil ihres Daseins, ihres Schaffens und ihrer Erzählung, sowohl in den Texten der Band als auch in ihrem Leben. Es war das Zeitalter der Psychedelika, des grenzenlosen Experimentierens und Überschreitens von Grenzen. The Velvet Underground thematisierten in ihren Liedern nicht nur ihren eigenen Drogenkonsum, sondern setzten sich intensiv mit seinen Reizen, Gefahren und seiner Rolle in der urbanen Subkultur auseinander. Ihre offene Herangehensweise verlieh ihrer Musik eine Authentizität, der man sich nur schwer entziehen konnte. Ihr Einfluss beschränkte sich nicht nur auf ihre Texte. The Velvet Underground verschoben ständig die musikalischen Grenzen. Vom Experimentieren mit neuen Klängen und Instrumenten bis hin zu ihrer furchtlosen Herangehensweise bei der Verschmelzung verschiedener Musikgenres schufen sie ein Klangerlebnis, das wahrhaftig avantgardistisch war. Diese Innovation, kombiniert mit ihrer rohen Erforschung von Themen und Leben, machte sie revolutionär.

Es ist daher nicht verwunderlich, dass ihr Einfluss weit über ihre Zeit hinausreichte. Auch wenn sie in ihrer aktiven Zeit keinen großen kommerziellen Erfolg hatten, zog sich ihr Einfluss doch durch die Jahrzehnte. Sie ebneten den Weg für Punk, Post-Punk und Alternative Rock. Sie zeigten, dass Musik mehr sein kann als nur Melodie und Rhythmus. Sie kann eine Erfahrung sein, eine rohe Reflexion des Lebens und ein mutiges Statement. Bands und Künstlerinnen aus verschiedenen Genres zitieren The Velvet Underground bis heute als Vorbilder und lassen sich von ihrer furchtlosen Authentizität und ihrem bahnbrechenden Sound inspirieren. Im Grunde haben sie nicht nur neue Musik geschaffen, sondern eine ganze Bewegung ausgelöst und die gesamte Musikszene revolutioniert.

12 Kleiner Schlussappell: Die Schönheit der Dämlichkeit

Am Ende unserer Reise durch diese drei Geschichten der Innovation wurden wir an die paradoxe Schönheit der menschlichen Kreativität erinnert. Von den Frühstückstischen von Kellogg's bis zu den düsteren Klängen von The Velvet Underground und dem verschlungenen Netz des ARPANET: Sie alle zeigen auf beeindruckende Weise, dass der Weg zu bahnbrechenden Innovationen selten linear und vorhersehbar ist. Was diese Geschichten verbindet, ist die ureigene menschliche Fähigkeit, Brillanz in Fehlern zu finden, Verbindungen herzustellen, wo scheinbar keine bestehen und das Gewöhnliche in etwas Außergewöhnliches umzuwandeln.

Im Bereich der menschlichen Innovation und Kreativität geht es nicht nur um logische Schritte oder rationale Berechnungen. Sie lebt von Eigenheiten, Zufällen und einer Mischung aus Absicht und Zufall. Es liegt in unserer Natur zu erforschen, zu experimentieren und manchmal auch zu irren. Doch gerade aus diesen Fehlern, aus den Rändern unserer Skizzen oder den »falschen« Noten in unseren Symphonien, erwächst oft das Geniale. Die Cornflakes, die aus einem vermeintlichen Fehler beim Backen entstanden sind, der revolutionäre Sound, der im Chaos der Undergroundszene der 1960er-Jahre geboren wurde, oder ein bahnbrechendes Netzwerk, das den Alltag eines Wissenschaftlers vereinfachen sollte: Sie alle folgten keinem direkten Weg. Sie waren Produkte der Umstände, neugieriger Köpfe, Grenzen überschreitender Neugier und eines Hauches von Skurrilität.

Es sind diese inhärente Unvorhersehbarkeit und die emotionalen Facetten unserer Kreativität, die die menschliche Innovation so wundersam und einzigartig machen. Die Leidenschaft, mit der eine Musikerin nach neuen Klängen sucht, die unermüdliche Neugier eines Wissenschaftlers oder das einfache Streben nach Bequemlichkeit kann zu Ergebnissen führen, die die Welt wie auch kleinere Umfelder und Gemeinschaften auf unerwartete Weise verändern. Künstliche Intelligenz kann zwar berechnen, analysieren und Kreativität unterstützen, aber es fehlt ihr die ursprüngliche Menschlichkeit, die radikale Innovation antreibt. KI operiert in Binärsystemen, während menschlicher Einfallsreichtum in den Grauzonen, den Überschneidungen, den Kreuzungen verschiedener Disziplinen und den Blitzlichtmomenten unerwarteter Inspiration gedeiht.

In einer Welt, die zunehmend mit der Technologie verflochten ist und in der Algorithmen oft unsere Entscheidungen diktieren, ist es umso wichtiger, sich an den fehlerhaften, unvollkommenen, aber zutiefst schönen Kreationen des menschlichen Erfindungsreichtums zu erinnern und ihn zu feiern. Denn es sind unsere Träume, unsere Launen, unsere Fehler und unsere Zufälle, aus denen die Zukunft geboren wird.

Wenn auch die Technologie unsere Bemühungen unterstützen und verstärken kann, liegt die Quelle der Innovation im Herzen und im Geist des Menschen, dort, wo selbst die fortschrittlichste KI nicht hinkommt. Die Unvorhersehbarkeit, die Leidenschaft und die schiere Zufälligkeit unseres Erfindungsreichtums machen unsere kreative Reise so einzigartig menschlich und unendlich faszinierend.

Das Internet gäbe es vielleicht nicht, wenn es nicht Bob Taylors Sehnsucht nach Bequemlichkeit gegeben hätte, unsere Ernährung wäre nicht dieselbe, wenn es nicht die Vergesslichkeit von Dr. Harvey Kellogg gegeben hätte und die moderne Musik wäre nicht revolutioniert worden, wenn es nicht ein seltsames Zusammentreffen widersprüchlicher Persönlichkeiten und ihren exzessiven Konsum psychedelischer Drogen gegeben hätte.

So sind wir Menschen. Unsere Lebensgeschichten scheinen ein ständiger Kampf zwischen Angst und Sehnsucht zu sein, ein ständiges Drängen, etwas schaffen zu wollen und unsere Wege sind gepflastert mit Fehlern, Zufällen und Momenten völliger »Dämlichkeit«.

Und manchmal sind die Ergebnisse wunderschöne Innovationen.

Lasst es uns als Chance sehen.

Glossar

Algorithmus: Ein Algorithmus ist eine Reihe von Anweisungen oder Regeln, die genau festlegen, wie eine bestimmte Aufgabe oder ein Problem schrittweise gelöst werden soll. In der Informatik und Künstlichen Intelligenz werden Algorithmen verwendet, um Daten zu verarbeiten, Berechnungen durchzuführen und Entscheidungen zu treffen. Sie sind das grundlegende Konzept, das hinter jeder Software und jedem Programm steht, und ermöglichen es Computern, komplexe Aufgaben auszuführen.

Autonome Systeme: Systeme, die in der Lage sind, Aufgaben mit minimaler menschlicher Interaktion auszuführen, wie selbstfahrende Autos oder intelligente Drohnen.

Automatisierungskomplazenz: Automatisierungskomplazenz bezeichnet ein Phänomen, bei dem Menschen übermäßiges Vertrauen in automatisierte Systeme setzen und dabei ihre eigenen Fähigkeiten zur Überwachung oder Intervention vernachlässigen. Dies kann in verschiedenen Bereichen auftreten, beispielsweise bei der Benutzung von Autopilot-Systemen in der Luftfahrt oder bei der Verwendung von Fahrassistenzsystemen in Autos. Die Komplazenz entsteht oft durch die Zuverlässigkeit und Effizienz der Automatisierung, was dazu führt, dass Nutzer weniger aufmerksam sind und die Kontrolle über die Situation verlieren können. Dies kann zu Sicherheitsrisiken führen, besonders wenn das automatisierte System fehlerhaft ist oder in unvorhergesehenen Situationen nicht angemessen reagiert.

Backpropagation: Ein Verfahren, das in künstlichen neuronalen Netzen verwendet wird. Es dient dazu, den Fehler in den Ausgaben des Netzes zu berechnen und diesen Fehler rückwärts durch das Netzwerk zu verbreiten. Dabei werden die Gewichte der Verbindungen zwischen den Neuronen so angepasst, dass der Fehler minimiert wird. Dieser Prozess ist entscheidend für das Lernen und die Genauigkeit des neuronalen Netzes, da er es dem Netz ermöglicht, aus seinen Fehlern zu lernen und die Vorhersagen bei zukünftigen Daten zu verbessern.

Chatbot: Ein Chatbot ist ein Computerprogramm, das künstliche Intelligenz nutzt, um mit Menschen durch geschriebene oder gesprochene Sprache zu kommunizieren. Er wird oft auf Websites, in Messaging-Apps oder in Kundenservice-Systemen eingesetzt, um Fragen zu beantworten, Informationen bereitzustellen oder Nutzern bei Problemen zu helfen. Chatbots können einfache, wiederkehrende Aufgaben automatisieren und sofortige Antworten liefern, wodurch sie sowohl für Unternehmen als auch für Kunden nützlich sind.

Computer Vision: Computer Vision ist ein Bereich der KI, der es Computern ermöglicht, visuelle Informationen aus Bildern oder Videos zu interpretieren und zu verstehen. Diese Technologie nutzt Algorithmen, um Muster in visuellen Daten zu erkennen und darauf basierend Entscheidungen zu treffen oder Aktionen auszuführen. Anwendungen von Computer Vision reichen von Gesichtserkennungssystemen und automatischer Bildklassifizierung bis hin zu fortgeschrittenen Anwendungen wie selbstfahrenden Autos, die ihre Umgebung visuell erfassen und analysieren.

Convolutional Neural Network (CNN): Dies ist eine spezielle Art von Deep-Learning-Modell, das hauptsächlich für die Bildverarbeitung und -analyse verwendet wird. CNNs nutzen eine besondere Technik namens »Faltung«, um Merkmale aus Bildern zu extrahieren und zu lernen. Diese Modelle sind besonders gut darin, Muster wie Kanten, Formen und Texturen in Bildern zu erkennen, was sie ideal für Anwendungen wie Gesichtserkennung, Bildklassifizierung und Objekterkennung macht.

Data Mining: Data Mining ist der Prozess des Durchsuchens großer Datenmengen, um Muster, Korrelationen und andere nützliche Informationen zu entdecken. Es verwendet statistische Methoden, maschinelles Lernen und Algorithmen zur Analyse von Daten aus verschiedenen Quellen, um Einsichten zu gewinnen, die für Geschäftsentscheidungen, Forschung und andere Anwendungen nützlich sind. Data Mining hilft dabei, komplexe Daten verständlich zu machen und unterstützt so die Entscheidungsfindung und die Vorhersage zukünftiger Trends.

Deep Learning (DL): Deep Learning ist ein fortgeschrittenes Gebiet des maschinellen Lernens, das sich auf die Verwendung von tiefen (also mehrschichtigen) neuronalen Netzen spezialisiert. Diese Netze ahmen die Art und Weise nach, wie das menschliche Gehirn Informationen verarbeitet, um komplexe Muster in großen Datenmengen zu erkennen und zu lernen. Deep Learning ist besonders effektiv in der Verarbeitung von Bild-, Sprach- und Audiodaten und wird in Anwendungen wie Gesichtserkennung, Sprachübersetzung und selbstfahrenden Autos eingesetzt.

Föderales Lernen: Ein Ansatz, der es ermöglicht, KI-Modelle auf einer Vielzahl von Geräten zu trainieren, ohne dass die Daten zentral gespeichert werden müssen, was die Privatsphäre verbessert.

Generative Adversarial Network (GAN): Ein Generative Adversarial Network (GAN) ist eine Art von KI-Algorithmus, der aus zwei Netzwerken besteht: einem generativen Netzwerk, das Daten erzeugt, und einem diskriminierenden Netzwerk, das echte von generierten Daten unterscheidet. Diese beiden Netzwerke treten in einer Art Wettbewerb gegeneinander an: Das generative Netz versucht, immer realistischere Daten zu erzeugen, während das diskriminierende Netz lernt, diese besser zu erkennen. GANs werden häufig für Aufgaben wie die Erstellung realistischer Bilder oder Videos und andere Anwendungen, bei denen es um die Erzeugung neuer, realistischer Daten geht, eingesetzt.

Maschinelles Lernen (ML): Maschinelles Lernen ist ein Bereich der Künstlichen Intelligenz, der Computern die Fähigkeit gibt, aus Erfahrungen und Daten zu lernen und sich zu verbessern, ohne explizit programmiert zu sein. Es nutzt Algorithmen, um Muster in Daten zu erkennen und Vorhersagen oder Entscheidungen basierend auf diesen Daten zu treffen. Maschinelles Lernen wird in einer Vielzahl von Anwendungen eingesetzt, von der Empfehlung von Produkten in Online-Shops bis hin zur Erkennung von Krankheiten in medizinischen Bildern.

Moral Hazard: Moral Hazard im Kontext von Künstlicher Intelligenz (KI) bezieht sich auf das Risiko, dass Personen oder Organisationen riskantere Entscheidungen treffen, wenn sie wissen, dass die Verantwortung oder die Konsequenzen ihrer Handlungen teilweise oder vollständig von KI-Systemen übernommen werden. Dies kann auftreten, wenn Menschen zu sehr auf die Urteilsfähigkeit oder die Leistungsfähigkeit von KI-Systemen vertrauen und dadurch weniger sorgfältig in ihren eigenen Entscheidungen werden. Beispielsweise könnten Unternehmen riskantere finanzielle Entscheidungen treffen, wenn sie glauben, dass ihre KI-Systeme eventuelle Fehler korrigieren oder Risiken minimieren können. Dieses Phänomen kann zu unerwünschten oder unethischen Entscheidungen führen und die Bedeutung menschlicher Aufsicht und Verantwortlichkeit in den Hintergrund rücken.

Neuronale Netze (NN): Neuronale Netze sind Modelle in der Künstlichen Intelligenz, die von der Funktionsweise des menschlichen Gehirns inspiriert sind. Sie bestehen aus Schichten von Knotenpunkten, sogenannten Neuronen, die miteinander verbunden sind. Jedes Neuron empfängt Eingabedaten, verarbeitet sie und gibt das Ergebnis an andere Neuronen weiter. Neuronale Netze sind in der Lage, komplexe Muster in Daten zu lernen und werden für eine Vielzahl von Aufgaben wie Bild- und Spracherkennung, Vorhersagen und viele andere Anwendungen eingesetzt.

Reinforcement Learning (RL): Bestärkendes Lernen (Reinforcement Learning) ist ein Bereich des maschinellen Lernens, bei dem ein Agent lernt, Entscheidungen zu treffen, um ein bestimmtes Ziel in einer Umgebung zu erreichen. Der Agent führt Aktionen aus und erhält dafür Belohnungen oder Strafen. Durch diesen Prozess lernt er, welche Aktionen in welchen Situationen die besten Ergebnisse bringen. Das Ziel des Bestärkenden Lernens ist es, eine Strategie zu entwickeln, die die gesammelten Belohnungen über die Zeit maximiert. Es wird beispielsweise in der Entwicklung selbstlernender Spiele, in Robotik und bei autonomen Fahrzeugen eingesetzt.

Robotik: Robotik ist ein Bereich der Technik, der sich mit dem Design, der Konstruktion, dem Betrieb und der Anwendung von Robotern beschäftigt. Roboter sind programmierbare Maschinen, die in der Lage sind, eine Reihe von Aufgaben automatisch auszuführen. Sie werden häufig eingesetzt, um Arbeiten zu erledigen, die für Menschen gefährlich, schwierig oder eintönig sind, wie beispielsweise in der Fertigung, im Weltraum, in der Tiefsee oder in gefährlichen Umgebungen. Robotik kombiniert Disziplinen wie Mechanik, Elektronik, Informatik und künstliche Intelligenz.

Sequenz-zu-Sequenz-Modelle (Seq2Seq): Ein Sequenz-zu-Sequenz-Modell (Seq-2Seq) ist eine Art von KI-Modell, das dafür entwickelt wurde, Sequenzen von Daten (wie Text oder Zeitreihen) in andere Sequenzen umzuwandeln. Diese Modelle werden häufig in der maschinellen Übersetzung verwendet, wo sie beispielsweise einen Satz in einer Sprache nehmen und ihn in eine andere Sprache übersetzen. Seq2Seq-Modelle bestehen in der Regel aus zwei Hauptteilen: einem Encoder, der die Eingabesequenz verarbeitet, und einem Decoder, der die entsprechende Ausgabesequenz generiert.

Transfer Learning (TL): Transferlernen ist eine Methode im maschinellen Lernen, bei der ein bereits auf einer Aufgabe trainiertes Modell als Ausgangspunkt für ein neues Modell für eine andere, aber verwandte Aufgabe verwendet wird. Dabei nutzt man das bereits erworbene Wissen des ursprünglichen Modells, um den Lernprozess für die neue Aufgabe effizienter zu gestalten. Dies ist besonders nützlich, wenn für die neue Aufgabe nur begrenzte Daten verfügbar sind. Ein typisches Beispiel ist die Verwendung eines Modells, das auf umfangreichen Bilddaten trainiert wurde, um es für eine spezifische Bilderkennungsaufgabe mit weniger Daten anzupassen.

Überanpassung: Überanpassung (Overfitting) in der KI tritt auf, wenn ein maschinelles Lernmodell die Trainingsdaten zu genau lernt, einschließlich des Rauschens und der zufälligen Schwankungen in diesen Daten. Das Ergebnis ist, dass das Modell zwar auf den Trainingsdaten sehr gut performt, aber schlecht generalisiert und auf neuen, unbekannten Daten schlechte Ergebnisse liefert. Es hat im Wesentlichen die spezifischen Muster der Trainingsdaten »auswendig gelernt«, anstatt die zugrunde liegenden allgemeinen Prinzipien zu erfassen.

Überwachtes Lernen: Überwachtes Lernen ist ein Ansatz im maschinellen Lernen, bei dem Modelle mit Daten trainiert werden, die bereits markiert sind. Das bedeutet, dass für jede Eingabe im Trainingsdatensatz bereits eine bekannte Ausgabe (oder ein »Label«) vorhanden ist. Das Modell lernt, die Eingabedaten den entsprechenden Ausgaben zuzuordnen. Diese Methode wird häufig für Klassifizierungs- und Regressionsaufgaben verwendet, wie zum Beispiel das Erkennen von Handschriften oder die Vorhersage von Immobilienpreisen.

Unüberwachtes Lernen: Unüberwachtes Lernen ist ein Ansatz im maschinellen Lernen, bei dem Modelle mit Daten trainiert werden, die keine vorher festgelegten Labels oder Markierungen haben. Das Ziel ist es, dass das Modell selbstständig Muster, Strukturen oder Beziehungen in den Daten entdeckt. Typische Anwendungen des unüberwachten Lernens sind die Clusteranalyse, bei der ähnliche Datenpunkte gruppiert werden, oder die Dimensionsreduktion, bei der Daten vereinfacht werden, um ihre wesentlichen Merkmale hervorzuheben.

Unteranpassung: Unteranpassung (Underfitting) im Kontext von künstlicher Intelligenz und maschinellem Lernen bezeichnet das Phänomen, wenn ein Modell nicht in der Lage ist, die zugrunde liegenden Muster und Zusammenhänge in den Trainingsdaten ausreichend zu erfassen. Dies führt dazu, dass das Modell sowohl auf den Trainingsdaten als auch auf neuen, unbekannten Daten schlecht performt. Unteranpassung tritt oft auf, wenn das Modell zu einfach ist oder nicht genug trainiert wurde, um die Komplexität der Daten angemessen zu modellieren.

Verarbeitung natürlicher Sprache (NLP): NLP (Natural Language Processing) ist ein Bereich der Künstlichen Intelligenz, der sich damit beschäftigt, wie Maschinen menschliche Sprache verstehen, interpretieren, generieren und darauf reagieren können. NLP kombiniert Computerwissenschaften, künstliche Intelligenz und Linguistik, um es Computern zu ermöglichen, Texte zu lesen, Sprache zu hören, diese zu verstehen und in sinnvoller Weise darauf zu reagieren. Anwendungen von NLP reichen von Spracherkennungssystemen und Chatbots bis hin zur automatischen Textübersetzung und Sentimentanalyse.

Voreingenommenheit (Bias): Bias in der KI bezieht sich auf systematische Verzerrungen in den Daten oder Algorithmen, die zu ungerechten oder ungenauen Ergebnissen führen. Dies kann passieren, wenn die Trainingsdaten für ein KI-Modell unausgewogen sind oder Vorurteile enthalten, was dazu führt, dass die KI bestimmte Muster bevorzugt oder diskriminiert. Solche Verzerrungen können sich auf die Entscheidungen und Vorhersagen der KI auswirken und zu unfairen oder ethisch problematischen Ergebnissen führen. Bias in der KI ist ein wichtiges Problem, das aktiv adressiert werden muss, um faire und zuverlässige KI-Systeme zu gewährleisten.

Danke

Ich möchte meinem klugen Freundeskreis und meiner liebevollen Familie von Herzen danken. Ihr habt mich mit euren vielfältigen Perspektiven und tiefgründigen Meinungen zu diesem spannenden Thema der künstlichen Intelligenz tatkräftig unterstützt. Eure Geduld und euer menschlicher Ansatz in unseren Diskussionen waren unbezahlbar. Jede Meinung, so kontrovers sie auch gewesen sein mag, war ein wertvoller Leitfaden für mich durch den dichten Dschungel des KI-Themas. Ein Hoch auf den Pluralismus und die Vielfalt der Gedanken!

Außerdem möchte ich mich bei folgenden klugen Köpfen bedanken, die ich für dieses Buch interviewen durfte:

Brian Blackadder, Principal, McKinsey

Dr. Aljoscha Burchardt, Deutsches Forschungszentrum für Künstliche Intelligenz (DFKI)

Dr. Eva-Marie Muller-Stuler, Partner, EY Data & Analytics

Dr. Gyula de Meleghy, Founder & CEO, Meleghy Automotive

Dr. Karl Thomas, Founder, Creatovation

Dr. Karsten Roscher, Head of Department, Fraunhofer Institut

Dr. Michael Bloomfield, Founder, Creative Being

Florian Dohmann, Founder, Birds on Mars

John-Pierre Clarke, Founder, VC-Tracker

Michael Pfeiffer, Head of AI Research, Bosch

Prof. Alastair Moore, University College London

Prof. Alf Rehn, University of Copenhagen

Prof. Birgitte Andersen, Birkbeck, University of London

Prof. Christian Kellermann, Deutsches Forschungszentrum für Künstliche Intelligenz (DFKI)

Prof. Frank Piller, RWTH Aachen

Prof. Hila Lifshitz-Assaf, Harvard University

Prof. Jan Peters, TU Darmstadt

Prof. Margherita Pagani, University of California, Berkeley

Prof. Markus Pütz, TU Köln

Prof. Neil Maiden, Bayes Business School, London

Prof. Pavel Livotov, HS Offenburg

Prof. Reinhard Heckel, TU München

Sandro Kaulartz, Chief Innovation & Product Development Officer, IPSOS

Tina Klüwer, Director, K.I.E.Z. – Künstliches Intelligenz Entrepreneurship Zentrum

Verena Fink, Founder, Woodpecker Finch

Der Autor

Nicolai Schümann ist erfahrener Coach, Berater und Trainer (NCFE, ILM) sowie Dozent an renommierten Londoner Universitäten, wo er in den Bereichen »Storytelling in Business« und »Innovation« unterrichtet. Er hat an zahlreichen Innovationsprojekten und -prozessen auf Unternehmens-, akademischer und Start-up Ebene mitgewirkt. Mit seinem Hintergrund in der Filmbranche, Unternehmensstrategie und M&A liegt Nicolai Schümanns Leidenschaft darin, Storytelling und Kreativitätstechniken zu nutzen, um Innovationen von der Kreation bis zur Umsetzung aufzubauen und voranzutreiben. Zudem ist er als Drehbuchautor und Regisseur tätig und hat 2023 den internationalen Thriller »The Lonely Musketeer« gedreht. Er hat einen Master in Business Administration (MBA), CASS Business School in London, und ein Diplom in Medienwirtschaft, FH Wiesbaden. Der Autor ist überzeugter Europäer und lebt in Köln und London.

Bibliografie

Adams, T. (16.05.2021), Kahneman, Daniel: Clearly AI is going to win. How people are going to adjust is a fascinating problem, The Guardian.

Agrawal, A., Gans, J., Goldfarb, A. (2022), Prediction Machines, Updated and Expanded: The Simple Economics of Artificial Intelligence, Harvard Business Review Press.

Agrawal, A., Gans, J., Goldfarb, A. (2023), Power and Prediction, Harvard Business Review Press. Kindle Edition.

Aristotle (1981), The Politics, Penguin Classics, Revised ed. edition (17 Sept. 1981), Book 1, Chapter 4

Arntz, M., Gregory T., Zierahn, U. (2019), Digitization and the future of work: Macroeconomic consequences. Handbook Labor Hum Resour Popul Econ 1:1–29.

Arthur, W. B. (2009), The Nature of Technology – What it is and how it evolves, The Free Press.

Bailey, D. E., Barley, S. R. (2020), Beyond design and use: How scholars should study intelligent technologies, Information and Organization, Volume 30, Issue 2.

Bashir, D. (2023), Scott Aaronson: Against AI Doomerism, [Podcast: The Gradient: Perspectives on AI]. 11 May 2023.

Beauchene, V., Bedard, J., Jefson, J., Vaduganathan, N. (16.05.2023), How to Attract, Develop, and Retain AI Talent, BCG article, https://www.bcg.com/publications/2023/how-to-attract-develop-retain-ai-talent, letzter Abruf 24.10.2023.

Beckert, J., Bronk, R. (2019), Uncertain futures: Imaginaries, narratives, and calculation in the economy. Oxford, UK: Oxford University Press.

Beil, J., Mayer, C. (31.07.2023), 50 Jobs, die sich durch KI verändern werden, Handelsblatt.

Bloom N., Jones C. I., van Reenen, J., Webb, M. (2020), Are Ideas Getting Harder to Find?, American Economic Review 110(4): S. 1104–1144.

Bloom, B. S. (1984), The 2 sigma problem: The search for methods of group instruction as effective as one-to-one tutoring. Educational Researcher, 13(6), S. 4–16.

Bloomfield, M.(2022), Creative Being: Discovering the Deepest Secrets of Creativity and its Power to Transform Your World, Creato Books.

Boer, H., During, W.E. (2001), Innovation, what innovation? A comparison between product, process and organisational innovation. International Journal of Technology Management, 22(1-3), S. 83–107.

Bostrom, N. (2014), Superintelligence: Paths, Dangers, Strategies, OUP Oxford.

Bouschery, S. G., Blazevic, V., Piller, F. T. (2023), Augmenting Human Innovation Teams with Artificial Intelligence: Exploring Transformer-Based Language Models, Journal of Product Innovation Management 40(2): 139–153. https://doi.org/10.1111/jpim.12656, letzter Abruf 24.10.2023.

Bruun E. P., Duka, A. (2018), »Artificial intelligence, jobs and the future of work: Racing with the machines«, Basic Income Studies 13(2).

Brynjolfsson E., Rock D., Syverson C. (2019), »Artificial Intelligence and the Modern Productivity Paradox: A Clash of Expectations and Statistics«, in The Economics of Artificial
Intelligence edited by A. Agrawal, J. Gans, and A. Goldfarb, University of Chicago Press.

Buchenau, M.W., Holzki, L. (23.08.2023), Bosch plant eigene KI für seine Mitarbeiter, https://
www.handelsblatt.com/unternehmen/industrie/industrie-bosch-plant-eigene-ki-fuer-
seine-mitarbeiter-/29285592.html), letzter Abruf 20.11.2023.

Buchenau, M.W. (14.04.2023), Bosch will KI schneller in die Produkte bringen – und arbeitet
an Lösungen mit ChatGPT, Handelsblatt.

Burke, J. (2007), Connections, Simon & Schuster.

Carbone, G., Med Amine Laribi (2023), Recent Trends on Innovative Robot Designs and Approaches, *Applied Sciences* 13, no. 3: 1388, https://doi.org/10.3390/app13031388, letzter
Abruf 24.11.2023.

Chamorro-Premuzic, T. (2023), I, Human: AI, Automation, and the Quest to Reclaim What
Makes Us Unique, Harvard Business Review Press.

Chui, M., Henke, N., Miremadi, M. (07.03.2019), Most of AI's business uses will be in two
areas, Harvard Business Review.

Cleese, J. (2022), Creativity: A Short and Cheerful Guide, Penguin.

Cott, J. (2020), Listening, University of Minnesota Press.

Csíkszentmihályi, M. (2013), Creativity: Flow and the Psychology of Discovery and Invention. New York: Harper Perennial.

Curtis, A. (2014), NOW THEN, BBC Blogs, The medium and the message, Friday 25 July
2014, https://www.bbc.co.uk/blogs/adamcurtis/entries/78691781-c9b7-30a0-9a0a-
3ff76e8bfe58, letzter Abruf 24.11.2023.

Davenport, T. H. (2018), The AI Advantage: How to Put the Artificial Intelligence Revolution
to Work. MIT Press.

Davis, N. M. (2017), Creative sense-making: A cognitive framework for quantifying interaction dynamics in co-creation. Ph.D. Thesis, Georgia Institute of Technology, Atlanta, GA,
USA.

Deranty, J. P., Corbin, T. (2022), Artificial intelligence and work: a critical review of recent
research from the social sciences. AI & Soc, https://doi.org/10.1007/s00146-022-01496-x,
letzter Abruf 24.10.2023.

Deutsch, D. (2012), The Beginning of Infinity: Explanations That Transform the World,
Penguin.

Dick, S. (02.07.2019), Artificial Intelligence. Harvard Data Science Review, 1(1), https://doi.
org/10.1162/99608f92.92fe150c, letzter Abruf 24.10.2023.

Douthat, R. (2020), The Decadent Society. How We Became the Victims of Our Own Success,
Simon & Schuster.

Du Sautoy, M. (2020), The Creativity Code: How AI is learning to write, paint and think,
Fourth Estate.

Duckworth, A. (2016), Grit: The Power of Passion and Perseverance. New York: Scribner
Book Company.

Erixon, F., Weigel, B. (2016), The Innovation Illusion. How so little is created by so many working so hard, Yale University Press.

Eveleens, C. (2010), Innovation management; a literature review of innovation process models and their implications. Science, 800(2010), S. 900.

Farson, R., Keyes, R. (2002), The Innovation Paradox. The Success of Failure, the Failure of Success, The Free Press.

Ford (2021), Rule of the robots: how artificial intelligence will transform everything. UK: John Murray Press.

Frey, C. B., Osborne, M. A. (2013), The future of employment: How susceptible are jobs to computerisation? Oxford Martin School Working paper, S. 1–77.

Fridman, L. (01.08.2023), #392 – Joscha Bach: Life, Intelligence, Consciousness, AI & the Future of Humans, [Podcast: Lex Fridman Podcast].

Fridman, L. (17.07.2023), #390 – Yuval Noah Harari: Human Nature, Intelligence, Power, and Conspiracies [Podcast: Lex Fridman Podcast].

Fridman, L. (17.10.2018), Steven Pinker: AI in the Age of Reason [Podcast: Lex Fridman Podcast].

Fry, H. (2019), Hello World: How to be Human in the Age of the Machine, Black Swan.

Gawdat, M. (2022), Scary Smart: The Future of Artificial Intelligence and How You Can Save Our World, Bluebird.

Goldman, W. (1996), Adventures In The Screen Trade: A Personal View of Hollywood, Abacus.

Gomez, Cubero C., Pekarik M., Rizzo, V., Jochum, E. (2021), The Robot is Present: Creative Approaches for Artistic Expression With Robots. Front. Robot. AI 8:662249. doi: 10.3389/frobt.2021.662249.

Gordon, R. J. (2016), The Rise and Fall of American Growth. The U.S. Standard of Living since the Civil War, Princeton University Press.

Griliches, Z. (1994), Productivity, R&D and the Data Constraint, American Economic Review 84(1), S. 1–23.

Grossman, G. M., Helpman, E. (1994), Endogenous Innovation in the Theory of Growth. The Journal of Economic Perspectives, 8(1), S. 23–44. http://www.jstor.org/stable/2138149, letzter Abruf 24.11.2023.

Gruber, M. J., Gelman, B. D., Ranganath, C. (2014), States of Curiosity Modulate Hippocampus-Dependent Learning via the Dopaminergic Circuit. Neuron, Elsevier.

Gubenko, A., Kirsch, C., Smilek, J. N., Lubart, T., Houssemand, C. (2021), Educational Robotics and Robot Creativity: An Interdisciplinary Dialogue. Front Robot AI. 2021 Jun 16;8:662030. doi: 10.3389/frobt.2021.662030.

Halal, W., Kolber, J., Davies, O., Global, T. (2017), Forecasts of AI and future jobs in 2030: Muddling through likely, with two alternative scenarios. J Futur Stud 21(2): S. 83–96.

Hallonsten, O. (2023), Empty Innovation – Causes and Consequences of Society's Obsession with Entrepreneurship and Growth, Springer Nature.

Harris, P. L. (2005), Trusting What You're Told How Children Learn from Others. Cambridge: Belknap Press.

Herath, D., Jochum, E., St-Onge, D. (2022), Editorial: The Art of Human-Robot Interaction: Creative Perspectives From Design and the Arts. Front. Robot. AI 9:910253. doi: 10.3389/frobt.2022.910253.

Hern, A. (2016), Stephen Hawking: AI will be ›either best or worst thing‹ for humanity, The Guardian, 19.10.2016.

Heyman, F., Norbäck, P.-J., Persson, L., Andersson, F. (2019), Has the Swedish business sector become more entrepreneurial than the US business sector?, Research Policy 48(7): S. 1809–1822.

Hsee, C., Ruan, B. (2016), Der Pandora-Effekt: The Power and Peril of Curiosity, Psychological Science. 27.10.1177.

Iansiti, M. (2020), Competing in the Age of AI: Strategy and Leadership When Algorithms and Networks Run the World, Harvard Business Review Press.

Intuit Mailchimp (2023), The Future of Marketing AI Isn't Added On – It's Built In, commissioned study by Forrester Consulting on behalf of Mailchimp (March 2023) of 313 small business.

Jones, B. F. (2009), The Burden of Knowledge and the ›Death of the Renaissance Man‹: Is Innovation Getting Harder?, Review of Economic Studies 76(1), S. 283–317.

Jones, B. F. (2010), Age and Great Invention, Review of Economics and Statistics 92(1): S. 1–14.

Kashdan, T., Steger, M. (2007), Curiosity and pathways to well-being and meaning in life: Traits, states, and everyday behaviors, Motivation and Emotion. 31. S. 159–173.

Kashdan, T. B., Rose, P., Fincham, F. D. (2004), Curiosity and Exploration: Erleichterung positiver subjektiver Erfahrungen und persönlicher Wachstumsmöglichkeiten. Journal of Personality Assessment, 82:3, S. 291–305.

Kaufman, S. B. (2016), Wired to Create: Unraveling the Mysteries of the Creative Mind, Tarcherperigee.

Kelley, D., Kelley, T. (2015), Creative Confidence: Unleashing the Creative Potential within Us All, Harper Collins.

Kelly, P. (2023), AI having ›positive impact‹ on UK jobs but could increase regional inequalities, says report, The Guardian, Wednesday 20 September 2023.

Kim, K. H. (2011), The Creativity Crisis: The Decrease in Creative Thinking Scores on the Torrance Tests of Creative Thinking, Creativity Research Journal, 23:4, S. 285–295.

King, N. (1992), Modelling the innovation process: An empirical comparison of approaches. Journal of Occupational and Organizational Psychology, 65: S. 89–100.

Klein, E. (11.07.2023), A.I. could solve some of the humanity's hardest problems. It already has. [Podcast: The Ezra Klein Show].

Köcher, R. (27.07.2023), INSTITUT FÜR DEMOSKOPIE ALLENSBACH, »Die Deutschen fürchten die Künstliche Intelligenz«, FAZ.

Kogan, L., Papanikolaou, D., Seru, A., Stoffman, N. (2017), Technological Innovation, Resource Allocation, and Growth. Quarterly Journal of Economics 132(2): S. 665–712.

Kortum, S. (1993), Equilibrium R&D and the Patent–R&D Ratio: U.S. Evidence, American Economic Review 83(2): S. 450–457.

Lenzen, M. (2023), Der elektronische Spiegel, C.H.Beck. Kindle Edition.

Levy, D. L., Spicer, A. (2013), Contested imaginaries and the cultural political economy of climate change. Organization, 205, S. 659–678.

Li, W., Li, X., Huang, L., Kong, X., Yang, W., Wei, D., Li, J., Cheng, H., Zhang, Q., Qiu, J., Liu, J. (2015), Brain structure links trait creativity to openness to experience. Soc Cogn Affect Neurosci. 2015 Feb. 10(2):191-8.

March, J. G. (1971), The Technology of Foolishness, Civiløkonomen (Copenhagen), 18 (1971) 4, S. 4–12.

Mason, L. R. (01/2020), God in the Machine w/Dr. Beth Singler, [Podcast: FUTURES Podcast].

Michalko, M. (2011), Creative Thinkering: Putting Your Imagination to Work, New World Library.

Mok, A. (2023), The cofounder of Google's AI division DeepMind says everybody will have their own AI-powered ›chief of staff‹ over the next five years, Business Insider, Sep 5, 2023.

Mokyr, J. (2016), A Culture of Growth – The Origins of the Modern Economy, Princeton University Press.

Moreau, P., Dahl, D. W. (2005), Designing the solution: The impact of constraints in consumer creativity. Journal of Consumer Research, 32, S. 13–22.

Moreno, J. (29.08.2023), Erschaffen wir gerade eine neue Spezies, Frau Best? [Podcast: Moreno +1].

Nolan, B. (2023), Sundar Pichai says AI technology could be more profound than fire or electricity, Business Insider, 17.04.2023.

Pagani, M., Champion, R. (2023), Artificial Intelligence for Business Creativity (Routledge Focus on Business and Management), Taylor and Francis. Kindle Edition.

Paul, K. (2023), Letter signed by Elon Musk demanding AI research pause sparks controversy, The Guardian, 01.04.2023.

Perifanis, N.-A., Kitsios, F. (2023), Investigating the Influence of Artificial Intelligence on Business Value in the Digital Era of Strategy: A Literature Review. Information. 2023; 14(2):85. https://doi.org/10.3390/info14020085, letzter Abruf 24.10.2023.

Rehn, A. (2019), Innovation for the Fatigued: How to Build a Culture of Deep Creativity, Kogan Page.

Ridley, M. (2021), How Innovation Work, Fourth Estate.

Romer, P. M. (2023), »Endogenous Technological Change.« Journal of Political Economy, vol. 98, no. 5, 1990, pp. S71–102. *JSTOR*, http://www.jstor.org/stable/2937632, Accessed 5 Nov. 2023.

Schlogl, L., Weiss, E., Prainsack, B. (2021), Constructing the Future of Work: An analysis of the policy discourse. New Technology, Work and Employment, 363, 307–326.

Schou, S. (13.01.2014), Spike Jonze's Her: Sci-fi as social criticism, BBC Culture, https://www.bbc.com/culture/article/20140113-how-her-makes-sci-fi-smart-again, letzter Abruf 24.10.2023.

Schumpeter, J. A. (1934; 2008), The Theory of Economic Development: An Inquiry into Profits, Capital, Credit, Interest and the Business Cycle, translated from the German by Redvers Opie, New Brunswick (U.S.A.) and London (U.K.): Transaction Publishers.

Shi, B., Cao, X., Chen, Q., Zhuang, K., Qiu, J. (21.02.2017), Different brain structures associated with artistic and scientific creativity: A voxel-based morphometry study. Sci Rep., 7, 42911.

Simon, H. (1960), The New Science of Management Decision, Harper & Brothers Publishers.

Stern, N., Romani, M. (13.01.2023), The global growth story of the 21st century: driven by investment and innovation in green technologies and artificial intelligence, World Economic Annual Meeting.

Sternberg, R., Grigorenko, E. (2001), Guilford's Structure of Intellect Model and Model of Creativity: Contributions and Limitations. Creativity Research Journal. 13. 309–316. 10.1207/S15326934CRJ1334_08.

Suleyman, M. (2023), The Coming Wave, Bodley Head.

Swan, G. E., Carmelli, D. (1996), Neugierde und Sterblichkeit bei alternden Erwachsenen: A 5-year follow-up of the Western Collaborative Group Study Psychology and Aging, 11(3), S. 449–453.

Taleb, N. N. (2007), The Black Swan: The Impact of the Highly Improbable, Allen Lane.

Tamannaeifar, M. R., Motaghedifard, M. (2014), Subjective well-being and its sub-scales among students: The study of role of creativity and self-efficacy, Thinking Skills and Creativity, Volume 12, S. 37–42.

Tan C. Y., Chuah C. Q., Lee S. T., Tan C. S. (06.07.2021), Being Creative Makes You Happier: The Positive Effect of Creativity on Subjective Well-Being. Int J Environ Res Public Health. 18(14):7244.

Tegmark, M. (2016), The ›Don't Look Up‹ Thinking That Could Doom Us With AI, Time Magazine, APRIL 25, 2023.

Tegmark, M. (2018), Life 3.0: Being Human in the Age of Artificial Intelligence, Penguin.

Tetlock, P. (2023), What are the chances of an AI apocalypse?, The Economist, Article, 2023, 448(9355), S. 67–68.

Tetlock, P. (28.04.2023), Yuval Noah Harari argues that AI has hacked the operating system of human civilisation, The Economist, May 6th edition.

Tharp, T. (2003), The Creative Habit. Learn It and Use It for Life, Simon & Schuster.

Tharp, T. (2009), The Collaborative Habit. Learn It and Use It for Life, Simon & Schuster.

van Rijmenam, M. (2019), The Organisation of Tomorrow: How AI, blockchain and analytics turn your business into a data organisation. Taylor & Francis.

von Randow, G. (1997), Roboter: Unsere nächsten Verwandten, Rowohlt Verlag.

Wikipedia (2023), David Wechsler, https://de.wikipedia.org/wiki/David_Wechsler#Wechslers_Intelligenzkonzept, letzter Abruf 25.09.2023.

Young, J. W. (2004), A Technique for Producing Ideas, McGrawHill Education.

Stichwortverzeichnis

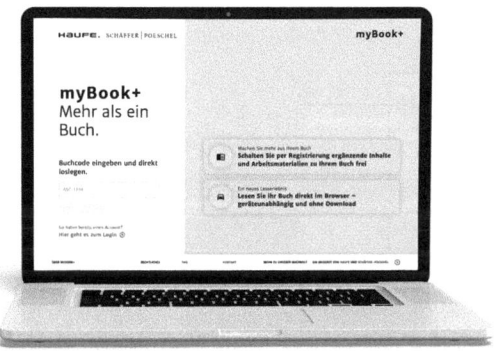

Ihre Online-Inhalte zum Buch: Exklusiv für Buchkäuferinnen und Buchkäufer!

▶ https://mybookplus.de

▶ Buchcode: GIH-96360